FOOD
MICRO
BIOLOGY

식품미생물학

저자 소개

방우석 영남대학교 식품영양학과 교수
곽민규 을지대학교 식품영양학과 교수
김미숙 단국대학교 식품영양학과 교수
육현균 중앙대학교 식품공학전공 교수
이현아 동양미래대학교 바이오융합공학과 교수
정도원 동덕여자대학교 식품영양학과 교수
현정은 성신여자대학교 바이오식품공학과 교수

식품미생물학

초판 발행 2022년 3월 11일
초판 2쇄 발행 2025년 2월 20일

지은이 방우석 · 곽민규 · 김미숙 · 육현균 · 이현아 · 정도원 · 현정은
펴낸이 류원식
펴낸곳 교문사

편집팀장 성혜진 | **책임진행** 김성남 | **디자인** 신나리 | **본문편집** 김도희

주소 10881, 경기도 파주시 문발로 116
대표전화 031-955-6111 | **팩스** 031-955-0955
홈페이지 www.gyomoon.com | **이메일** genie@gyomoon.com
등록번호 1968.10.28. 제406-2006-000035호

ISBN 978-89-363-2332-5(93590)
정가 23,000원

FOOD MICRO BIOLOGY

식품미생물학

방우석 · 곽민규 · 김미숙 · 육현균
이현아 · 정도원 · 현정은 지음

교문사

머리말

미생물의 존재 유무에 대한 인식을 못했던 때부터 지금까지, 그리고 앞으로도 인류는 미생물과 밀접한 관련을 맺고 살아야 한다. 이러한 미생물들은 식품에서 부패, 식중독 또는 감염병과 관련하여 사람에게 해를 주기도 하지만, 다른 한편으로 식품, 농업, 의약, 에너지, 환경 등 여러 분야에 산업적으로 활용되어 사람에게 이로움을 주기도 한다.

응용미생물학의 한 분야인 식품미생물학은 식품의 저장, 가공, 위생 등에 관여한다. 식품미생물학은 미생물의 기초적인 학문을 바탕으로 식품학적인 학문이 융합되어 있는 분야로, 미생물이 가지는 유익성과 유해성을 고려하고 이들의 생육을 식품과 조화되게 관리하여 인류에게 유익한 과학의 한 분야가 되었으면 하는 작은 바람을 담았다.

이 책은 식품미생물에 대해서 되도록 쉽게 서술하였으며 식품위생학, 식품발효학 등의 기초가 되는 교재는 물론이고 대학의 한 학기 강의에 적합하도록 내용을 구성하였다. 그리고 식품 관련 전문가가 알아야 하는 주요 내용과 식품산업기사, 영양사, 조리사 등의 자격시험을 준비하는 학생들이 반드시 짚고 넘어가야 할 내용을 이해하기 쉽도록 설명하였다.

본서 집필에 참여한 저자들은 현재까지 오랫동안 대학 강단에서 강의해온 교수들로서 최대한 학생들의 요구에 귀기울여 원고를 집필하였다. 따라서 무엇보다 본서를 통해 학생들이 흥미를 가지고 식품미생물학을 이해하고, 실제적인 적용에 충분히 활용하기를 희망한다.

끝으로 이 책이 출간되기까지 도움을 주신 ㈜교문사의 관계자분들께 감사를 드린다.

2022년 2월

저자 일동

차례

CHAPTER 4

세균

CHAPTER 5

효모

CHAPTER 6

곰팡이와 버섯

CHAPTER 7

바이러스

CHAPTER 8

식품성분의 미생물 대사

CHAPTER 9

미생물 제어법

CHAPTER 10

발효식품과 미생물

CHAPTER 11

식중독 미생물

CHAPTER 12

식품산업의 미생물 이용

FOOD MICROBIOLOGY

CHAPTER

1

미생물의 개요와 발전사

미생물의 개요와 발전사

CHAPTER 1

인류의 기원에 대한 연구는 화석 발굴, 유전자 비교, 고생물학적 자료 분석 등을 이용하여 오늘날까지 이어지고 있다. 현재까지의 연구 결과를 보면 역사상 가장 오래된 사람류 화석은 약 500~700만 년 전의 사헬란트로푸스 차덴시스(*Sahelanthropus tchadensis*)이며, 200~400만 년 사이에는 여러 종류의 오스트랄로피테쿠스 아파렌시스(*Australopithecus afarensis*)가 출현하였다. 미생물은 지구에 나타난 최초의 생물체로서 그 기원은 인류의 기원보다 훨씬 전이며, 약 35~38억 년 전으로 추정된다.

미생물(microorganism)은 가장 작은 단위의 생명체로 육안으로 볼 수 없기 때문에 현미경(microscope)을 사용해야만 관찰할 수 있다. 미생물에는 진균(fungi), 세균(bacteria), 바이러스(virus), 원생동물(protozoa), 조류(algae) 등이 있다. 미생물은 동식물로 구분하기 모호한 중간 형태로 균류, 원생동물, 세균, 바이러스 등을 포함시켜 분류한다. 남조류를 제외한 조류는 식물, 원생동물은 동물로 분류하기도 한다. 이처럼 작은 생명체를 연구하는 학문을 미생물학(microbiology)이라 한다.

1. 현미경의 발견

최초의 현미경은 1590년경, 네덜란드의 안경제조사 자카리아스 얀센(Zacharias Janssen)이 발명했다. 하지만 그가 현미경을 이용하여 관찰했다는 기록은 전해지지 않는다. 17세기 후반에 이르러서야 실제 생물의 관찰과 연구에 현미경이 이용되었다. 처음으로 현미경을 통해 미생물을 관찰하고 그 형태를 기록으로 남긴 사람은 네덜란드의 안토니 반 레벤후크(Antony van Leeuwenhoek, 1632~1723)이다. 현미경이 발전하면서 미생물의 형태를 최초로 확인한 시기는 불과 300년 정도밖에 되지 않는다. 이후 미생물학의 급진적인 발전은 현미경의 발명이 기폭제였다고 해도 과언이 아니다. 오늘날에는 주사전자현미경(scanning electron microscope, SEM)과 투과전자현미경(transmission electron microscope, TEM)과 같은

그림 1-1 안토니 반 레벤후크와 그가 발명한 현미경

전자현미경이 개발되어 널리 상용되고 있다. 전자현미경을 이용하여 미생물의 외부뿐만 아니라 내부 각 기관과 세균보다 더 작은 바이러스 같은 생명체에 대한 끊임없는 연구가 활발히 진행되고 있다.

- **주사전자현미경(SEM)** 주사전자현미경은 시료의 topography, morphology, composition 및 crystallography를 나노 수준에서 관찰할 수 있는 대표적인 측정기로 기술이 고도화·미세화됨에 따라 사용빈도가 지속적으로 증가하고 있다. 전자빔을 이용하여 물체의 형상을 30만 배까지 확대하여 관찰할 수 있으며, 전자기 렌즈에 흐르는 전류를 변화시켜 배율을 자유롭게 조절할 수 있어, 1,000배 이하의 저배율 측정에 널리 활용된다.
- **투과전자현미경(TEM)** 투과전자현미경은 시료에 투과시킨 전자선을 전자 렌즈로 확대하여 관찰하는 전자현미경이다. 전자선을 사용하기 때문에 진공환경이 필요하고 배율의 범위는 100배에서 100만 배 정도 된다. 상을 형광판에 투영하여 관찰할 수 있으며, 이를 전자현미경용 필름에 기록한다. 시료를 매우 얇게 잘라야 하고 2차원적인 상만 관찰할 수 있다는 단점이 있으나 세포나 조직의 미세구조 관찰에 유용하다.

그림 1-2 주사전자현미경

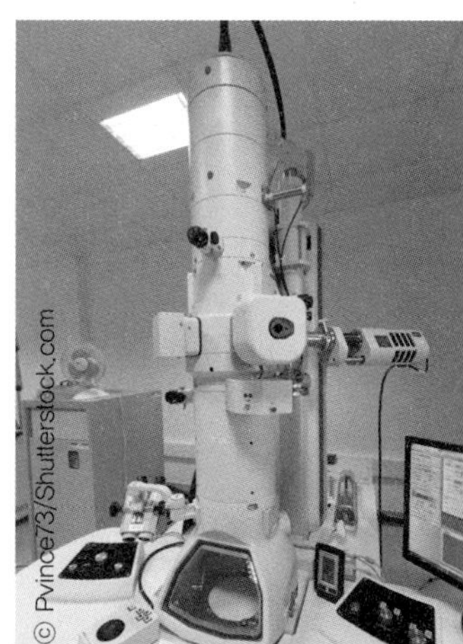

그림 1-3 투과전자현미경

2. 자연발생설과 생물속생설의 대립

지구의 탄생 이후 생물들의 활동에 의해 산소가 생성되면서 지구상에 다른 생물체가 생겨날 수 있는 환경이 조성되었고, 모든 생물체는 진화하게 된다. 인류도 이러한 생물들과 직접 또는 간접적으로 긴밀한 관계를 맺고 진화하며, 생명체에 대한 끊임없는 탐구를 시작했다.

생명의 근원에 대한 관심이 높아지면서 '생명체는 스스로 발생한다'는 자연발생설(spontaneous generation)과 '모든 생물은 생물에서 발생한다'는 생물속생설(biogenesis)이 등장한다. 상반된 가설을 주장하는 과학자들은 실험과 근거를 바탕으로 대립했다.

자연발생설의 부정을 증명하던 대표적인 과학자들을 살펴보면, 먼저 프란체스코 레디(Francesco Ready)가 있다. 그는 2개의 병에 각각 죽은 생선을 넣고 한쪽 병은 뚜껑을 덮지 않고, 다른 한쪽 병은 천으로 입구를 막은 채 며칠을 내버려 뒀다. 그 결과 뚜껑을 덮지 않은 병에는 구더기가 생기고, 천으로 입구를 막은 병에는 구더기가 생기지 않았다. 이는 병 입구를 막아 파리가 생선에 알을 낳지 못하게 함으로써 구더기가 자연발생하지 않는다는 것을 증명하기 위한 실험이었다.

그림 1-4 프란체스코 레디

존 니덤(John Needham, 1713~1781)은 닭고기 육즙을 플라스크에 넣어 가열하고 마개로 단단히 막아도 미생물이 생겨나는 것을 관찰하였고, 이를 통해 미생물은 무생물로부터 자연발생하는 것이라 주장하였다. 하지만 이탈리아의 생물학자 라차로 스팔란차니(Lazzaro Spallanzani, 1729~1799)

그림 1-5 존 니덤

는 니덤의 실험 결과를 부정하며, 반박실험을 실시했다. 스팔란차니는 니덤의 실험에서 외부 오염 가능성을 문제 삼고, 자신의 실험에서는 육즙을 충분히 가열 후 입구를 밀봉함으로써 공기와의 접촉을 막아 미생물 발생을 차단했다. 이 실험을 통하여 미생물은 자연적으로 발생하지 않는다고 증명하였다.

하지만 이러한 실험 증명에도 불구하고 사람들은 여전히 자연발생설을 수용하였다. 자연발생설에 대한 논란은 1859년 루이 파스퇴르(Louis Pasteur)의 '백조목 플라스크' 실험을 통해 종지부를 찍게 된다. 그는 실험에서 플라스크 안에 넣은 유기물 용액을 가열로 멸균하고 미생물 오염을 막기 위해 플라스크 입구를 백조목 모양(S자)으로 늘였다. 백조목의 중간 지점에 끓인 물방울을 주입한 후 오랜 시간 방치해도 미생물이 증식하지 않았고, 이후 용액을 플라스크 안에 주입했을 때 미생물의 증식이 관찰되었다. 이는 외부와의 접촉이 없는 상태에서 무생물로부터 미생물이 증식되지 않는다는 실험 결과로서, 자연발생설을 부정한 실험이었다.

파스퇴르는 이 실험 결과를 토대로 1861년 《자연발생설 비판》이라는 저서를 출간하였고, 생명체는 자연적으로 발생하지 않는다는 스팔란차니의 실험이 옳다는 것을 증명하였다. 파스퇴르연구소 박물관에는 1859년 파스퇴르가 실험한 그대로 백조목 플라스크가 보존되어 있다.

3. 발효의 발전

1856년 파스퇴르는 포도주의 발효 문제로 손해를 입은 주류업자로부터 문제 해결을 위한 부탁을 받았다. 그는 맛있는 포도주는 효모에 의해서 발효되지만, 쓴맛이 나는 포도주는 효모가 아닌 세균성 미생물에 의해서 발효된다는 사실을 알아냈다. 또한 55~60℃에서 수십 분간 가열하면 세균이 죽고 변질을 방지할 수 있다는 것과 동일한 와인이라도 햇빛과 공기 노출 정도에 따라 이산화탄소의 함량이 달라지며, 색이나 맛도 변한다는 사실을 밝혔다. 파스퇴르의 연구 덕분에 프랑스의 포도주 사업은 다시 살아났다.

그의 저온처리법은 맥주와 우유에도 확대 적용되었고, 식료품 저장과 수송에 일대 혁명을 일으켰다. 저온처리법은 영어로 Pasteurization인데, 파스퇴르의 이름에서 비롯한 것이다.

그 후 파스퇴르는 감염병과 발효 문제의 본질을 같다고 여기며, 탄저병이나 광견병 백신을 개발하여 가축을 감염병으로부터 구해내기도 하였다.

그림 1-6 루이 파스퇴르

파스퇴르는 유기산 발효가 각각 다른 세균에 의한 것이라는 사실도 밝혀냈다. 산소가 없는 혐기적 상태에서 효모를 배양하면 증식이 늦어지며 당이 효율적으로 알코올로 전환되고, 공기가 통하는 호기적 상태에서는 효모의 증식이 촉진되지만 당은 완전히 소모되어 알코올 생성은 거의 없다는 것을 입증하였다. 이러한 관계는 현재 발효이론의 기원으로 호흡계가 활발하면 해당계가 억제되는 현상을 파스퇴르 효과(Pasture's effect)라 한다.

그림 1-7 에두아르트 부흐너

에두아르트 부흐너(Eduard Buchner)는 발효에 대한 연구로 1907년 노벨 화학상을 수상한 독일의 화학자이다. 그는 효모 세포가 없어도 세포가 효소의 작용으로 알코올 발효가 일어난다는 것을 발견하였다. 이 발견은 생체촉매, 즉 효소에 의해서 진행된다고 하는 현대 효소화학 개념의 기반이 되어 많은 미생물 대사 연구의 시발점이 되었다.

4. 순수배양법의 확립

1870년 미생물을 순수배양해야만 그 형태나 기능을 제대로 이해할 수 있다는 것을 인식하고 세균의 순수배양에 처음으로 성공한 사람은 영국의 조지프 리스터(Joseph Lister)이다. 그는 1878년 주삿바늘과 비슷한 실험도구를 이용하여 희석법(dilution method)으로 젖산균(*Streptococcus lactis*)을 분리하여 순수배양하였다. 또한 무균수술법을 확립하였고, 혈액·염증 등의 응고에 관한 중요한 관찰로 현대 외과 수술에 혁명을 가져다 주었다.

그림 1-8 조지프 리스터

덴마크의 에밀 크리스티안 한센(Emil Christian Hansen)은 1878년 초산균의 단세포 분리에 성공하고, 효모를 희석법으로 순수분리하였다. 한센의 효모 분리 방법은 1882년 독일의 린드너(P. Lindner)에 의해 소적배양법(hanging-drop method)으로 개량되었으며, 양조에도 순수배양법이 도입되었다.

그림 1-9 에밀 크리스티안 한센

로버트 코흐(Robert Heinrich Herman Koch)는 미생물학 역사에 한 획을 그은 사람으로 세균의 아버지라 불린다. 미생물의 순수배양법을 확립하였으며, 결핵, 콜레라, 탄저병의 특정 원인 인자를 분리하고 감염병에 대한 개념을 실험적으로 증명하였다. 감염병 예방을 위한 공중보건과 위생에 많은 업적을 남겼다.

그에 의해 고체배지에서 미생물을 배양하는 방법이 개발되면서 순수배양이 가능해졌다. 인공배지에 사용하던 젤라틴은 37℃ 이상이 되면 녹아버리는 결점이 있었다. 이 문제를 고민하던 코흐에게 연구조수였던 월터 헤시(Walther Hesse)의 부인 파니 헤시(Fannie Hesse)는 젤라틴 대신 섭씨 100℃에서도 녹지 않는 한천의 사용을 제안하였다. 코흐는 한천을 배지 응고제로 사용하였고, 이 연구는 오늘날 생물학 연구의 기본이 되고 있다. 1887년 코흐의 동료 페트리(R. J. Peteri)가 페트리 접시를 개발하였고, 이를 계기로 미생물의 독립된 집락의 균체가 쉽고 편리하게 분리되면서 페트리 접시에 의한 평판배양법이 확립되었다.

그림 1-10 로버트 코흐

인공배지부터 소독살균에 이르기까지 코흐의 수많은 연구는 미생물 연구 발전사에 황금시대를 만들었으며, 그는 1905년 노벨생리·의학상을 수상한다.

코흐가 적용한 실험 원칙을 '코흐의 가설(Koch's postulate)'이라고 하며, 오늘날 생의학적 사고의 초석이 되고 있다. 코흐의 가설은 다음과 같다.

- **가설 1** 질병에 걸린 모든 숙주에는 건강한 숙주와는 다르게 의심되는 병원체가 존재한다.
- **가설 2** 의심되는 병원체는 질병에 걸린 숙주에게서 분리되어 배지에서 순수배양되어야 한다.
- **가설 3** 순수배양된 병원체를 실험동물에게 접종하면 반드시 동일한 질병과 증상을 보여야 한다.
- **가설 4** 실험동물로부터 분리배양된 병원균은 감염된 숙주에서 최초로 분리된 병원균과 동일한 종이어야 한다.

코흐의 가설이 특정 병원균이 원인인 것을 증명하는 과학적 방법임은 틀림없지만, 미생물학이 발전하면서 코흐의 가설에 부합하지 않는 감염의 존재도 밝혀지고 있다. 그 예로 자궁경부암의 인유두종 바이러스처럼 반드시 모든 임상례에서 병원체가 검출되지 않는 경우가 있다(가설 1에 미부합). 그리고 한센병을 일으키는 나균(*Mycobacterium leprae*)처럼 배양이 불가능한 세균도 존재한다(가설 2에 미부합). 또한 인간에게 질병을 일으키는 병원성 미생물이 반드시 실험동물에서 질병을 일으키는 것은 아니다. 기회감염처럼 그 미생물이 존재하더라도 반드시 발병하지 않을 수 있다(가설 3에 미부합).

그렇다고 하여 코흐의 가설이 의미 없는 것은 아니다. 코흐의 가설은 기본적으로 미생물을 세균으로 전제한 것이며, 바이러스는 고려되지 않은 병원체였다. 바이러스 시대에 코흐의 가설이 잘 성립한 예로 중증급성호흡기증후군(severe acute respiratory synd rom, SARS)이 있다. SARS가 처음 출현했을 때, 원숭이를 이용한 감염실험을 통해 또 다른 병원체 후보였던 메타뉴모 바이러스(Metapneumo virus)가 아니라 신종 코로나 바이러스가 SARS 병원체인 것이 증명되어 오늘날에도 코흐의 가설이 유효함을 보여주고 있다. 그러나 현재 바이러스 감염진단 핵산검출법이 바뀜에 따라, 이러한 흐름에 맞게 변형한 코흐의 가설이 제안된 적이 있으나, 널리 받아들여지지는 않고 있다.

5. 미생물의 이용

존 틴달(John Tyndall)은 세균이 열에 내성이 있다는 것을 알아내었으며, 포자를 형성하는 세균도 간헐살균(tyndallization)으로 포자를 영양세포로 발아시킨 후 재가열을 통해서 완전히 멸균하는 방법을 고안했다.

파스퇴르나 코흐와 같은 과학자들에 의해 기초가 튼튼하게 뿌리를 내린 미생물학은 과학 기술의 발전과 더불어 많은 발전을 거듭하였다. 미생물의 순수분리가 가능해지면서 그에 관여하는 유산균의 분류학적 성질과 생리작용에 관한 자세한 연구가 밑바탕이 되어 특정 대사산물의 대량생산이 가능해지는 발효공업이 발전하게 되었다.

영국의 알렉산더 플레밍(Alexander Fleming)은 푸른곰팡이(*Penicillium notatum*)가 황색포도상구균의 증식을 저해한다는 것을 우연히 관찰하게 되었고, 푸른곰팡이의 성장 저해 원인을 찾는 연구 끝에 곰팡이 배양액에서 추출한 물질을 곰팡이 학명을 사용하여 페니실린(penicillin)으로 명명하게 되었다.

러시아 태생으로 미국의 생화학자이자 미생물학자인 셀만 왁스만(Selman Abraham Waksman)은 1943년 토양 내 방선균인 *Streptomyces griceus*에서 항생제인 스트렙토마이신(streptomycin)을 발견하였다. 스트렙토마이신은 결핵을 치료하는 최초의 항생제였으며, 항생물질이라는 용어가 처음으로 사용되었다. 그는 이후에도 다른 여러 종류의 항생제를 발견하였고, 1952년 노벨생리·의학상을 받게 된다.

제2차 세계대전 이후인 1956년 일본의 슈쿠오 기노시타(Shukuo Kinoshita) 등은 다량의 글루탐산(glutamic acid)을 축적하는 *Micrococcus glutamicu* 균주와 *Corynebacterium glutamicum* 균주의 분리에 성공하여 MSG(monosodium glutamate)를 미생물 발효에 의하여 생산하게 되었다. 아지노모토 사는 1960년에 *Brevibacterium lactofermentum* 균주를 이용한 발효에 성공하였다. 이어서 미생물을 이용하여 라이신(lysine), 아스파르트산(aspartic acid) 등의 아미노산과 아미노산 유도체들을 생산하게 되었다. 그 후 미생물을 이용한 직접발효법 또는 발효와 유기합성을 조합한 방법으로 다양한 종류의 핵산물질을 생산하게 되었다. 이후 급속한 산업발전으로 문제가 되는 환경오염물질을 미생물을 이용

그림 1-11 알렉산더 플레밍

그림 1-12 셀만 왁스만

하여 처리함으로써 환경문제 해결에 큰 역할을 하였다.

이 시기에는 식량문제 해결을 위한 단세포 단백질(single cell protein, SCP)의 생산, 미생물의 특수 능력을 이용한 광물정련, 미생물을 이용한 생육촉진물질, 효소저해제, 미생물 다당류 등의 생리활성물질 생산 분야에서도 활발한 연구가 진행되었다. 연속발효법(continuous fermentation), 효소 및 세포의 고정화(immobilization of enzymes and cells) 기술도 도입되어 미생물을 이용한 공정의 생산성이 향상되었다.

1970년대 중반에 개발된 유전자 조작기술은 미생물의 이용에 획기적인 발전을 가져왔다. 유전자 조작기술의 발달로 미생물에 의해 생산되는 유용한 물질의 생산성이 높아졌고, 동식물의 유용한 유전자를 미생물에 도입 후 이를 발현시켜 동식물 유래 물질도 미생물을 이용하여 생산할 수 있게 되었다. 이로써 생물공학(biotechnology, BT)시대가 시작되었으며, 현재는 하나의 학문이 아닌 BT와 IT(information Technology), NT(Nano Technology)를 융합한 BINT에 대한 연구가 세계 각국에서 펼쳐지고 있다.

6. 미생물학의 분류

미생물학은 크게 순수미생물학과 응용미생물학으로 구분된다. 순수미생물학은 미생물의 분류에 따라 세균학, 균류학, 조류학, 원생동물학으로, 미생물의 통합적 특성에 따라 세포학, 생리학, 유전학, 형태학, 분류학으로 세분된다. 응용미생물학은 병원(의학)미생물학, 농업미생물학, 공업(산업)미생물학, 환경미생물학, 식품미생물학으로 분류된다.

- **병원미생물학** 질병과 관계되는 미생물의 연구 분야로 질병을 일으키는 병원체의 감염과 질병예방, 치료에 관한 미생물을 연구하는 학문이다. 의학미생물학이라고도 한다. 동물과 사람에게 공통적으로 감염되는 인수공통감염병, 동물의 질병을 다루는 수의 미생물학, 환자의 질병과 관련된 미생물을 연구하는 임상미생물도 포함된다.
- **농업미생물학** 미생물이 농작물이나 식물, 토양에 영향을 주는 분야를 연구하는 학문이다.
- **공업미생물학** 미생물을 공업에 응용하여 산업화하는 것으로 산업미생물학이라고도 한다. 의학·약학에서 질병 치료에 쓰이는 항생제 생산을 산업적으로 활용하여 연구하는 분야로 인류생활에 큰 공헌을 하였다.
- **환경미생물학** 공기, 수질, 하수, 폐기물, 토양 등에 존재하는 미생물을 연구하는 분야로 수질미생물학, 해양미생물학, 대기미생물학, 토양미생물학 등으로 세분하여 연구한다.
- **식품미생물학** 인간이 먹는 식품에 존재하는 수많은 미생물과 식품의 부패나 발효와 같은 식품과 관계되는 미생물을 연구하는 분야이다.

미생물은 식품을 부패시키거나 질병을 초래하는 부정적인 역할만을 하지 않는다. 유익한 미생물은 주류, 장류, 유제품과 같은 발효식품을 만드는 데 이용되기도 한다.

식품미생물학의 학습 목적은 우리에게 이롭고 유용한 미생물은 잘 증식시키고, 부패나 질병을 일으키는 미생물은 증식을 억제하여 환경 그리고 식품에 기인하는 문제를 해결하기 위한 것이다. 이를 위해 각각의 미생물이 갖는 생리적 특성을 잘 파악하는 것이 중요하다.

F O O D M I C R O B I O L O G Y

CHAPTER

2

미생물의 구조 및 기능

1. 미생물의 분류
2. 미생물 명명법
3. 미생물의 구조

미생물의 구조 및 기능

CHAPTER 2

1. 미생물의 분류

미생물을 체계적으로 이용하기 위해서 여러 미생물을 특징에 따라 분류할 필요가 있는데, 이를 분류학(taxonomy)이라 한다. 분류학은 분류(classification), 명명(nomenclature) 그리고 동정(identification)으로 세분할 수 있다. 분류는 각각의 개체를 유사한 특징이나 진화적 연관 관계에 근거하여 분류 또는 집단군으로 재배열하는 것이다. 명명은 정해진 규약에 따라 각각의 분류군에 이름을 붙여주는 것이다. 동정은 각 단일 개체로 분리된 균주의 특성을 조사하여 분류·명명된 집단과 비교함으로써 해당하는 분류군을 결정하거나 미지의 종임을 밝히는 것이다.

미생물의 분류는 표형적, 계통 발생학적 그리고 수치적 분류로 구분된다. 먼저 표형적 분류(phenetic system)는 이들이 가진 기능 또는 구조 등의 표현형에 바탕을 두고 유사한 것끼리 분류한다. 계통 발생학적 분류(phylogenetic system)는 진화적인 연관성에 바탕을 두고 분류한다. 미생물은 화석기록이 많지 않아 계통 발생학적 분류체계를 적용하기 어렵지만, 핵산이나 단백질 같은 유전물질을 비교하여 이 문제를 해결할 수 있다. 수치적 분류(numerical taxonomy)는 생물들이 지닌 표형적 특성들의 유사성을 컴퓨터를 이용한 통계분석으로 계산하여 분류하는 방법으로, 형태적 특징이 적은 세균의 분류에 유용하다.

생물의 분류에는 계(kingdom) 또는 영역(domain)－문(division)－강(class)－목(order)－과(family)－속(genus)－종(species)의 분류단계를 사용하며, 가장 기본적인 분류 단위는 종이다. 진핵생물에서 종은 상호 유성생식이 가능한 자연집단을 가리키나, 원핵생물의 종은 안정된 많은 특성을 공유하는 여러 균주의 집단을 의미한다. 균주(strain)란 같은 종에 속하지만, 분리원이나 자세한 성질 등이 다른 개개의 순수배양균을 말하며, 종 이름 뒤에 기호나 숫자를 붙여서 구별한다.

알아두기 2-1 **미생물의 분류**

sapiens	종(species)	*aures*
Homo	속(genus)	*Staphylococcus*
Pongidae	과(family)	Staphylococcaceae
Primate	목(order)	Bacillales
Mammalia	강(class)	Cocci
Chordata	문(phylum)	Firmicutes
Animalia	계(kingdom)	Bacteria
Eukarya	영역(domain)	Bacteria

2. 미생물 명명법

미생물의 학명(sicentific name)은 생물학에서 생물의 종에 붙인 분류학적인 이름이다. 학명은 종명과 속명을 함께 쓰는 이명법(binomial nomenclature)으로 표기한다. 학명을 짓는 데는 매우 까다로운 제약이 따른다. 식물과 동물 및 미생물의 명명규약이 각각 별도로 있고 새로운 분류군이 나타날 때는 정해진 규약에 따라 합법적으로 명명·발표하여야만 인정받는다. 식물의 이명법은 스웨덴의 식물학자인 칼 폰 린네(Carl von Linné)가 1753년에 출판한 《식물의 종》을 시작으로 하고 있다. 1821년 학명에 이명법을 처음으로 도입한 사람은 독일의 스토이델(steudel)이지만, 린네는 식물의 종에서 이미 이명법을 사용하였다. 현재, 세균과 고균을 포함하는 원핵생물은 국제원핵생물명명규약(International Code of Nomenclature of Prokaryotes)을 따르며, 효모, 곰팡이와 같은 진핵생물은 국제조류·균류·식물명명규약(International Code of Nomenclature for algae, fungi, and plants)을 따른다.

학명은 두 단어로 모든 생물 종을 표기할 수 있어 효율적이고 전 세계 어디서나 동일하게 쓰이며, 하나의 학명이 오직 하나의 생물 종만을 가리키기 때문에 생물학의 표준으로 사용된다. 학명으로 사용되는 단어의 기원은 각양각색으로 대부분은 라틴어로 기록되어 시간이 지나도 의미가 변화하지 않는 장점이 있다. 어떤 것은 17세기 이후에 라틴어화한 라틴어 신조어이기도 하고, 어떤 것은 고대 그리스어에서 온 낱말이기도 하다. 경우에 따라서는 생물이 발견된 지방의 언어나 지방명, 발견한 사람의 이름을 사용하기도 한다. 학명은 새로운 종을 발견한 사람이 등록을 신청하기 때문에 대부분 신청자의 의도가 반영되어 있다. 예를 들면, *Escherichia coli*(대장균)의 속명은 이 균의 연구와 관계가 깊은 Escherich 교수의 이름에서 유래하였으며, 종명인 coli는 이 균의 서식처인 대장을 의미한다.

알아두기 2-2 **미생물 이름의 유래**

- *Staphylococcus aureus*: 황색포도다발의 구균
  - Staphyl: 포도다발
  - coccus: 구균
  - aureus: 황금 또는 황색
- *Escherichia coli*: 테오도르 에셔리치(Theodor Escherich)가 발견
- *Legionella longbeachae*: 캘리포니아 롱비치(long beach)에서 유래
- *Cedecea* spp.: 미국의 질병관리본부(CDC)에서 발견

학명을 표기하는 이명법은 대문자로 시작하는 속(genus)명과 소문자로 시작하는 종(species)명 두 단어의 조합으로 이탤릭체로 쓰거나 밑줄을 그어 표시한다. 종에 따라 아종(subspecies)이나 변종(varietas)을 표기하기도 한다.

예 *Staphylococcus*(속명) *aureus*(종명) subsp. *aureus*(아종명)

이때 아종 subsp.는 이탤릭체로 표기하지 않는다. 아종까지 사용해도 구분이 안 되는 경우에는 혈청형(serovar)을 쓰기도 한다.

예 *Salmonella*(속명) *enterica*(종명) serovar Typhimurium(혈청형명)

이때 혈청형명의 첫 글자는 대문자로 표기하고, 이탤릭체를 쓰지 않는다. 속명과 종명은 주로 미생물의 외형이나 특징, 발견한 과학자의 이름, 균이 발견된 지역명, 발견한 기관명을 따서 짓는다.

3. 미생물의 구조

미생물의 세포는 원핵세포와 진핵세포 두 유형으로 나뉜다 그림 2-1. 원핵세포는 세균과 고균을 포함하며, 작고 구조적으로 단순한 세포로 구성되어 있다. 진핵세포는 원핵세포보다 더 크고(지름 5μm 이상) 복잡한 구조이며, 에너지를 세포에 공급하는 소기관들인 미토콘드리아와 엽록체, 그 외 여러 소기관(organelles)을 포함한다. 소기관은 특정 기능을 수행하는 막으로 둘러싸인 기능을 가진 세포구조물이다. 원핵세포와 달리 진핵세포의 두드러진 특징은 염색체가 세포질이 아닌 핵 안에 존재한다는 점이다 표 2-1.

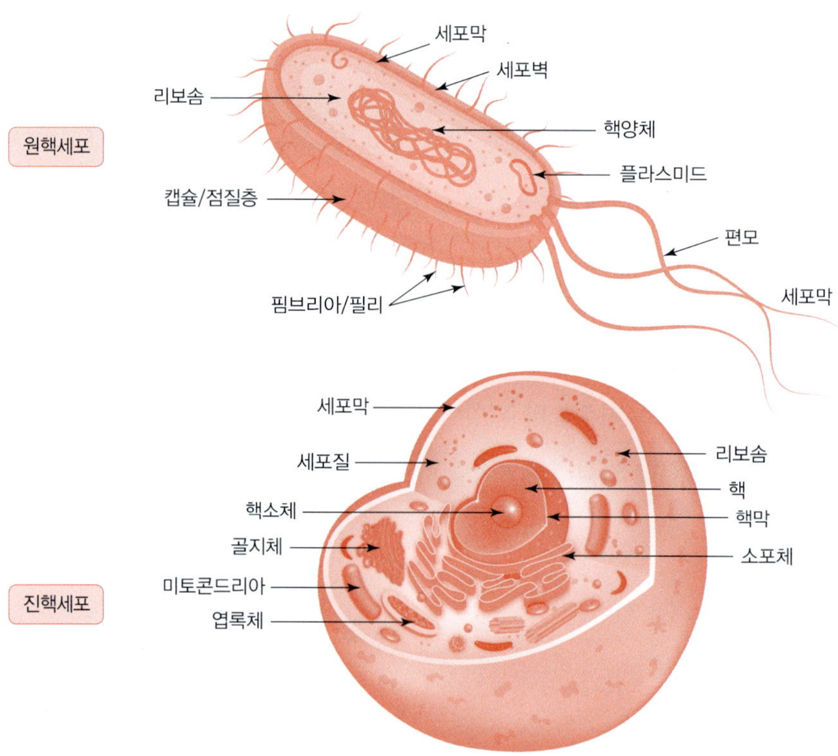

그림 2-1 미생물 세포의 구조

표 2-1 원핵세포와 진핵세포의 구조적 차이

구분	원핵세포	진핵세포
유기체	세균, 고균	균류, 조류, 원생동물, 식물, 동물
세포 크기	약 1~10μm	5~100μm
세포 조직	대부분 단세포	단세포, 대부분 다세포
대사	혐기, 미호기, 호기 등	호기
핵막	없음	있음
인	없음	있음
DNA	원형의 단일 형태, 세포질에 존재	다수의 긴 선형, 핵에 존재
RNA와 단백질	세포질에서 RNA와 단백질 합성	핵에서 RNA 합성 후 세포질에서 단백질 합성
미토콘드리아	없음	있음
소포체	없음	있음
골지체	없음	있음

1) 세균의 구조

(1) 세포벽

세균의 세포질은 고농도의 용해된 용질을 유지하고 있어 높은 삼투압을 만들어 낸다. 이에 해당 압력을 견디고 세포 분해를 막기 위한 세포벽이 존재한다. 세포벽은 삼투압에서 세포를 보호할 뿐만 아니라 세포의 모양과 견고성을 만들어 준다. 세포벽의 구조는 그람염색(Gram stain)의 염색 여부에 따라 그람양성(gram-positive)과 그람음성(gram-negative)으로 구분한다. 그람음성세균의 세포벽은 얇은 펩티도글리칸(peptidoglycan)층과 세포외막(outmembrane)으로 이루어진 반면 그람양성세균은 세포벽의 90%가 펩티도글리칸층으로 구성되어 있다 그림 2-2. 그람염색은 펩티도글리칸의 두께와 같은 세포벽 구조의 차이에 의해서 달라진다.

펩티도글리칸은 당 유도체인 *N*-아세틸글루코사민(*N*-acetylglucosamine) 및 *N*-

알아두기 2-3 그람염색

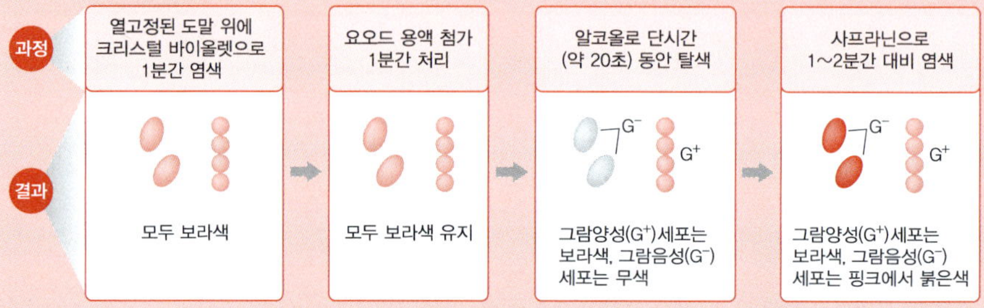

염색된 크리스털 바이올렛은 펩티도글리칸층이 얇은 그람음성균에서만 알코올로 탈색되어 사프라닌으로 다시 염색될 수 있다.

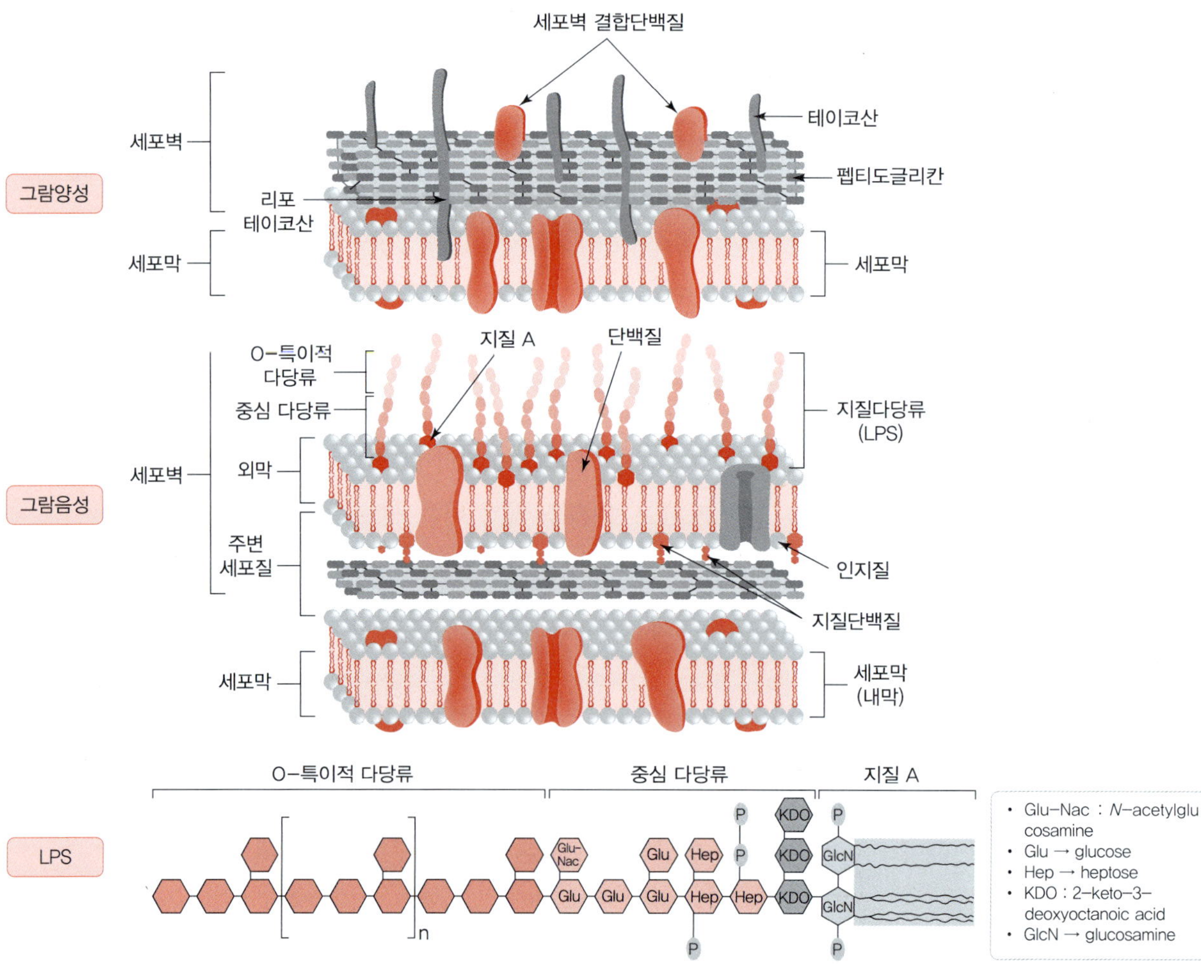

그림 2-2 세균의 세포벽
출처: Michael T. Madigan 저 · 오계헌 역(2020)

아세틸뮤람산(*N*-acetylmuramic acid) 그리고 L-알라닌, D-알라닌, D-글루탐산과 리신(lysine) 혹은 디아미노피멜산(diaminopimelic acid, DAP)을 포함한 몇 개의 아미노산으로 구성되어 있다. 이러한 구성성분들은 글리칸 테트라펩티드(glycan tetrapeptide)라고 불리는 반복 구조를 형성하도록 되어 있다 **그림 2-3**. 글리칸 사슬에서 당을 연결하는 배당결합(glycosidic bond)은 공유결합으로 한 수평적인 견고성을 만들어 준다. 이런 펩티도글리칸의 개별 사슬은 아미노산이 교차결합(cross-link)하면서 서로 연결되어 수직적인 견고함을 갖게 된다. 교차결합은 세균의 종류에 따라 그 정도가 다른데 교차결합이 많아질수록 더욱 견고해진다. 그람음성세균은 D-알라닌의 카르복실기와 DAP의 아미노기 사이의 펩티드 결합을 통해 이뤄진다. 그람양성세균은 짧은 펩티드 가교를 형성하고, 가교를 형성하는 아미노산이 리신과 펩티드 결합을 형성한다. 펩티도글리칸은 특정 물질로 파괴될 수 있다. 특정 물질에는 펩티도글리칸의 *N*-아세틸글루코사민과 *N*-아세틸뮤람산의 배당결합을 끊어주는 효소 리소자임(lysozyme), 글리신가교

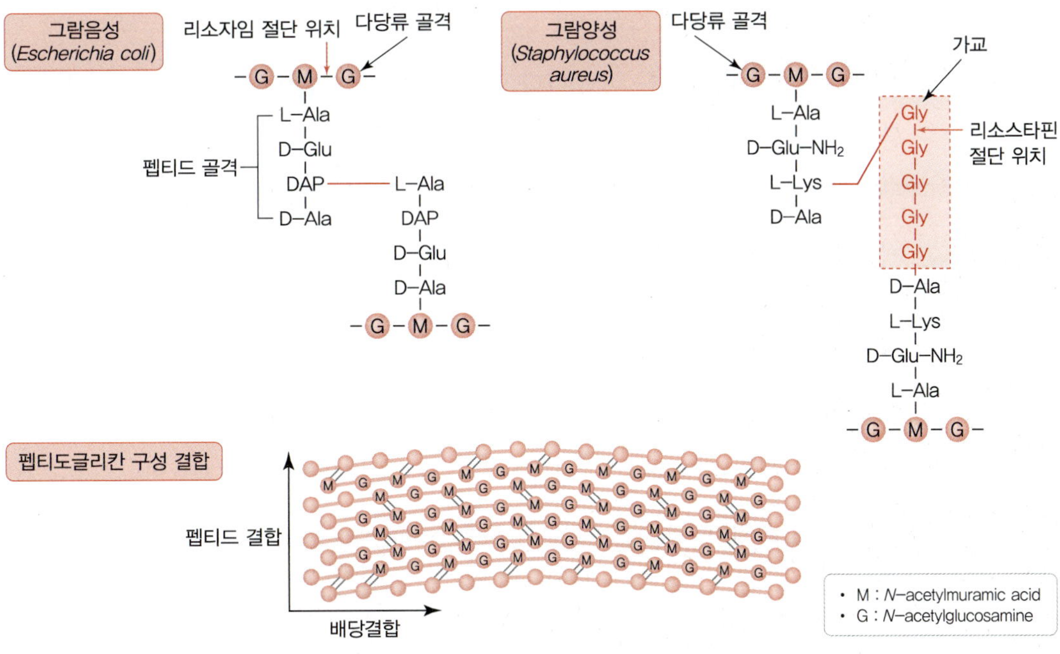

그림 2-3 그람음성과 그람양성의 펩티도글리칸

를 절단하는 리소스타핀(lysostaphin)이 있다. 결과적으로 세포벽은 약화되어 삼투압을 견디지 못하고 세포용해가 일어난다. 항생제 페니실린은 펩티도글리칸의 생합성을 막음으로써 강도를 줄여 세포용균을 유도한다.

많은 그람양성세균은 세포벽에 박혀 있는 테이코산(teichoic acid)이라고 불리는 산성 분자를 가지고 있다 **그림 2-2**. 테이코산은 세포벽의 *N*-아세틸뮤람산과 결합하며 리포테이코산은 세포막의 지질과 결합한다. 테이코산은 세포의 모양 결정에 영향을 끼치며, 세포 생장을 조절하는 기능을 한다. 또한 소듐과 마그네슘 이온과 같은 양성자 이온을 끌어들여 세포벽의 견고성에 영향을 준다.

그람음성세균 대부분의 세포벽은 외막으로 구성되어 있다. 이 층은 두 번째 지질 이중층이고 세포막처럼 인지질과 단백질을 함유하고 있으나, 지질다당층(lipopolysaccharide layer)이라는 지질과 서로 결합된 복합체를 포함하고 있다 **그림 2-2**. 이 때문에 외막은 지질다당층 또는 LPS라고 한다. LPS는 지질 A와 다당류 부분으로 나뉘며, 다당류는 중심 다당류(core polysaccharide)와 O-특이적 다당류(O-specific polysaccharide) 두 성분으로 구성되어 있다 **그림 2-2**. 이들 구성성분은 세균마다 다르지만 *Salmonella*의 경우 중심 다당류는 보존되어 있고, O-특이적 다당류는 균주마다 특이적인 구성성분을 보인다. 해당 구성성분은 세균을 구분할 때 균체항원(O-antigen)으로 분류되는 데 기여한다. 세포벽의 구성성분인 LPS의 다른 기능으로 동물에 대한 독성효과 및 정상적인 동물 면역계에 염증반응을 유도하기도 한다. 그람음성균에는 LPS 외에도 단백질 및 작은 분자의 특이적·비특이적 통로 역할을 하는 포린(porin)이라는 단백질이 있다. 그람음성의 세포외막은 단백질과 매우 큰 분자들을 투과시키지 못한다. 따라서 외막의 중요 기능 중 하나가 세포 밖으로 단백질이 빠져나가는 것을 방지하는 것이다. 이런 단백질은 세포외막과 세포막 사이의 주변세포질(periplasm)이라는 곳에 존재한다. 주변세포질은 단백질의 농도가 높아 겔과 같은 점성을 가진다.

알아두기 2-4 **항원이란?**

항원은 면역반응을 일으켜 항체를 생산하게끔 만드는 물질을 총칭하는 말이다. LPS의 O-특이적 다당류의 구성성분이 면역반응을 일으키는 물질일 때 균체항원(O-antigen)이라고 한다. 편모의 구성성분이 면역반응을 일으키는 물질이면 H항원(H-antigen)이라고 한다.

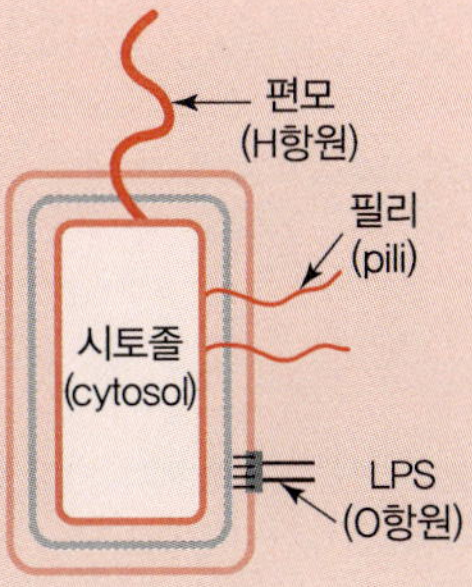

(2) 세포막

세포막은 여러 기능을 하지만, 그중에서도 용해되어 있는 물질을 세포로 들여오거나 내보내는 중요한 역할을 한다. 세포막은 구조적으로 견고하지 않아 삼투 용해로부터는 보호받기 어렵지만, 세포막의 주요 기능인 선택적 투과성을 위한 최적의 구조이다.

세포막의 일반적인 구조는 인지질 이중층(phospholipid bilayer)과 단백질로 구성된다 그림 2-4. 인지질은 소수성인 지방산과 친수성인 글리세롤-인산으로 이루어져 있어 내부는 소수성 환경이며, 외부는 친수성 부분이 노출되어 수용액에서 응집하면서 자연적으로 이중층 구조를 형성한다. 세포막의 주요 단백질은 세포막을 통과하는 부위에 소수성 표면을, 세포질과 외부 환경에 접촉하는 부위에 친수성 표면을 가지고 있다. 세포막의 외부 표면은 외부 환경에 노출되어 있어 거대 분자의 세포 내 수송과정에 관여하거나 기질과 결합하는 작용한다. 세포막 내부 표면은 세포질과 접해 있고 주변의 단백질 및 분자와 상호작용한다. 세포막에 견고하게 삽입되어 있는 단백질은 내재(integral) 세포막 단백질이라 하고, 세포막에 삽입되어 있지는 않으나 세포막 표면과 결합되어 있는 단백질은 주변부(peripheral) 세포막 단백질이라고 한다. 주변부 세포막 단백질은 내재 세포막 단백질과 함께 에너지 대사와 물질의 수송과 같은 세포의 중요한

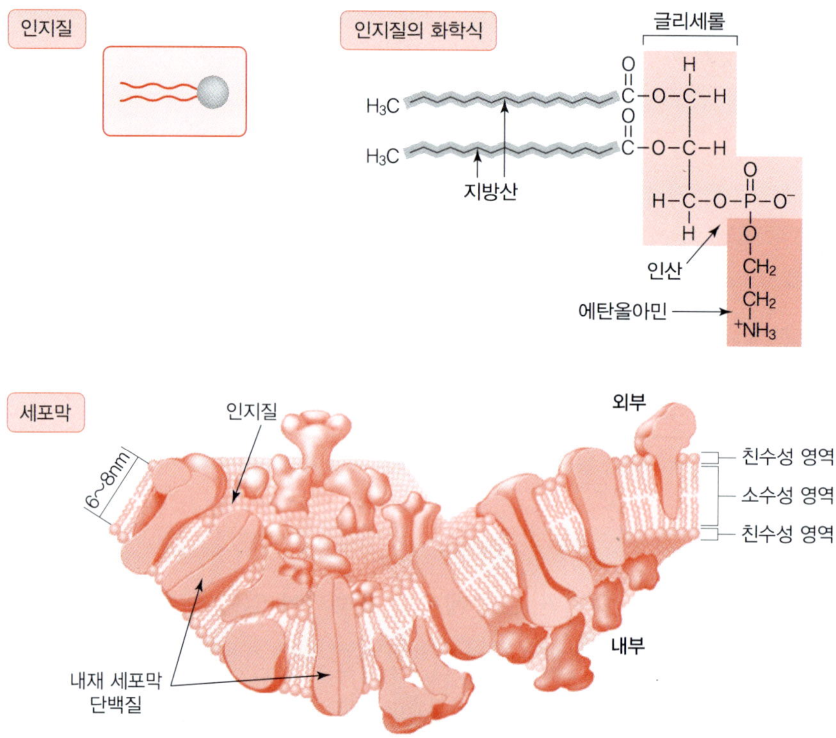

그림 2-4 세포막의 구조
인지질은 세포 내외부 단백질과 함께 세포막을 형성한다.

과정에 관여한다. 세포막 단백질은 다른 단백질과 함께 상호작용을 하기 때문에 세포막 주변에 같은 기능을 가진 단백질이 모여 있는 형태를 보인다.

세포막은 1) 투과성 장벽(permeability barrier)으로 용질이 세포 내부 또는 외부로 수동적 확산을 방지하고, 2) 효소로 에너지를 보존하거나 용질을 세포 내외부로 수송하는 기능을 하는 단백질을 고정화하며, 3) 마지막으로 세포막 표면을 따라 수소이온을 수산화이온과 분리하여 에너지가 충전된 상태로 존재하여 양성자 동력(proton motive force)이라 불리는 에너지원으로써 물질 수송, 유영 이동과 ATP 합성에 사용된다 그림 2-5.

① 투과성

세포질은 염류, 당류, 아미노산, 핵산, 비타민, 조효소와 다양한 물질로 이루어진 수용액이다. 세포막 내부의 소수성 부분은 이런 물질의 확산을 막아주는 장

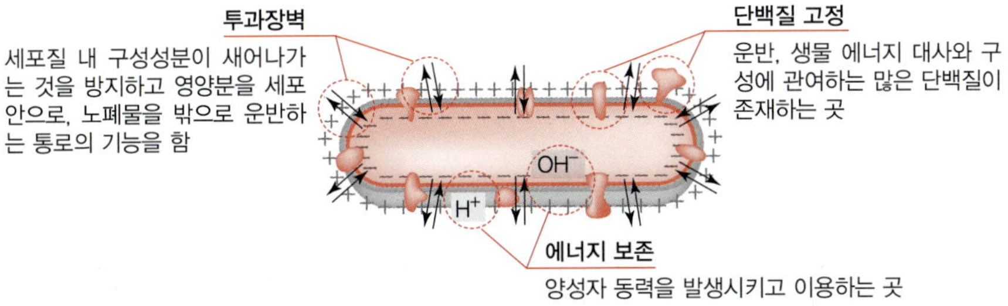

그림 2-5 세포막의 주요 기능

벽의 역할을 한다. 일부 작은 소수성 물질은 확산에 의해 세포막을 통과할 수 있지만 친수성 및 전위를 지닌 분자는 확산이 아닌 수송되어야 한다. 세포막을 양방향으로 자유롭게 통과할 수 있는 물질은 물이며, 물 분자는 약한 극성이나 충분히 작아서 지질 이중 구조막의 인지질 분자 사이를 통과할 수 있다.

② 수송단백질

확산을 통해서만 용질이 세포 내로 들어온다면 세포 내 영양분 농도는 외부의 농도보다 높을 수 없어 세포가 생화학반응을 할 수가 없다. 따라서 수송반응은 영양분을 낮은 농도에서 높은 농도로 이동시킨다. 수송체계는 확산(diffusion)과 달리 포화효과(saturation effect)를 보여주어 외부의 낮은 농도에서도 영양분을 축적하는 역할을 한다. 많은 수송단백질은 각자 높은 기질 특이성(substrate specificity)을 가져 아미노산과 같이 특정 또는 연관된 부류의 분자만을 운반한다. 또 다른 중요 특징은 수송단백질의 합성은 세포에 의해 조절(regulation)된다는 것이다. 외부 환경의 상태나 영양분의 농도에 따라 수송단백질 수가 증가하거나 감소하여 수송물질의 수송률이 달라진다.

③ 수송체계

대사 작용을 유지하고 성장을 위해, 세포는 지속적으로 영양분을 받아들이고 노폐물을 배출하기 위해 다양한 수송기작이 있다. 에너지원에 따라 수송체는 단순수송(simple transport), 작용기전달수송(group translocation)과 ABC 수송체(ABC transporter)로 나눈다 그림 2-6.

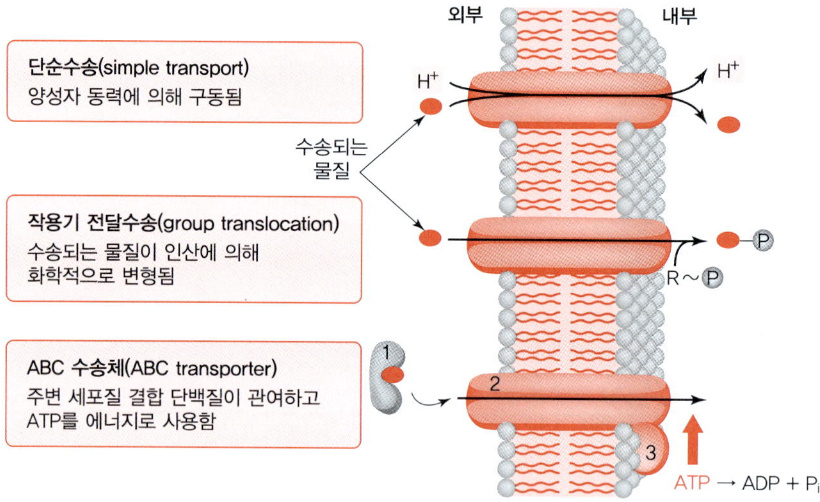

그림 2-6 에너지원에 따른 수송체계

단순수송은 양성자 동력에 의해 수송체를 수송한다. 예를 들어, 젖당을 수송하는 젖당투과 효소(lactose permease)는 양성자 동력을 이용하여 젖당을 세포 안으로 수송하며, 같이 수송된 양성자가 유입되면서 양성자 동력 에너지가 약간 감소한다.

작용기 전달수송은 양성자 동력 에너지가 아닌 고에너지 유기화학물질이 수송과정에 관여하며 수송되는 물질이 수송과정 중 화학적으로 변형된다. 예를 들면, *Escherichia coli*는 포도당을 세포 내부로 수송하며 수송 중 인산전달효소계에 의해 인산화된다. 인산전달효소계는 함께 작동하는 일련의 단백질로 구성되어 있다. 포도당 수송 전자전달계는 5개의 단백질이 필요하며, 단백질이 차례로 인산을 전달하면 수송단백질에 전달되어 해당 에너지원을 이용하여 포도당을 유입한다 **그림 2-7**.

ABC(ATP-binding cassette) 수송체는 수송물질과 결합하여 수송체까지 전달하는 주변 세포질 결합 단백질과, 수송하는 세포막 수송체 및 ATP 가수분해효소가 관여한다. 당과 아미노산과 같은 유기물질, 황과 인산과 같은 다양한 무기물과 특정 금속을 수송하기 위한 수송체가 존재한다.

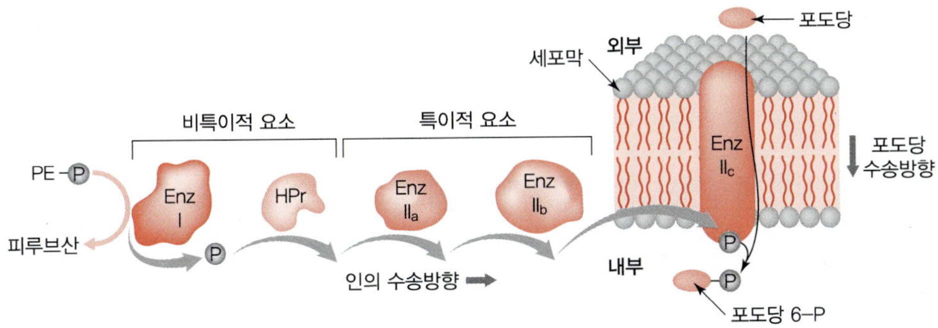

그림 **2-7** *Escherichia coli*의 인산전달효소계의 작용기작

알아두기 2-5 **수송체와 유입방향에 따른 수송 형태 3가지**

수송 형태는 수송 에너지원과 관계없이 수송체(transporter)와 조수송체(co-transporter)의 유입 방향에 따라 3종류로 나뉜다. 단일수송체(uniporter)는 물질이 안 혹은 밖으로 한 방향으로 이동하며, 공동수송체(symporter)는 수송체와 조수송체의 유입이 같은 방향으로 수송된다. 역수송체(antiporter)는 수송체와 조수송체의 방향이 다른 수송 단백질이다.

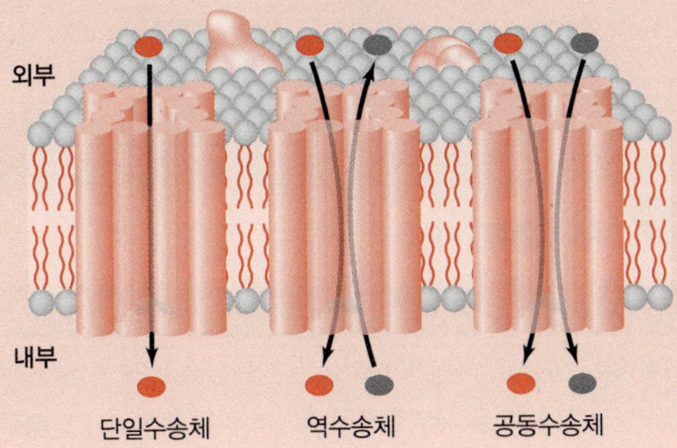

(3) 유전자와 유전체

세포의 생명현상은 유전체인 게놈(genome)에 의해 결정된다. 하나의 유전자는 하나의 단백질 또는 RNA 분자를 암호화하는 하나의 DNA 단편이다. 원핵세포와 진핵세포의 유전체들은 서로 다른 방식으로 구성되어 있다 표 2-1. 진핵세포의 유전체는 여러 선형 염색체(chromosome)로 핵막 안에 분포하고, 원핵세포의

유전체는 1개의 환상 염색체로 세포질에 존재한다. 원핵세포의 염색체는 응집하여 핵양체(nucleoid)를 이루며 이와 더불어 플라스미드(plasmid)라 불리는 작은 원형의 DNA를 하나 또는 그 이상 함유하기도 한다. 플라스미드는 생존에 필요한 염색체상의 유전자와 달리 항생제내성과 같은 세포의 특별한 성질을 나타내게 해주는 유전자를 포함한다.

(4) 리보솜

리보솜은 리보솜 RNA(ribosomal RNA, rRNA)와 단백질로 구성되는데, 그중 세균, 고균 및 진핵생물의 리보솜은 서로 다른 다양한 단백질과 RNA로 되어 있다. 리보솜은 큰 소단위와 작은 소단위로 나뉘며, 이 두 단위체가 결합하여 단백질 합성을 수행한다. 원핵생물은 세포질에서 단백질 합성이 일어나며, 진핵생물은 리보솜이 조면소포체에 존재하고 있어 핵에서 유전체로부터 전사과정을 통해 생성된 전령 RNA(messenger RNA, mRNA)를 운반 RNA(transfer RNA, tRNA)가 전달하면 소포체에서 단백질 합성이 일어난다.

알아두기 2-6 **RNA 종류 3가지**

RNA는 전사과정에서 만들어지는데 전사된 RNA 중 단백질로 변환될 수 있는 정보를 가진 RNA와 단백질로 번역되지 않는 RNA로 나뉜다. mRNA는 단백질로 번역 가능한 RNA를 지칭하며 유전정보를 암호화한 서열이다. tRNA는 단백질로 번역되지 않는 종류이나 단백질 합성에 관여하는 RNA이다. 염기서열 끝에 아미노산과 결합하여 mRNA로부터 단백질을 합성할 때 필요한 아미노산을 전달해주는 역할을 한다. rRNA는 단백질 합성에 중요한 역할을 하는 리보솜의 구성성분이며 단백질로 번역되지 않는 RNA이다.

구분	mRNA	rRNA	tRNA
모양		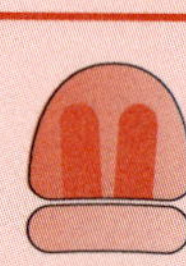	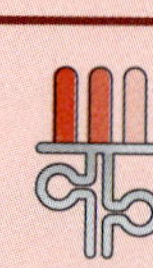
기능	단백질 또는 RNA 분자를 암호화하는 DNA 단편	리보솜을 구성하는 요소	아미노산을 리보솜에 전달

(5) 캡슐과 점질층

캡슐(capsule)은 세포벽에 단단하게 부착되어 있고, 펩티도글리칸과 공유결합으로 연결되어 있는 반면 점질층(slime layer)은 느슨하게 부착되어 있어 세포 표면으로부터 분리될 수 있다. 캡슐과 점질층은 세포의 생활에 필수요소는 아니다 그림 2-1.

병원성 미생물의 경우 세포 표면 다당류는 숙주 조직 표면의 다당류와 결합 후 부착하여 숙주 조직의 침투에 도움을 준다. 이때 병원성 미생물은 두꺼운 층을 형성하는데, 이것을 생물막(biofilm)이라고 한다.

유산균의 *Leuconostoc mesenteroides*는 고체 표면에 생육을 위한 점질층을 형성하며, 폐렴연쇄구균인 *Streptococcus*는 다당류의 두꺼운 캡슐을 가지고 있어 면역세포가 병원균으로 인식하지 못하여 생존하거나, 항생제와 같은 화학물질 처리에도 건전하게 생육한다.

(6) 핌브리아와 필리

그람음성균에서 주로 볼 수 있는 실 모양의 부속기관으로 핌브리아(fimbria)는 병원성 미생물의 경우 동물 조직을 포함하여 표면에 부착할 수 있도록 하거나, 생물막을 형성할 수 있게 한다 그림 2-1.

필리(pili)는 핌브리아와 비슷하지만 일반적으로 길며 세포 표면에 한 개 혹은 몇 개만이 있다. 필리의 주요한 기능은 접합이라고 불리는 세포 간 유전물질의 교환을 용이하게 하는 것과 병원균이 특정 숙주 조직에 부착하여 침입하는 데 관여하는 것이다.

(7) 편모

많은 원핵생물은 자체적인 힘으로 이동할 수 있는 운동성이 있으며, 이러한 기능은 전형적으로 편모(flagellum, flagella)라 불리는 구조에 의한 것이다. 운동성

알아두기 2-7 **세균의 접합**

세균의 접합(conjuagtion)은 세균 간의 유전자 교환의 일종으로 공여균주의 필리가 수용균주의 세포벽에 결합하여 공여균주가 가진 유전자를 수용균주에 제공하여 유전형질을 나타내는 형질 전환의 한 방법이다.

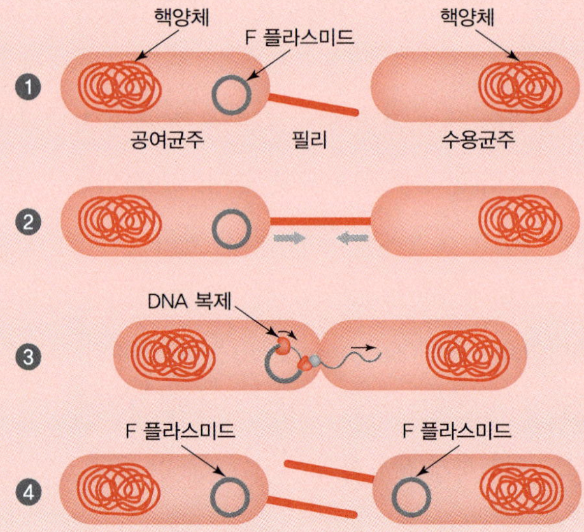

은 세포가 주변 환경의 다른 곳으로 갈 수 있도록 한다. 자연계에서 이동성은 세포에게 새로운 기회와 자원을 제공하며, 생존과 도태의 차이를 의미하기도 한다.

세균의 편모는 세포의 여러 위치에 부착될 수 있다 그림 2-8. 극성 편모형태(polar flagellation)의 경우, 세포의 한쪽 또는 양쪽 끝에 부착된 단모나 양모의 형태이다. 주모성(peritrichous)은 편모의 다발이 세포의 한쪽 끝에 있는 형태이며, 속모성(lophtrichous) 편모도 편모의 한 형태이다.

그림 2-8 세균의 편모

(8) 내생포자

일부 세균들은 포자화(sporulation)라 불리는 과정 중 내생포자(endospore)를 생성한다 그림 2-9. 내생포자는 고도로 분화된 세포로서 열, 화학물질, 방사선에 강한 저항성을 가지고 있다. 내생포자는 생존 구조의 기능을 가지고 있으며, 세포가 높은 온도, 건조 혹은 영양분 고갈 상태의 어려운 상황을 극복할 수 있도록 해준다. 그러므로 내생포자는 영양세포에서 생성되어 수 시간 또는 수년 동안 휴지기로 남을 수 있지만 외부 조건에 따라 빠르게 영양세포로 전환될 수 있다 그림 2-10. 따라서 내생포자는 세균의 생활사(life cycle)에서 휴지기로 볼 수 있다.

내생포자가 영양세포로 전환하는 과정은 활성화(activation), 발아(germination), 생장(outgrowth)의 3단계로 나뉜다. 활성화된 포자는 영양세포로 전환할 수 있는 영양분 공급조건이 되면 발아할 상태가 되고, 발아는 빠르게 진행되어 영양세포로 바뀌어 생장을 시작한다. 세포는 다시 환경 조건의 변화에 따라 포자화를 시작하기 전까지는 영양생장을 계속하게 된다.

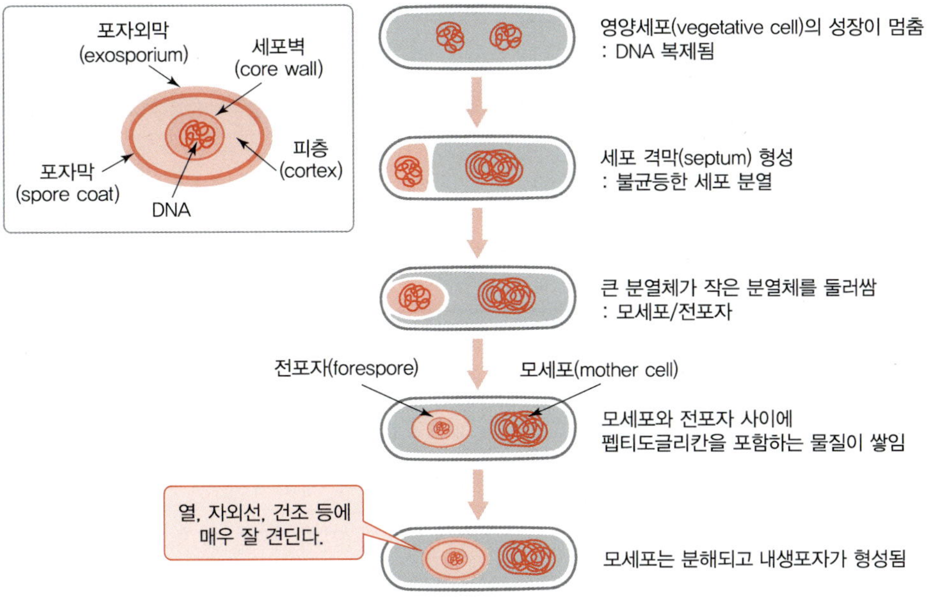

그림 2-9 내생포자 형성

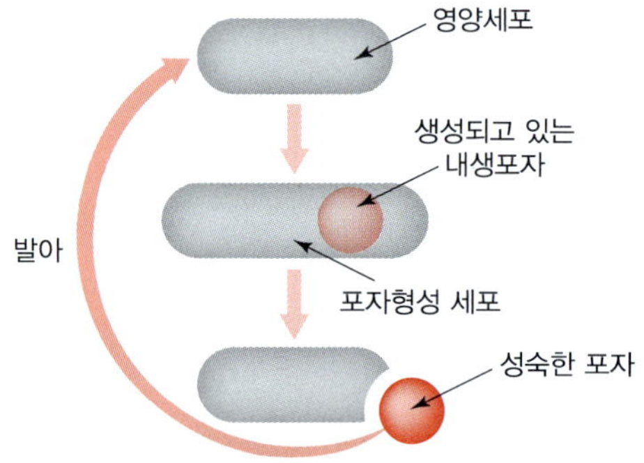

그림 2-10 내생포자 생활사

내생포자는 영양세포에는 없는 몇 겹의 피막으로 싸인 복잡한 구조를 하고 있다 그림 2-10. 가장 바깥층은 포자외막(exosporium)이며 얇은 단백질로 둘러 싸여 있다. 그 안쪽에 포자 특이성 단백질 층으로 구성된 여러 겹의 포자막(spore coat)이 있다. 포자막 아래는 피층(cortex)이며, 느슨하게 교차결합된 펩티도글리칸으로 구성되고, 피층 안에서는 중심(core)이라 하며, 세포막, 세포질, 핵 부위, 리보솜과 같은 중요한 세포물질을 함유하고 있다.

2) 진핵세포의 기타 주요 구조

(1) 미토콘드리아

곰팡이와 같은 호기성 진핵세포의 호흡은 미토콘드리아(mitochondria)에서 일어난다. 미토콘드리아 세포는 세균의 크기와 동일하며, 다양한 모양을 가진다 그림 2-11. 미토콘드리아는 두 겹의 막으로 둘러싸여 있다. 미토콘드리아 외막은 핵막과 같이 내막보다 투과성을 가지며 작은 분자가 통과할 수 있는 세공이 있다. 반면 내막은 투과성이 적고 구조는 세균의 세포막과 매우 유사하다.

미토콘드리아에는 크리스타라는 포개진 내막이 있다. 또한 호흡과 ATP 생산에 관여하는 효소 및 ATP 분자가 미토콘드리아 매트릭스로 이동하는 것을 조

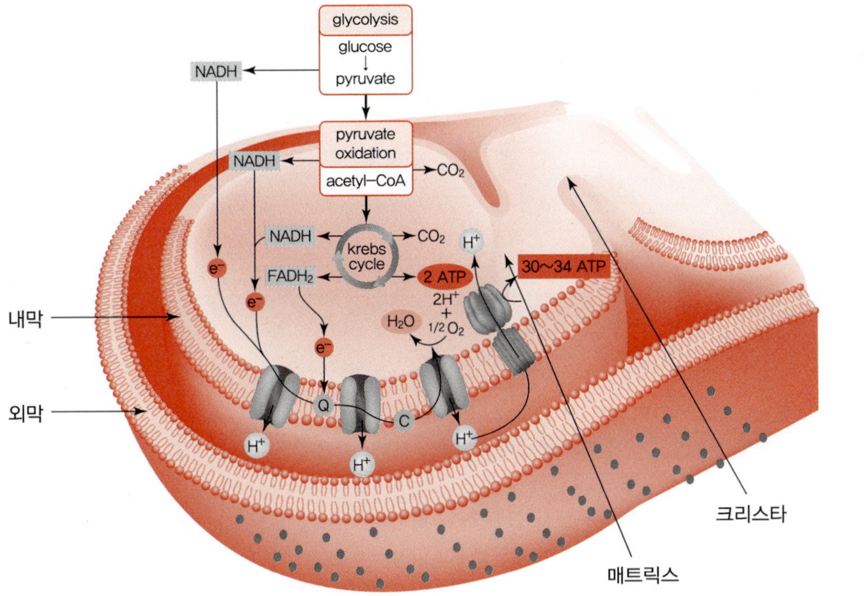

그림 2-11 미토콘드리아의 구조

절하는 수송단백질을 갖는다. 유기화학물질의 산화를 담당하는 수많은 효소, 특히 구연산 회로의 효소를 함유하고 있어 에너지를 생산하는 역할을 한다.

(2) 소포체, 골지체

소포체(endopalsmic reticulum, ER)는 핵막의 연속으로 이루어진 막 망상조직이다. 소포체에는 리보솜이 붙어 있는 조면(rough) 소포체와 붙어 있지 않은 활면(smooth) 소포체 두 종류가 있다. 활면 소포체는 지질 합성과 여러 종류의 탄수화물 대사에 부분적으로 관여하고 조면 소포체는 리보솜의 활동으로 당단백질을 주로 생산하며, 세포막 물질을 생성한다.

골지체(golgi complex)는 ER과 협력적으로 기능하는 막의 층상 구조이다. 골지체는 ER에서 만들어진 산물들이 화학적으로 변형되고, 분비될 것과 세포 내에서 다른 막 구조에서 역할할 것을 분류한다. 많은 화학적 변형은 세포 내 특정한 위치로 이동할 수 있도록 단백질을 다양한 당단백질로 글리코실화

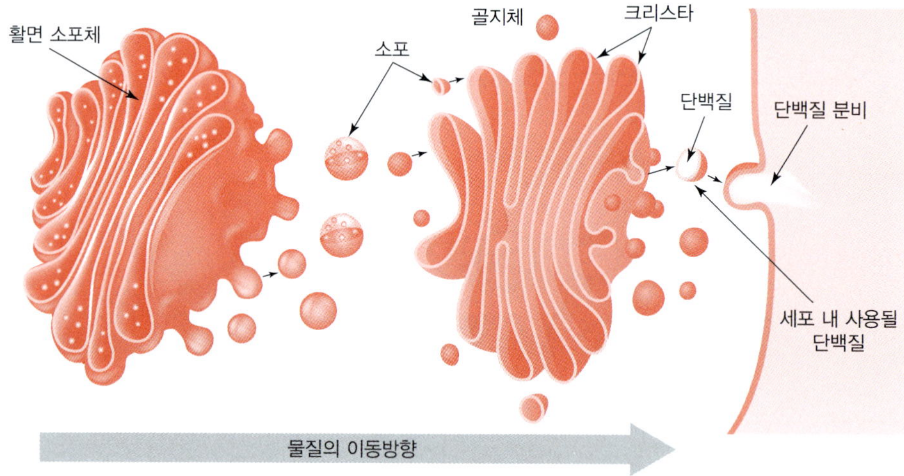

그림 2-12 골지체의 기능

(glycosylation, 당단기 추가) 반응을 한다 그림 2-12. 또한 ER에서 합성된 단백질의 저장기능을 하며, 세포막 형성을 위한 분비과립을 형성하거나, 세포벽 구성을 위한 다당류를 합성한다.

M E M O

FOOD MICROBIOLOGY

CHAPTER

3

미생물의 생육

1. 미생물의 생육곡선
2. 미생물의 세대시간 및 생육속도
3. 미생물 생육 측정방법
4. 미생물 생육에 미치는 인자
5. 허들기술

미생물의 생육

CHAPTER 3

미생물의 생육(growth)은 세포 분열을 통해 그 수가 늘어나는 과정이며, 이 과정에서 다양한 환경 인자의 영향을 받는다. 세균(bacteria)의 경우, 하나의 모세포(mother cell)가 분열을 통해 유전적으로 정확하게 일치하는 하나의 딸세포(daughter cell)를 생성하는데, 이를 이분법(binary fission)이라 한다 **표 4-2**. 이분법을 통해 하나의 세포는 기하급수적으로 그 수가 증가하게 되며 일정한 수에 도달하면 생육이 멈추면서 사멸하기 시작한다. 미생물 특히 세균의 경우, 사람의 눈으로 세포를 개별적으로 관찰할 수 없기 때문에 보통 집락수(colony forming unit, CFU)나 혼탁도(turbidity)를 측정하여 미생물의 생육을 관찰하게 된다. 이때 하나의 S자형 곡선으로 생육하게 되는 것을 볼 수 있는데, 이를 미생물의 생육곡선(growth curve)이라 한다. 생육곡선을 통해 특정 미생물의 세대시간(generation time)과 생육속도(growth rate)를 계산할 수 있다.

식품과 관련된 미생물의 생육은 식품 고유의 특성 및 식품을 둘러싸고 있는 외부 환경의 영향을 받게 된다. 식품의 고유한 특성을 식품의 내적 인자(intrinsic factor)라고 부르며, 식품의 영양성분, 수분활성도, pH 및 산도, 산화와 환원 전위, 항균물질의 존재 여부 등이 있다. 식품의 유통 및 보관 동안 미생물의 생육을 제어하기 위해 다양한 방법이 사용되는데 이를 식품의 외적 인자(extrinsic factor)라고 부르며, 온도, 상대습도, 식품의 포장 내부 혹은 보관 장소의 대기 조성 등이 이에 해당한다.

1. 미생물의 생육곡선

배양 시간별로 생육한 미생물의 집락수 혹은 혼탁도를 측정하여 그래프로 나타내게 되면 미생물의 생육이 네 단계를 통해 진행함을 알 수 있는데, 이를 유도기, 대수기, 정지기, 사멸기로 정의할 수 있다 그림 3-1.

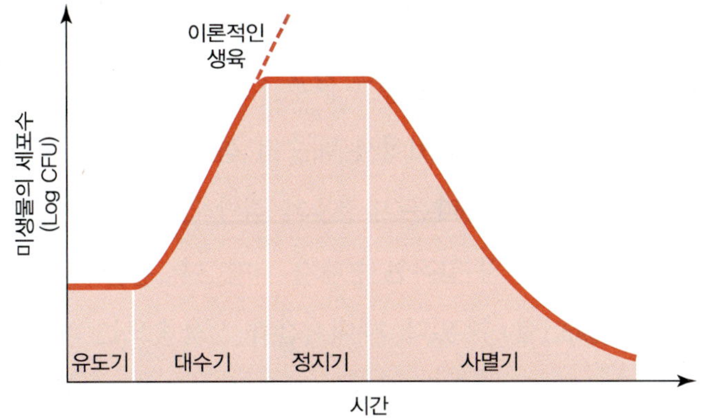

그림 3-1 미생물의 생육곡선

1) 유도기

미생물을 새로운 배지에 접종하면 세포는 새로운 환경을 인식하고 잘 생육하기 위한 준비기, 즉 적응기를 가지게 된다. 유도기(lag phase)는 한마디로 미생물 세포의 적응기라고 할 수 있다. 유도기 동안 미생물 세포는 새로운 배지에 존재하는 다양한 영양성분(탄수화물, 단백질, 지질, 무기물, 비타민 등)을 세포분열을 위한 에너지원 및 세포 구성성분으로 사용하기 위해 물질대사와 관련된 DNA 유전정보를 해독하여 mRNA를 합성하고 이를 통해 다양한 효소 및 단백질을 생성하게 된다. 또한 유도기에서는 배지에 존재하는 영양성분을 이용하여 손상된 세포의 회복에도 이용하게 된다. 하지만 세포분열을 위한 DNA의 합성은 이루어지지 않기 때문에 미생물의 수는 증가하지 않는다.

2) 대수기

유도기 동안 새로운 환경에 적응한 미생물 세포는 본격적으로 이분법을 통한 분열을 시작하게 되는데, 이 시기를 미생물의 수가 기하급수적으로 증가하는 대수기(log phase, exponential phase)라 한다. 대수기 동안 미생물은 세포 분열에 모든 자원을 이용하기 때문에 외부의 자극, 즉 열, 화학약품, 자외선 조사 등에 매우 민감하다.

또한 미생물 전체 생육곡선에 있어서 대수기 동안에만 미생물의 수가 급격하게 증가하기 때문에 시간에 따른 미생물의 집락수 변화를 로그(log)로 변환하여 그래프로 나타내면 거의 일직선 형태가 되며, 이 그래프를 이용하여 세대시간과 생육속도를 계산할 수 있다. 세대시간과 생육속도는 배지의 영양성분, pH, 온도 등에 영향을 받게 되며, 새로운 식품의 보존기술 개발 시 유용하게 사용할 수 있는 정보가 된다. 즉, 세대시간이 길어질수록 그리고 생육속도가 느려질수록 그 보존기술은 효과적으로 미생물의 생육을 억제할 수 있다는 것을 쉽게 알 수 있다. 대수기 동안 미생물의 수가 증가함에 따라 배지의 영양성분은 급격히 고갈되고 이에 따른 미생물 대사산물들이 배지 내에 빠르게 축적된다.

3) 정지기

미생물의 활발한 증식 시기인 대수기를 지나면, 생균수의 변화가 거의 발생하지 않는 정지기(stationary phase)에 들어간다.

정지기에서는 외형적으로 생균수의 변화가 발생하지 않는데, 그 이유는 세포분열 속도와 세포사멸 속도가 거의 같아지기 때문이다. 정지기의 세포는 대수기의 세포에 비해 외부 자극에 강한 내성을 나타내는데, 이는 영양성분 고갈과 배지의 pH 감소에 따라 생존에 필요한 스트레스 관련 유전자의 발현에 의한 것으로 알려져 있다. 또한 미생물 중 내생포자(endospore)를 형성하는 일부 그람양성균의 경우, 이 시기에 생존을 위해 세포 내 포자를 형성하기 시작한다.

4) 사멸기

정지기 동안 지속되는 세포분열로 영양성분은 더욱 고갈되고 노폐물이 배지 내에 축적되면서 세포의 사멸속도는 계속 증가하게 된다. 이에 따라 생균수가 급격하게 감소하는데 이 시기를 사멸기(death phase)라 한다. 사멸기에는 대수기의 증식과 마찬가지로 대수적으로 미생물 세포의 사멸이 발생하지만, 그 속도는 훨씬 느리다. 미생물 세포는 사멸을 하더라도 세포 형태를 그대로 유지하는 경우가 많기 때문에 현미경으로 사균(dead cell)을 관찰하기 어렵고 직접 배양을 해야지만 확인할 수 있다. 사멸된 미생물에서는 세포 내 구성성분 및 세포벽의 분해를 일으키는 자기소화(autolysis)가 발생하게 되는데, 이런 자기소화 과정을 겪는 미생물의 구성성분이 배지 내로 유출되면서 아직 살아 있는 미생물의 생육을 일시적으로 돕기도 한다. 하지만 시간이 지남에 따라 대부분의 미생물은 결국 사멸한다.

2. 미생물의 세대시간 및 생육속도

1) 세대시간

미생물 세포의 세대시간(generation time, GT) 혹은 배가시간(doubling time, DT)이란 하나의 모세포가 분열하여 두 개의 딸세포가 만들어지는 데 걸리는 시간으로 정의할 수 있다. 미생물 세포 하나하나를 직접 눈으로 관찰할 수 없기 때문에 보통은 집락수에 로그(log)를 취한 값으로 계산하며, 일정시간 동안 증가된 집락수로 세대시간을 계산할 수 있다. 세대시간 계산법은 다음과 같다.

$$G = \frac{0.3t}{\log_{10} N_t - \log_{10} N_0}$$

이 계산식에서 G는 세대시간(min), 0.3은 상수로 배가(doubling)를 나타내는 $\log_{10}2$의 값, t는 미생물 생육을 관찰한 시간(min), N_0는 초기 집락수(CFU/mL 또는 g), N_t는 시간 t에서 측정한 집락수(CFU/mL 또는 g)를 의미한다.

알아두기 3-1 **세대시간 계산**

주어진 생육 조건하에서 한 미생물의 초기 집락수가 10^4CFU/mL이고 120분 뒤에 10^6CFU/mL까지 생육했다면 세대시간은?

$$G = \frac{0.3 \times 120\text{min}}{6 - 4} = 18\text{min}$$

2) 생육속도

생육속도(growth rate)는 단위시간당 미생물 세포수의 변화로 정의되며, 특히 대수기에서의 생육속도를 비생육속도(specific growth rate)라 한다. 생육속도 또한 세대시간과 마찬가지로 미생물의 집락수에 로그를 취한 값과 관찰한 시간으로 계산할 수 있다. 만약 대수기에서 미생물의 생육이 직선형으로 나타난다면 1차 속도론(first order kinetics)에 따라 다음과 같은 계산법으로 비생육속도를 계산할 수 있다.

$$\mu = \frac{2.3(\log N_t - \log N_0)}{t - t_0}$$

이 계산식에서 μ는 비생육속도(/h), N_t는 시간 t에서의 집락수(CFU/mL 또는 g), N_0는 초기 집락수(CFU/mL 또는 g), t는 마지막 측정시간(h), t_0는 초기 측정시간(h)을 의미한다. 따라서 $t - t_0$는 총 관찰한 시간을 나타낸다.

미생물의 세대시간 감소는 생육속도의 증가를, 세대시간의 증가는 생육속도의 감소를 뜻한다. 즉, 세대시간과 비생육속도는 서로 반비례관계를 가진다. 따라서 미생물의 세대시간과 비생육속도 두 값 중 어느 한 값을 알게 되면 나머지 한 값도 다음 계산식으로 구할 수 있다.

$$t_d = \frac{0.63}{\mu}$$

이 계산식에서 t_d는 배가시간이며, μ는 비생육속도를 나타낸다.

앞서 살펴본 바와 같이 미생물의 생육 정도는 세대시간과 생육속도로 설명할 수 있기 때문에 어느 한 미생물의 최적 생육조건은 가장 높은 비생육속도와 가장 적은 세대시간이 관찰되는 조건이 된다. 표 3-1 은 일반적인 세균의 배양 조건에 따른 비생육속도와 배가시간을 나타낸다.

표 3-1 세균의 배양 조건에 따른 비생육속도와 배가시간

배양 조건	비생육속도(μ)	배가시간(t_d)
최적 조건(영양배지, 37℃)	2.3	0.3
제한된 영양분 조건	0.20	3.46
5℃ 배양 조건	0.023	30

출처: Montville · Matthews(2008)

알아두기 3-2 **비생육속도 계산**

어떤 미생물에 오염된 분쇄육에서 측정된 초기 집락수가 10^4CFU/g이었으며, 7℃에서 15일간 보관한 후 이 미생물의 집락수를 측정했더니 10^8CFU/g이었다. 단, 이 미생물은 보관 초기부터 생육이 서서히 발생했다고 가정하고, 유도기와 정지기는 고려하지 않을 때 이 분쇄육에서의 미생물의 비생육속도는?

$$\mu = \frac{2.3 \times (8 - 4)}{360\text{h}} = 0.026/\text{h}$$

3. 미생물 생육 측정방법

미생물의 생육은 한천배지에 도말하여 살아 있는 균수를 측정하는 생균수 측정법(viable cell count), 생육한 균의 양을 무게로 측정하는 균체량 측정법, 세균 증식에 따른 혼탁도를 측정하는 흡광도 측정법, 현미경을 이용하여 균수를 직접 측정하는 현미경직접계수법 등을 이용하여 측정할 수 있다.

1) 생균수 측정법

생균수는 주입평판법 또는 도말평판법으로 측정할 수 있다. 다른 방법과 비교했을 때 이 두 방법의 가장 큰 장점은 살아 있는 균의 집락수를 직접적으로 계수

할 수 있다는 점이다. 하지만 살아 있는 균을 배양하는 데 다소 시간이 필요하기 때문에 다른 방법에 비해 결과를 확인하는 데까지 많은 시간이 소요된다.

(1) 주입평판법

주입평판법(pour plate method)은 미생물 시료를 적절히 희석한 후 0.1~1mL의 희석액을 멸균된 페트리 디시에 우선 접종하고 45~50℃로 유지된 한천배지를 페트리 디시에 분주하여 시료와 균질하게 섞어 배양하는 방법이다 그림 3-2. 이 경우 세균 집락은 한천배지의 표면뿐만 아니라 내부에서도 형성될 수 있으며, 30~300개 사이의 집락이 형성된 평판배지를 선택하여 계수한 후 희석배수를 곱하여 시료 g 혹은 mL당 생균수를 계산한다.

(2) 도말평판법

도말평판법(spread plate method)은 표면도말법이라고도 한다. 멸균된 페트리 디시에 한천배지를 분주하여 식힌 한천평판배지를 먼저 준비한 후 적절히 희석된 미생물 시료 0.1mL 정도를 평판배지 표면에 접종하고, 멸균된 도말봉을 이용하여 접종된 시료를 균일하게 배지 표면에 도말하는 방법이다 그림 3-2. 세

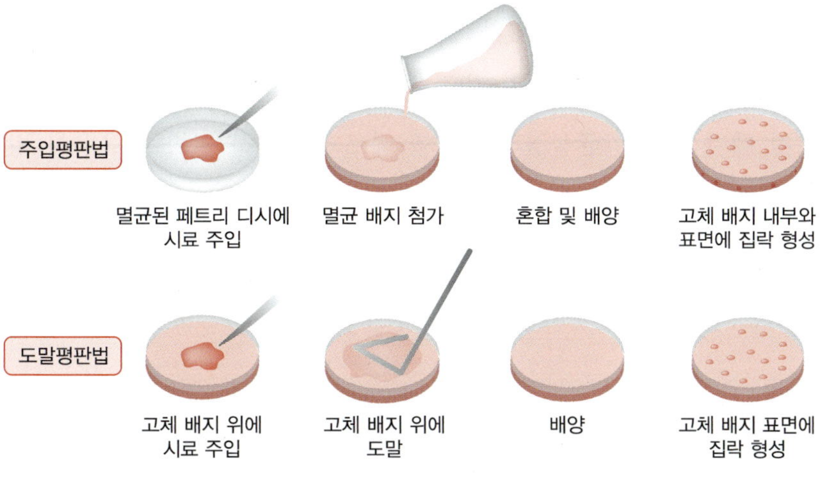

그림 3-2 생균수 측정법

균 집락은 배양된 평판배지 표면에서만 관찰할 수 있으며, 주입평판법과 마찬가지로 30~300개 사이의 집락이 형성된 평판배지를 선택하여 계수한 후 희석배수를 곱하여 시료 g 혹은 mL당 생균수를 계산한다.

2) 균체량 측정법

미생물이 생육한 배양액을 원심분리하여 상등액을 제거하고 침전된 균체를 건조하여 그 무게를 측정하는 건조균체량(dry cell weight) 방법을 이용하여 배양시간에 따른 미생물 생육 정도를 측정할 수 있다. 균체량 측정법은 생균수 측정법에 비해 간단한 반면 생균과 사균을 구분할 수 없는 단점이 있다.

3) 흡광도 측정법

미생물 수가 증가함에 따라 혼탁도(turbidity)가 증가하는 원리를 이용하는 방법으로 미생물이 증식하고 있는 배양액을 시간별로 채취하여 분광광도계(spectrophotometer)로 측정한다. 배양액의 혼탁도는 분광광도계의 600nm 부근 파장에서 흡광도(optical density, OD)값을 측정할 수 있으며, 이 흡광도의 증가로 미생물의 생육을 측정할 수 있다. 균체량 측정법과 마찬가지로 생균과 사균을 구분할 수 없는 단점이 있으나, 매우 간단하게 미생물의 생육을 관찰할 수 있어 특정 배지 또는 항균물질의 효과를 빠르게 평가하는 아주 유용한 방법이다. 액체배양 시 미생물 생육 측정에 주로 이용된다.

4) 현미경직접계수법

현미경직접계수법(direct microscopic count, DMC)은 식품시료에 존재하는 미생물의 양을 현미경을 이용하여 단일 미생물세포(single cell) 수준에서 그 수를 직접적으로 측정하는 방법이다 그림 3-3. 시료의 일정량을 격자로 칸이 구분된 검경에 분주한 후 혈구계수기(haematometer)나 페트로프-하우저(Petroff-Hausser) 계수기를 이용하여 단위면적당 존재하는 미생물의 수를 현미경으로 측정하고, 일정 부피에 존재하는 미생물 수로 환산한 후 시료에 존재하는 총 미생물 수를 계산한다. 배양이 필요 없기 때문에 아주 간단하고 신속하게 미생물 수를 측정할 수 있다. 주로 액체식품(비살균우유, 액란 등)이나 건조식품(건조우유, 건조란 등)에 사용할 수 있으며, 일정량 이상이 검출되었을 경우 즉각적인 조치가 가능하다. 하지만 일정한 형태를 가진 미생물을 모두 관찰하기 때문에 생균과 사균을 구분할 수 없어 결과가 부정확할 수 있으며, 시료 1mL당 최소 10^7cells 이상이 균이 존재해야 측정할 수 있어 다량의 균이 요구되는 단점이 있다.

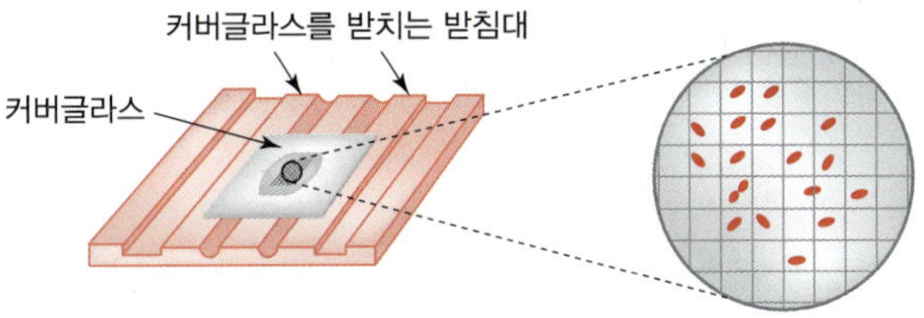

- 커버글라스와 슬라이드 간 0.02mm
- 전체 격자판은 25개
- 한 개의 큰 전체 면적 $1mm^2$
- 한 개의 전체 부피 $0.02mm^3$

현미경 관찰을 통해 계수

총균수 계산
12개 세포(격자당)
- 전체 격자 세포수: $12\times25/mm^2$
- 부피 반영 세포수: $12\times25\times50/mm^4=1.5\times10^4/mm^3$
- $mL(cm^3)$로 반영: $1.5\times10^4\times10^3/mL=1.5\times10^7/mL$

그림 3-3 현미경직접계수법

4. 미생물 생육에 미치는 인자

1) 내적 인자

(1) 수분활성도

미생물도 생명체이기 때문에 생육을 위해서는 물이 반드시 필요하다. 식품 내 수분은 결합수와 자유수 형태로 존재한다. 결합수는 단백질과 같은 식품의 구성성분에 이온결합과 수소결합 등으로 결합된 형태의 물이고, 자유수는 식품 내 구성성분과 결합하지 않은 형태의 물로서 화학반응과 미생물 생육에 자유롭게 이용될 수 있다. 식품화학에서 다루는 수분함량(moisture content)은 결합수와 자유수 모두를 일컫는 용어인 반면에 수분활성도(water activity, a_w)는 자유수 또는 약하게 결합된 결합수의 함량을 뜻한다. 따라서 미생물의 생육에는 수분함량이 아닌 수분활성도가 영향을 미치게 된다. 수분활성도는 주어진 온도에서 식품의 수증기압에 대한 순수한 물의 수증기압의 비로 정의된다.

알아두기 3-3　라울의 법칙을 이용한 수분활성도 계산

- 라울의 법칙(Raoult's law)은 1887년 프랑스의 화학자 프랑수아 마리 라울(Francois Marie Raoult)이 용매에 유기화합물을 용해한 용액에서 실험적으로 발견한 법칙이다. 이 법칙에 따르면, 어떤 용매에 용질을 녹일 경우, 용매의 증기압이 감소하는데, 용매에 용질을 용해하는 것에 의해 생기는 증기압 강하의 크기는 용액 중에 녹아 있는 용질의 몰분율에 비례한다. 따라서 이 법칙을 이용하면 식품의 수분활성도를 계산할 수 있다.

$$\text{수분활성도}(a_w) = \frac{n_1}{n_1 + n_2}$$

(n_1은 용매의 몰(mole) 수, n_2는 용질의 몰 수)

- 10% 소금물 100mL의 수분활성도를 한번 구해보자. 물 100mL에 소금 10g이 녹아 있는 상태이므로 물의 몰수를 구하기 위해 물의 질량(100mL = 100g)에 물의 분자량(18g/mol)을 나누어주면 몰수는 55.5mol(n_1)이 된다. 같은 방식으로 녹아 있는 소금의 몰수는 10g에 58.4g/mol(NaCl 분자량)을 나눈 값으로 0.17mol(n_2)이 된다. 이 두 수치를 위의 식에 대입하면,

$$\text{10\% 소금물의 수분활성도}(a_w) = \frac{55.5}{55.5 + 0.17} = 0.997$$

따라서, 10% 소금물의 수분활성도는 0.997이 된다.

$$수분활성도(a_w) = \frac{식품의\ 수증기압(P)}{순수한\ 물의\ 수증기압(P_0)}$$

순수한 물의 수분활성도는 1.00이고 완전히 건조된 식품의 수분활성도는 0.00이다. 따라서 식품의 수분활성도는 1.00 이하의 값을 가진다. 수분활성도는 평형상대습도(equilibrium relative humidity, ERH)와도 관련이 있는데 평형상대습도를 100으로 나누면 수분활성도를 계산할 수 있다.

$$수분활성도(a_w) = \frac{평형상대습도}{100}$$

채소, 과일, 식육과 같은 신선식품은 미생물의 최적 생육이 가능한 높은 수분활성도를 가진다. 반면에 밀가루, 건조우유, 건조과일과 같은 건조식품은 수분을 제거하는 건조공정을 통해 가공되기 때문에 미생물이 생육하기 힘든 낮은 수분활성도를 가진다. 각 식품별 수분활성도는 표 3-2와 같다. 염장, 당절임, 건조, 농축, 냉동 등과 같은 다양한 가공방법으로 식품의 수분활성도를 낮출 수 있으며, 이를 통해 미생물의 생육을 억제하여 식품의 저장성을 향상시킬 수 있다.

미생물의 종류에 따라 생육할 수 있는 수분활성도 범위가 있는데, 일반적으로 세균은 높은 수분활성도를 요구하며, 그 다음으로 효모와 곰팡이 순으로 생육에 필요한 수분활성도의 범위가 점점 낮아진다. 따라서 신선식품의 경우 세균, 곰팡이, 효모 모두 생육이 가능하고, 수분활성도가 낮은 곡류와 농축과 일주스의 경우 세균은 거의 생육이 불가능하지만 효모나 곰팡이의 생육은 가능하다 표 3-3. 이렇듯 각 식품의 수분활성도가 다르기 때문에 생육이 가능한 미생물의 종류도 달라질 수 있다.

식중독을 일으키는 병원성 세균 또한 최소 수분활성도 이상에서만 생육이 가능하다. 일반적으로 그람음성균이 그람양성균에 비해 수분활성도에 민감하

표 3-2 주요 식품들의 수분활성도

식품	수분활성도
동물성 식품	
소고기, 돼지고기, 생선	0.99~1.00
자연치즈	0.95~1.00
달걀	0.97
꿀	0.75
건조란	0.40
건조우유	0.20
식물성 식품	
신선 과일 및 채소	0.97~1.00
식빵	0.94~0.97
잼	0.75~0.80
쌀	0.80~0.87
농축과일주스	0.79~0.84
밀가루	0.67~0.87
건조과일	0.55~0.80
설탕	0.19

출처: IFT(2003)

표 3-3 주요 미생물 생육에 필요한 최소 수분활성도

미생물	최소 수분활성도
대부분의 세균	0.91~0.88
대부분의 효모	0.88
일반적인 곰팡이	0.80
호염성 세균	0.75
내건성 곰팡이	0.71
호건성 곰팡이 및 호삼투압성 효모	0.62~0.60

표 3-4 주요 식중독 세균의 생육에 필요한 최소 수분활성도

식중독 세균	최소 수분활성도
그람음성균	
Campylobacter spp.	0.98
Escherichia coli	0.95
Salmonella spp.	0.94
Shigella spp.	0.97
Vibrio spp.	0.94~0.96
Yersinia enterocolitica	0.97
그람양성균	
Bacillus cereus	0.93
Clostridium botulinum	0.93~0.97
Clostridium perfringens	0.943
Listeria monocytogenes	0.92
Staphylococcus aureus	0.83

며, 황색포도상구균을 제외하고 대부분의 병원성 세균은 수분활성도 0.9 이상에서만 생육이 가능하다. 표 3-4에 나와 있는 각 병원성 세균의 최소 수분활성도는 대략적인 수분활성도로 식품 내 용질의 종류에 따라 같은 수분활성도를 가지더라도 병원성 세균의 생육에 미치는 영향이 달라질 수 있다.

일반적으로 수분활성도가 낮아지면, 미생물의 생육에서 유도기 시간이 증가하고 생육속도는 감소하게 된다. 결과적으로 미생물의 생육이 느려지기 때문에 식품의 유통기한이 늘어나는 효과를 가진다. 그림 3-4는 수분활성도에 있어서 미생물의 생육과 주요 식품 간의 관계 및 유통기한을 보여준다.

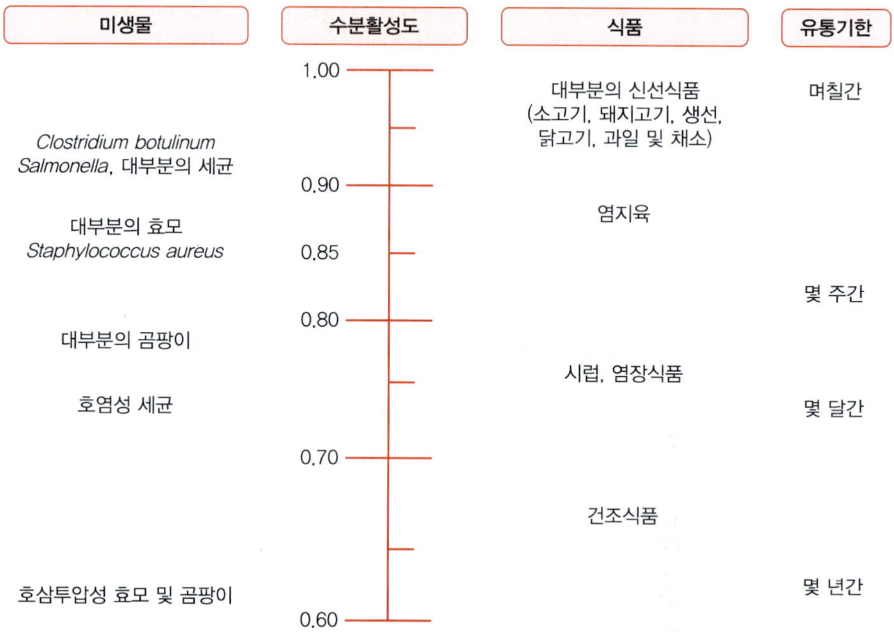

그림 3-4 미생물의 생육과 식품의 유통기한에 대한 수분활성도의 영향
출처: Montville · Matthews(2008)

(2) pH와 산도

수분활성도와 마찬가지로 식품의 pH도 식품에 존재하는 미생물의 생육에 영향을 미치는 주요한 인자다. pH는 수소 이온(H^+) 농도를 로그 역수를 취해 나타낸 값으로 수소 이온 농도가 증가하면 할수록 pH값은 더 낮아지게 된다. 대부분의 미생물은 중성 pH에서 최적 생육을 나타내며, 이는 미생물 생육에 필요한 다양한 대사활동과 이와 관련된 효소들이 중성 pH에서 최적 활성을 나타내기 때문이다. 따라서 낮은 pH를 가진 식품에서는 미생물의 생육이 다소 느려지거나 억제될 수 있으며, 이를 이용하여 식품에 유기산을 첨가하거나 유산균에 의한 발효를 통해 식품의 pH를 낮추고, 결과적으로 부패미생물의 생육을 억제하여 식품의 저장성을 향상시킬 수 있다.

식품에 따라 고유의 pH가 다르며 **표 3-5**, 미생물에 따라 생육이 가능한 pH 범위가 조금씩 다르다 **표 3-6**. 따라서 식품의 pH에 따라 생육하는 미생물의 종류 또한 달라질 수 있다. 일반적으로 세균이 생육할 수 있는 최소 pH 조건은 pH 4.0~5.0 정도이다. 효모와 곰팡이는 그보다 낮은 pH 2.0~3.5 정도에서도 생육이 가능하며, 최적 pH는 pH 4.0~5.0이다. 그렇기 때문에 pH가 낮은 과일에서는 세균에 의한 부패보다는 효모나 곰팡이에 의한 부패가 발생하기 쉽다. 하지만 세균 중에서 *Lactobacillus* 속과 같은 유산균의 경우에는 약 pH 3.1~3.4에서도 생육이 가능하다.

식품의 pH는 식품 내에 존재하는 유기산의 영향을 받으며, 약산으로서 유기

표 3-5 일반적인 식품의 pH 범위

식품	pH 범위	식품	pH 범위
유가공품		**농산물**	
버터	6.1~6.4	사과	2.9~3.3
버터밀크	4.5	바나나	4.5~4.7
우유	6.3~6.5	자몽	3.0
크림	6.5	라임	1.8~2.0
치즈	4.9~5.9	오렌지	3.6~4.3
요거트	3.8~4.2	자두	2.8~4.6
축산물과 수산물		수박	5.2~5.6
다진 소고기	5.1~6.2	포도	3.4~4.5
햄	5.9~6.1	아스파라거스	5.7~6.1
닭	6.2~6.4	콩	4.6~6.5
달걀 노른자	6.0~6.3	브로콜리	6.5
달걀 흰자	7.6~9.5	배추	5.4~6.0
생선	6.6~6.8	당근	4.9~5.2
대합조개	6.5	셀러리	5.7~6.0
게	7.0	옥수수	7.3
굴	4.8~6.3	오이	3.8
참치	5.2~6.1	상추	6.0
새우	6.8~7.0	감자	5.3~5.6
연어	6.1~6.3	토마토	4.2~4.3

표 3-6 주요 병원성 세균의 생육 pH 범위

병원성 세균	최저 pH	최적 pH	최고 pH
그람음성균			
Campylobacter spp.	4.9	6.5~7.5	9.0
Escherichia coli O157:H7	4.4	6.0~7.0	9.0
Salmonella spp.	4.2	7.0~7.5	9.5
Shigella spp.	4.9	9.3	
Vibrio parahaemolyticus	4.8	7.8~8.6	11.0
Vibrio vulnificus	5.0	7.8	10.2
Yersinia enterocolitica	4.2	7.2	9.6
그람양성균			
Bacillus cereus	4.9	6.0~7.0	8.8
Clostridium botulinum	4.6	8.5	–
Clostridium perfringens	5.5~5.8	7.2	8.0~9.0
Listeria monocytogenes	4.39	7.0	9.4
Staphylococcus aureus	4.0	6.0~7.0	10.0

산의 농도는 적정산도(titratable acidity, TA)를 측정함으로써 그 양을 알 수 있다. 적정산도는 약산으로부터 유리된 수소 이온을 중화시키는 데 필요한 0.1M의 수산화나트륨(NaOH)의 양으로 측정하는데, 이를 통해 식품 내의 산도를 계산할 수 있다. 같은 pH라 할지라도 강산인 염산(HCl)과 초산(CH_3COOH)은 미생물의 생육에 영향을 미치는 정도가 다르다. 예를 들면, *Salmonella* 속의 경우 배양액에 염산을 첨가했을 때 pH 4.5가 최저 생육 pH가 되지만, 초산을 첨가하면 pH 5.5가 최저 생육 pH가 된다. 이는 강산보다 약산이 미생물의 세포막 투과에 더 유리하기 때문인데, 유기산의 자세한 항균작용 원리는 제9장을 참고하면 된다. 따라서 샐러드 드레싱처럼 초산이나 젖산과 같은 유기산이 많이 첨가된 식품은 pH보다는 적정산도가 식품의 미생물적 안전성을 측정하는 더 좋은 지표가 될 수 있다.

(3) 영양성분

식품에는 탄수화물, 단백질, 지질, 비타민, 무기질과 같은 다양한 영양성분이 있으며, 사람과 마찬가지로 미생물도 이러한 영양성분을 이용하여 에너지 대사를 비롯한 생육에 필요한 물질대사를 할 수 있다. 식품과 관련된 대부분의 미생물은 이러한 유기물을 대사하여 에너지 생산 및 생육이 가능하기 때문에 종속영양균(유기물영양균)으로 분류된다. 종속영양균과 달리 독립영양균은 스스로 에너지를 생성할 수 있으며, 광합성색소를 가지고 있다. 태양에너지를 이용하여 에너지를 합성하는 광합성균과 무기물을 산화하여 에너지를 얻는 화학합성균이 이에 속한다.

식품 속의 탄수화물은 미생물의 에너지 대사에 이용되며, 단백질의 아미노산은 질소원이 되어 아미노산의 합성을 통해 효소 및 다양한 단백질을 만들어 낸다. 또한 비타민과 무기질은 미생물 생육에 필요한 다양한 효소의 보조효소나 세포의 구성성분으로 이용된다.

식품에 따라 영양성분이 다를 수 있는데, 예를 들면 동물성 식품은 단백질과 지방, 비타민과 미네랄이 풍부하며, 식물성 식품은 탄수화물의 비율이 높다. 이러한 특징 때문에 미생물에 따라 생육할 수 있는 식품이 달라질 수 있다. 예를 들면, 황색포도상구균의 생육에는 비타민 B가 필수적인데, 비타민 B군이 부족한 과일이나 채소에서는 황색포도상구균이 생육하기 힘들다. 이와 유사하게 *Clostridium perfringens*는 20개의 아미노산 중에 13개를 합성하지 못하기 때문에 생육을 위해서는 단백질이 풍부해야 하며, 따라서 동물성 식품에서 생육이 잘 되는 편이다. 유산균 또한 비타민과 아미노산 등 영양성분이 충분히 공급이 되어야만 생육이 가능하다. 이렇듯 그람양성균은 특정 영양성분을 스스로 합성하지 못하기 때문에 그람음성균에 비해 영양요구성이 더 까다로운 편이다.

식품에서 잘 생육하는 미생물은 그 식품에 존재하는 영양성분을 가장 쉽게 이용할 수 있는 미생물들이다. 일반적으로 포도당이나 이당류와 같은 단순 탄수화물과 아미노산이 먼저 이용되고, 그 후에 더 복잡한 형태의 영양성분이 이용된다. 여러 미생물이 한 식품에서 동시에 생육할 수 있으나, 각 미생물의 생육속도는 영양성분을 얼마나 잘 이용하느냐에 따라 달라진다. 대부분의 식품은 영양성분이 풍부하므로 병원성 세균의 생육이 가능하다.

(4) 산화–환원 전위

산화–환원 전위(oxidation-reduction potential, ORP · redox potential, Eh)란 어떤 물질의 총 환원력(전자공여)에 대한 총 산화력(전자수용)의 비로 정의된다. 즉, 어떤 물질이 전자를 잃고 산화되거나 또는 전자를 얻어 환원되려는 경향의 정도를 나타내는 것으로서 밀리볼트(mV) 단위로 측정된다. 완전히 산화된 표준 산소 전극은 pH 7.0, 30℃에서 +810mV의 산화–환원 전위를 가지며, 반대로 완전히 환원된 표준 수소 전극은 −420mV의 산화–환원 전위를 가진다. 식품의 산화–환원 전위는 그 식품의 환원당 함량, 산소량, pH 등에 의해 영향을 받을 수 있으며, 미생물의 대사과정에 참여하는 다양한 효소의 활성에도 관여하기 때문에 미생물의 생육에도 큰 영향을 미칠 수 있다.

미생물에 따라 생육이 가능한 산화–환원 전위 범위가 달라지며, 일반적으로 호기성균은 +500～+300mV, 통성혐기성균은 +300～−100mV, 혐기성균은 +100～−250mV 이하에서 생육이 가능한 것으로 알려져 있다 표 3-7. 예를 들면, *Clostridum botulinum*균은 편성혐기성균으로 +60mV 이하에서만 활발한 생육이 가능하며, 높은 산화–환원 전위에서는 생육이 느려질 수 있다. 주요 식품의 산화–환원 전위값은 표 3-8에 나와 있으며, 이 값들은 식품의 pH, 미생물의 생육, 포장, 저장장소의 산소 분압, 식품의 영양성분(단백질, 아스코르브산, 환원당 등)에 따라 크게 영향을 받는다.

표 3-7 산화-환원 전위와 생육할 수 있는 미생물의 분류

미생물	Eh(mV)	산소요구도에 따른 미생물의 분류
Pseudomonas fluorescens	+500~+100	편성호기성
Staphylococcus aureus	+180~-230	통성혐기성
Proteus vulgaris	+150~-600	통성혐기성
Clostridium prefringens	+216~-230	내산소 혐기성
Clostridium spp.	-30~-550	편성혐기성

출처: 이종경 외(2014)

표 3-8 주요 식품의 산화-환원 전위값(Eh)

식품	Eh(mV)	식품	Eh(mV)
우유	+300~+340	감자	~-150
달걀	+500	포도주스	+409
덩어리육	-60~-150	레몬주스	+383
분쇄육	+225	통조림 식품(> pH 4.4)	-130~-550
도정되지 않은 밀	-320~-360	통조림 식품(< pH 4.4)	-410~-550

(5) 자연적 또는 인위적으로 첨가된 항균물질

일부 식품 원료들은 미생물의 생육이나 생존에 영향을 미치는 항균성분들을 자연적으로 가지고 있다. 예를 들면, 클로버의 유게놀(eugenol), 마늘의 알리신(allicin), 계피의 시남알데하이드(cinamic aldehyde), 오레가노의 카바크롤(carvacrol)과 티몰(thymol) 성분이 식물성 유래 항균성분으로 알려져 있다. 동물성 유래의 항균성분으로는 우유에 존재하는 락토페린(lactoferrin)과 락토퍼옥시데이즈(lactoperoxidase), 달걀과 우유에 존재하는 리소자임(lysozyme) 등이 있다. 하지만 식품 내 항균물질의 농도는 비교적 낮기 때문에 항균효과는 그리 크지 않다. 식품에 실질적으로 적용하기 위해서는 단일 항균물질의 농도를 높이거나 다른 항균물질과 같이 사용하면 된다.

또한 식품가공 공정 중에 항균성분이 만들어지는 경우가 있는데, 예를 들면 생선이나 고기의 훈연과정 중 연기에 포함된 성분인 페놀성 화합물이 항균작용을 나타낸다. 유산균에 의한 식품의 발효과정에서도 유산균이 생산하는 단백질 중 박테리오신(bacteriocin)이 항균작용을 나타내는 것으로 알려져 있다. 특히, *Lactococcus lactis*가 생산하는 박테리오신인 니신(nisin)은 *Listeria monocytogenes*와 *Clostridium butyricum*과 같은 그람양성균에 항균작용이 뛰어난 것으로 알려져 있으며, 현재 약 50여 개의 국가에서 식품첨가물로 승인받아 널리 사용되고 있다.

식품가공 공정 중 인위적으로 첨가하는 식품보존제도 미생물의 생육 억제를 통해 식품의 유통기한을 향상시키기 위해 사용되고 있다. 프로피온산(propionic acid), 벤조산(benzoic acid), 소르브산(sorbic acid), 초산(acetic acid)과 같은 유기산이 식품보존제로 많이 사용되며, 염지식육에 발색제로 사용되는 아질산염은 *Clostridium botulinum*균의 생육 억제에 효과가 있는 것으로 알려져 있다.

(6) 식품 내 미생물 간의 상호작용

완전 멸균된 식품을 제외하고는 식품 내 고유한 미생물 균총(microbiota)이 존재하며, 살균된 식품이라 할지라도 일부 미생물이 생존하여 식품의 저장이나 보관 시 생육이 가능하다. 물론 식품 내 미생물들은 앞서 설명한 다양한 식품의 내적 인자 및 이후 설명할 외적 인자에 의해 생육이 저해되거나 촉진될 수 있지만, 이 외에도 식품에 존재하는 미생물의 상호관계에 영향을 받기도 한다.

식품미생물학에서 중요하게 여기는 미생물의 상호관계는 크게 2가지 형태를 들 수 있는데, 첫 번째는 공생관계(symbiotic relationship)다. 서로 다른 종의 미생물이 식품 내에서 생육하면서 각 미생물이 필요한 물질 혹은 환경조성을 통해 서로의 생육을 촉진하는 관계이다. 대표적으로 요거트(yogurt)가 있다. 요거트는 두 종류의 유산균(lactic acid bacteria)이 공생관계를 통해 발효하면서 생산된다. 발효 초기에는 *Streptococcus thermophilus*의 생육이 빠르게 진행되면서 대사산물로 포름산(formic acid)을 생산하고 산소를 소비하여 이산화탄소 생성을 통해 혐기성 환경을 만든다. 이 포름산은 *Lactobacillus bulgaricus*의 퓨린 생합성을 도와주고 혐기성 환경하에서 유산균의 생육이 촉진된다. *Lactobacillus bulgaricus*의 생육을 통해 젖산(lactic acid)과 아미노산(amino acid)이 생성되면 *Streptococcus thermophilus*의 생육이 다시 촉진된다. 두 유산균의 상호작용을 통해 요거트의 pH가 4.3~4.5로 낮아지게 되고 온도를 낮추면 두 유산균의 생육이 멈추게 되어 요거트 발효가 완성된다 **그림 3-5**. 이러한 공생관계를 상리공생(mutualism)이라 한다.

이와 반대로 두 미생물종이 경쟁관계(competitive relationship)를 가지는 경우도 있다. 예를 들면, 분쇄육에 자연적으로 존재하는 *Pseudomonas*, *Acinetobacter*, *Moraxella*균은 분쇄육에서 생육속도가 빨라 병원성 세균인 황색포도상구균의 생육을 억제하여 장독소가 생성되지 못하게 한다. 또 다른 예로 유산균인 *Streptococci*균은 니코틴아마이드(nicotinamide) 또는 나아신(niacin)과 바이오틴(biotin)을 빠르게 소비하는 방법으로 황색포도상구균의 생육을 억제하는 것으로 알려져 있다. 이렇듯, 식품 내 존재하는 미생물들은 영양성분, 표면 부착, 환경 변화, 또는 이러한 인자들의 복합적인 방법에 의해 한 종의 미생물이 다른 종인 미생물의 생육을 억제할 수 있다. 이러한 경쟁관계를 길항작용(antagonism)이라 한다.

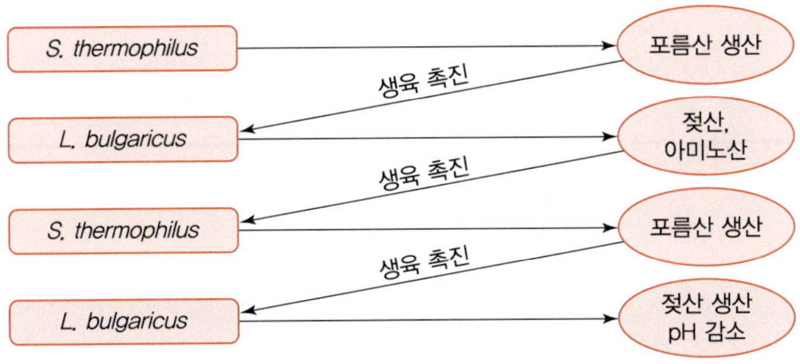

그림 3-5 상리공생을 통한 요거트 발효과정
출처: Murano(2003)

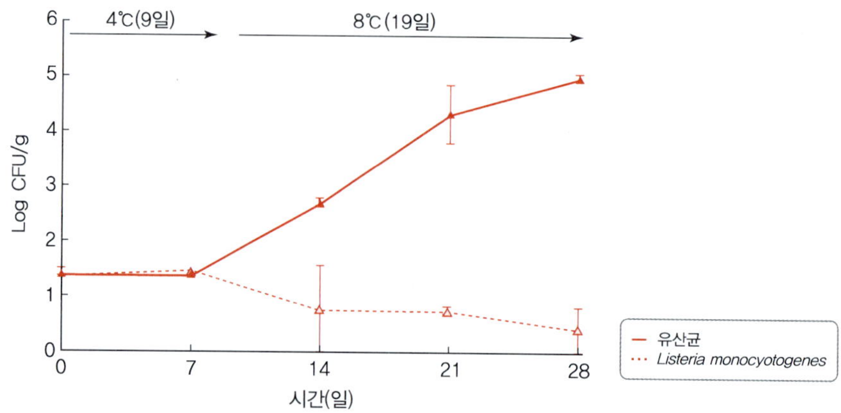

그림 3-6 유산균을 이용한 생육 억제

길항작용을 이용하여 식품 내 병원성 세균의 생육을 억제하는 방법이 최근 많이 연구되고 있는데, 유해한 미생물의 생육을 억제하는 미생물로 유산균을 이용한다. 한 예로 유산균과 *Listeria monocytogenes*균을 같이 접종한 훈제연어를 4℃에서 9일간 그리고 8℃에서 19일간 저장한 결과, 4℃에서 보관했을 땐 두 균 모두 생육이 억제되었지만, 8℃로 저장온도가 높아졌을 경우에는 유산균의 생육이 활성화되는 데 반해 병원성 세균인 *Listeria monocytogenes*균의 수는 시간이 지남에 따라 감소했다 그림 3-6. 이는 유산균의 생육이 증가함에 따라 젖산의 생성으로 pH가 감소하고 천연항균물질인 박테리오신(bacteriocin) 생성에 기인하는 것으로 여겨진다.

2) 외적 인자

(1) 온도

모든 미생물은 일정한 온도 범위 내에서만 생육이 가능하다. 미생물의 최저, 최적, 최고 생육온도는 미생물의 종에 따라 다르기 때문에 미생물을 분류하는 데 유용하게 사용된다. 각 미생물은 생육온도 범위에 따라 고온균

표 3-9 생육온도 범위에 따른 세균의 분류

분류	생육온도 범위(℃)		
	최저	최적	최고
고온균	40~45	55~75	60~90
중온균	5~15	30~45	35~47
저온균	-5~5	25~30	30~35
호냉균	-5~5	12~15	15~20

(thermophiles), 중온균(mesophiles), 저온균(psychrotrophs), 호냉균(psychrophiles)의 4가지 형태로 분류할 수 있다 표 3-9.

고온균은 최적 생육온도가 55~75℃ 정도로 높은 온도를 선호하는 미생물로, 주로 온천이나 퇴비 등 고온이 유지되는 장소에서 생육이 활발하다. 식품에서는 내생포자를 형성하는 *Clostridium thermosaccharolyticum*이 대표적인 고온균으로 알려져 있다. 특히, 고온균은 고온에서 가열처리하여 생산하는 통조림에서 가공 후 생존이 가능하기 때문에 저장 중에 부패를 일으킬 수 있다. 고온균은 대사에 관여하는 효소나 단백질의 최적 활성 온도가 고온이기 때문에 고온에서 활발하게 생육이 가능하고, 세포막 지질에는 포화지방산의 비율이 높아 고온에서도 일정한 세포막 유동성을 유지할 수 있다.

중온균은 자연계에 가장 널리 분포하고 있는 미생물 종으로 대부분의 식중독 세균 및 부패세균이 이 분류에 속한다. 중온균은 명칭 그대로 최적 생육온도가 중온인 30~45℃ 정도이고, 최고 생육온도는 35~47℃ 정도이다. 일반적으로 35~37℃에서 최고 생육속도를 나타낸다. 최저 생육온도는 5~15℃ 정도이기 때문에 냉장온도에서는 거의 생육이 불가능하며, 일반적인 살균법으로 쉽게 사멸된다. 대표적으로 장출혈성대장균(Enterohemorrhagic *E. coli*), *Salmonella* 속, *Vibrio* 속 등이 이 분류에 속한다.

저온균은 생육온도 범위가 호냉균과 중온균의 중간에 위치하며, 최저 생육온도가 −5~5℃ 정도이기 때문에 냉장보관 중인 식품에서도 생육이 가능해 냉장식품의 부패나 식중독을 유발할 수 있다. 식중독 세균 중 *Listeria* *monocytogenes*와 *Yersiniea enterocolitica*가 저온균으로 분류된다. 또한 부패 세균 중 *Pseudomonas* 속이 대표적인 저온균으로 냉장식육이나 냉장어류 등의 부패에 관여한다. 저온균은 냉장온도에서 생육이 가능하지만, 생육속도가 매우 느리기 때문에 장시간 보관 시 식중독이나 식품의 부패 문제가 발생하며, 짧은 시간 저장 시에는 생육이 잘 되지 않은 편이다.

호냉균은 저온균과 유사한 최저 생육온도를 가지고 있으나, 최적 생육온도는 12~15℃, 최고 생육온도는 15~20℃ 정도로 저온균보다 낮다. 호냉균은 주로 온도가 낮은 해수나 극지방에 존재하며, 식품에는 흔히 존재하지 않는다. 표 3-10은 주요 식중독 세균의 최저, 최적, 최고 생육온도 범위를 보여준다.

식품과 관련된 대부분의 곰팡이는 최적 생육온도가 20~30℃ 정도로 저온성의 특징을 나타낸다. 특히 *Aspergillus* 속, *Cladosporium* 속, *Thamnidium* 속 같은 곰팡이는 냉장온도에서도 생육이 가능하여, 냉장보관된 과일 등에서 부패를 많이 일으킨다. 효모도 곰팡이와 유사하게 저온 또는 중온에서 생육이 가능하지만, 고온에서는 생육되지 않는다.

표 3-10 주요 식중독 세균의 생육온도 범위

식중독 세균	생육온도 범위(℃)		
	최저	최적	최고
Enterotoxigenic *E. coli*	7	35~40	46
Salmonella spp.	5	35~37	45~47
Vibrio parahaemolyticus	5	37	43
Campylobacter spp.	32	42~45	45
Staphylococcus aureus	7	35~40	48
Clostridium perfringens	12	43~47	50
Bacillus cereus	5	28~40	55
Listeria monocytogenes	0	30~37	45
Yersinia enterocolitica	–1	28~30	42

그림 3-7 위험온도구간

앞서 설명한 바와 같이 식품과 관련된 주요 식중독 및 부패 세균과 진균류의 생육은 중온 부위에서 생육속도가 가장 빠르다. 상온에 식재료나 음식을 보관하게 되면 몇 시간 내에 빠르게 증식하여 부패나 식중독을 일으킬 수 있으므로 반드시 냉장보관하여 최대한 세균 및 진균류의 생육을 억제해야 한다. 이렇게 식품 관련 미생물이 생육할 수 있는 구간인 최저온도 5℃ 이상에서 최고온도 60℃ 이하를 위험온도구간(danger zone)이라 한다 그림 3-7. 조리된 음식이나 식재료를 위험온도구간에 보관할 경우, 식중독 세균의 증식이 활발해진다. 예를 들어, 2,630CFU 정도의 세균에 오염된 음식을 36℃에서 3시간 정도 보관하게 되면 세균 수는 370,000CFU까지 증가한다.

(2) 대기 기체 조성

지구를 둘러싼 공기는 질소 78.1%, 산소 21%, 그 외 기체로 이루어져 있다. 비록 산소의 양이 질소보다 낮지만, 인간을 포함한 대부분의 동식물은 생존하기 위해 산소가 반드시 필요하다. 이는 산소가 에너지 대사에서 최종 전자수용체의 역할을 하기 때문이다. 이와 달리 미생물 특히 세균의 경우에는 생육에 산소가 반드시 필요한 종과 산소가 반드시 없어야 하는 종으로 나뉜다. 따라서 식품이 저장된 장소 또는 식품 포장재 내 기체의 조성은 미생물의 생육에 크게 영향을 미칠 수 있다. 생육에 있어서 산소의 요구도에 따라 크게 5가지 형태의 세균으로 분류할 수 있다.

① 편성호기성

에너지 생산을 위해서는 반드시 산소가 있어야 하는데, 이는 인간과 마찬가지로 산소를 에너지 대사에서 최종 전자수용체로 사용하기 때문이다. 미생물 중 곰팡이와 일부 세균이 여기에 포함되며, 세균 중에는 *Bacillus* 속과 *Pseudomonas* 속이 대표적인 예이다. 에너지 대사 중 산소를 이용하다 보면 세포 내에서 활성산소종(reactive oxygen species, ROS)이 생성될 수 있는데, 활성산소종은 반응성이 뛰어나고 산화력이 강해 세포 내 단백질, 지질, DNA 등을 산화시켜 그 기능을 마비시킬 수 있는 독성물질이다. 따라서 산소를 필요로 하는 편성호기성(obligate aerobe) 세균을 비롯한 대부분의 생명체는 세포 내 활성산소종 제거 효소인 슈퍼옥시드 디스무타아제(superoxide dismutase)와 카탈라아제(catalase) 등을 가지고 있으며, 그 활성 또한 높게 유지된다.

② 미호기성

편성호기성 미생물처럼 에너지 대사를 위해서는 반드시 산소가 필요한 종이지만, 산소의 유입으로 발생하는 활성산소종을 효과적으로 제거할 수 없기 때문에 약 1~10% 정도의 산소만 필요로 한다. 미호기성(microaerophile) 미생물은 슈퍼옥시드 디스무타아제를 가지고 있지만, 카탈라아제의 활성이 없거나 매우 낮은 편이다. 대표적으로 *Campylobacter* 속과 *Helicobacter pylori*가 미호기성 세균에 속한다. 실험실에서 미호기성 세균을 생육하기 위해서는 공기가 통하지 않는 용기(jar)에 미호기성 대기 환경을 만들어주는 가스팩(gas pack)을 넣어 주면 된다.

③ 통성혐기성

산소의 존재 유무에 상관없이 생육이 가능한 미생물로, 호기적인 환경에서 생육속도가 빠르며, 혐기적인 환경에서는 생육이 느리다. 통성혐기성(facultative anaerobe) 미생물도 편성호기성 미생물과 마찬가지로 슈퍼옥시드 디스무타아제와 카탈라아제의 활성이 높아 산소 대사 중 발생하는 활성산소종을 효과적으로 제거할 수 있다. 산소가 존재하지 않는 혐기적인 환경에서는 발효를 통해 에너지를 생산하기 때문에 에너지의 생산량이 적어 생육속도가 호기적인 환경에 비해 낮다. 대부분의 효모와 식중독 세균, 일부 유산균 등이 통성혐기성에 속한다. 대표적으로 *Saccharomyces* 속, *Lactobacillus* 속, *Escherichia coli* O157:H7, *Salmonella* 속, *Listeria* 속 등이 있다.

④ 내산소혐기성

에너지 대사에서 산소를 최종 전자수용체로 사용하지 않고 질산염(NO_3^-)이나 황산염(SO_4^{2-}) 같은 다른 물질을 최종 전자수용체로 사용해서 에너지를 생산한다. 산소가 존재하지 않는 혐기적 환경에서 생육이 가능하며, 소량의 산소를 대사적으로 제거할 수 있어 산소가 일부 존재해도 생육을 시작할 수 있다. 예를 들면, *Clostridium perfringens*는 환원성 물질인 페레독신(ferredoxin)을 생산하여 소량의 산소에 의해 산화된 환경을 환원된 환경으로 변화시켜 생육할 수 있는 능력이 있다. 내산소혐기성(aerotolerant anaerobe) 미생물은 소량의 산소에 의해 생성되는 활성산소종을 제거하기 위해 슈퍼옥시드 디스무타아제를 함유하며, 일부 내산소혐기성 유산균은 카탈라아제 대신에 페록시다아제(peroxidase)의 활성을 갖는다.

⑤ 편성혐기성

에너지 대사에서 내산소혐기성 미생물과 마찬가지로 산소 외의 다른 물질을 최종 전자수용체로 사용하지만, 활성산소종을 제거할 수 있는 효소를 전혀 가지고 있지 않아 산소가 소량만 존재해도 생육이 불가능하다. 따라서 반드시 산소가 없는 조건에서만 생육이 가능하다. 미호기성 미생물과 마찬가지로 산소가 통하지 않는 용기에 혐기성 환경을 만들어주는 가스팩을 넣어 실험실에서 배양하거나 혐기배양장치(anaerobic chamber)를 사용하여 배양할 수 있다 **그림 3-8**. 병원성 세균 중 *Clostridium botulinum*이 대표적인 편성혐기성(obligate anaerobe)

그림 3-8 혐기배양장치

미생물로 분류되며, 혐기적 상태인 통조림 등에서 생육이 활발하여 식품의 부패나 식중독을 유발한다.

이렇듯, 미생물의 종에 따라 산소요구도가 다르고 산소의 양에 따라 생육이 달라진다. 이에 식품의 저장장소와 포장 내부의 기체 조성을 변화시켜 미생물의 생육에 의한 식품의 부패를 줄임으로써 유통기한을 늘릴 수 있다. 대표적으로 진공포장과 기체조절포장으로 포장 내부의 산소를 완전히 제거함으로써 편성호기성 미생물의 생육을 억제하고 통성혐기성 미생물의 생육속도를 늦출 수 있다. 하지만 반대로 내산소혐기성 및 편성혐기성 미생물은 오히려 생육이 촉진될 수 있어 모든 식품에 이러한 포장방법을 사용할 수는 없으며, 식품에 관련된 부패 및 식중독 세균의 종류에 따라 선택적으로 사용해야 된다. 그림 3-9는 산소요구도에 따른 미생물의 종류별 생육 패턴을 나타낸다.

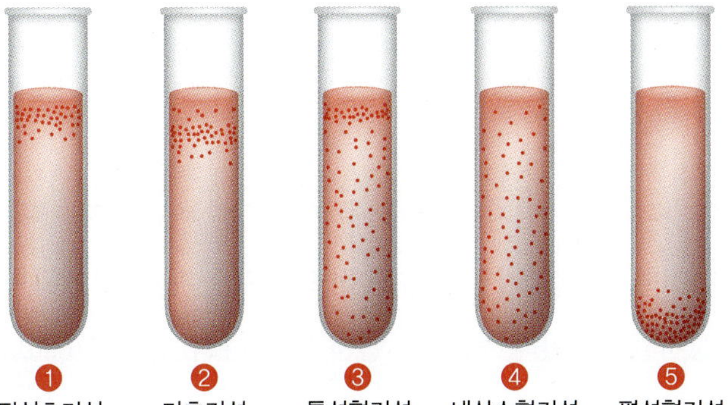

그림 3-9 산소요구도에 따른 미생물의 티오글리콜레이트(thioglycollate) 배지에서의 생육

(3) 상대습도

식품을 저장하는 장소의 상대습도가 식품에 존재하는 미생물의 생육에도 영향을 미친다. 이는 상대습도가 식품의 수분활성도를 증가시킬 수 있기 때문이다(수분활성도 참조). 하지만 식품이 이미 높은 수분활성도를 가지고 있다면 저장환경의 상대습도에 영향을 받지 않기 때문에 상대습도가 미생물의 생육에 미치는 영향은 식품에 따라 달라질 수 있다. 식품 표면에서 곰팡이, 효모, 특정 세균의 생육에 의한 부패가 자주 발생할 경우에는 식품을 상대습도가 낮은 환경에 저장하는 것이 부패를 억제하는 좋은 방법이 될 수 있다. 하지만 상대습도가 너무 낮은 환경에 식품을 저장할 경우 식품 표면이 건조해져서 식품의 품질을 나쁘게 만들 가능성이 있으므로, 식품의 특성에 맞는 적절한 상대습도 조건에서 식품을 저장하는 것이 중요하다. 수분활성도 부분에서 설명했듯이 건조한 환경에서는 세균의 생육은 억제되지만 곰팡이와 효모의 생육은 가능하다.

5. 허들기술

식품의 내적 인자와 외적 인자는 식품에 존재하는 미생물의 생육에 영향을 미친다. 이러한 인자들과 식품가공기술을 적절히 조합해서 적용하면 식품의 저장성을 크게 향상시킬 수 있다. 하나의 인자를 하나의 장애물(hurdle)로 가정하고 여러 가지 인자를 복합적으로 사용하는 기술을 허들기술(hurdle technology)이라 한다.

미생물의 생육을 억제하기 위해서는 하나의 인자를 과도하게 사용할 수밖에 없는데 그럴 경우 식품의 품질이나 관능에도 영향을 미쳐 식품의 가치를 떨어뜨릴 수 있다. 예를 들어, 유기산을 첨가하여 식품의 pH를 많이 낮추면 미생물의 생육은 잘 억제되지만, 식품의 풍미가 변하게 된다. 하지만 다양한 인자와 식품가공기술을 병용처리하면 식품의 품질은 크게 변하지 않으면서, 미생물의 생육은 효과적으로 억제할 수 있다.

하나의 인자 혹은 식품가공기술을 아치사(sublethal) 정도의 강도로 식품에 처리하면 미생물에게는 스트레스 정도의 손상을 입혀 생존이 유지되지만, 동일 강도로 다양한 인자를 복합적으로 처리하면 스트레스의 강도가 증가하여 미생물의 사멸을 촉진시킬 수 있다 그림 3-10. 예를 들면 표 3-11과 같이 온도, pH, 수분활성도를 식품 품질에 크게 영향을 주지 않는 범위에서 적절히 조절하면 *Clostridium botulinum*의 생육을 효과적으로 억제할 수 있다.

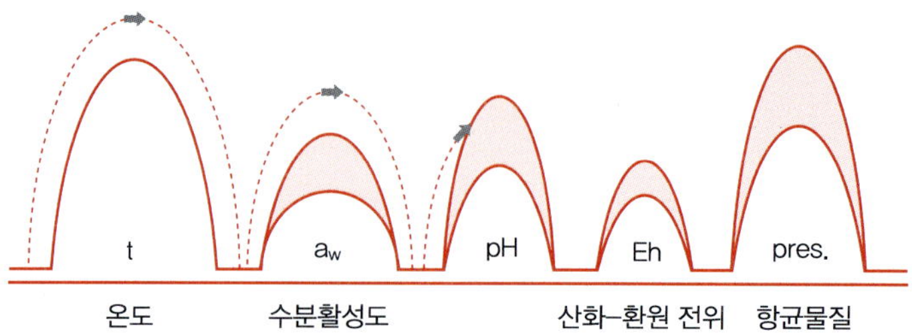

그림 3-10 허들기술

표 3-11 온도, pH, 수분활성도 조건에서의 *Clostridium botulinum* 생육 기간(day)

온도	pH	수분활성도(a_w)						
		0.997	0.99	0.98	0.97	0.96	0.95	0.94
20℃	5	–*	–	–	–	–	–	–
	6	49	9	–	–	–	–	–
	7	2	2	4	9	–	–	–
	8	2	2	4	14	–	–	–
	9	–	–	–	–	–	–	–
30℃	5	–	–	–	–	–	–	–
	6	2	2	3	9	–	–	–
	7	1	1	2	3	9	14	–
	8	1	1	2	4	14	–	–
	9	–	–	–	–	–	–	–
40℃	5	–	–	–	–	–	–	–
	6	1	2	2	3	14	–	–
	7	1	1	1	2	3	9	17
	8	1	1	1	2	9	14	–
	9	–	–	–	–	–	–	–

출처: FDA

* '–'은 생육이 불가능한 조건

허들기술은 식품의 품질 변화를 최소화하면서 미생물의 생육을 효과적으로 억제할 수 있어 최근 들어 식품보존기술로 많이 사용하고 있다.

F O O D M I C R O B I O L O G Y

CHAPTER

4

세균

1. 세균의 형태
2. 세균의 크기
3. 세균의 증식
4. 세균의 분류
5. 중요한 세균
6. 방선균

세균

CHAPTER 4

1. 세균의 형태

세균은 미세한 단세포 생활체로서 그 형태는 고정되어 있는 것이 아니라 배양 방법에 따라 달라질 수 있다. 구형이나 타원형은 구균(coccus), 원통형이나 막대기형은 간균(bacillus), 나선형은 나선균(spirillum)이라 한다.

1) 구균

구균은 종류에 따라 특징적인 배열 형태를 가지며, 이는 구균을 분류하는 기준이 된다.

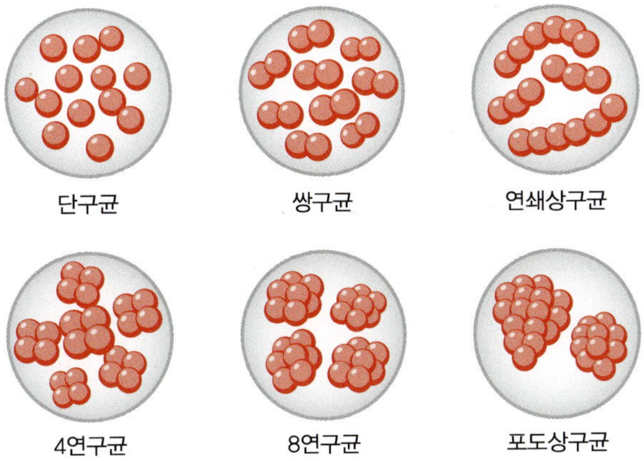

그림 4-1 구균의 형태

분열 후 배열 형태에 따라 다음과 같이 분류할 수 있다 그림 4-1.

- **단구균(monococcus)** 분열 후 세포가 각각 흩어진 형태
- **쌍구균(diplococcus)** 분열 후 세포가 2개씩 연결되어 존재
- **연쇄상구균(streptococcus)** 한쪽 방향으로만 분열하여 길게 연결되어 존재
- **4연구균(tetracoccus)** 두 방향으로 분열하여 4개로 존재
- **8연구균(octacoccus)** 세 방향으로 분열하여 8개로 존재
- **포도상구균(staphylococcus)** 분열 방향이 불규칙하며 포도송이 모양으로 붙어서 연결

2) 간균

간균은 대부분 양쪽 끝이 둥근 형태이나, 각이 진 것도 있다. 클로스트리듐(clostridium)형과 같이 포자를 형성하는 세균은 포자 때문에 일부가 팽배해진 방추형을 가지며, 플렉트리듐(plectridium)형은 곤봉 형태이다. 일반적으로 간균은 구균처럼 특이한 배열 형태는 아니지만, 다음과 같이 분류할 수 있다 그림 4-2.

- **단간균(short rod bacteria)** 길이가 폭의 2배 이하
- **장간균(long rod bacteria)** 길이가 폭의 2배 이상
- **쌍간균(diplobacillus)/연쇄상간균(streptobacillus)** 쌍을 이루거나 연쇄상 배열
- **구간균(coccobacillus)** 구균과 간균 중간의 난원형

3) 나선균

나선 형태의 세균으로 각각의 세포가 흩어져 있으며 배열하는 경우는 거의 없다 그림 4-2.

- **호균(vibrio)** 짧은 콤마 형태
- **스피로헤타(spirochete)** 3개 이상 나선이 꼬인 형태

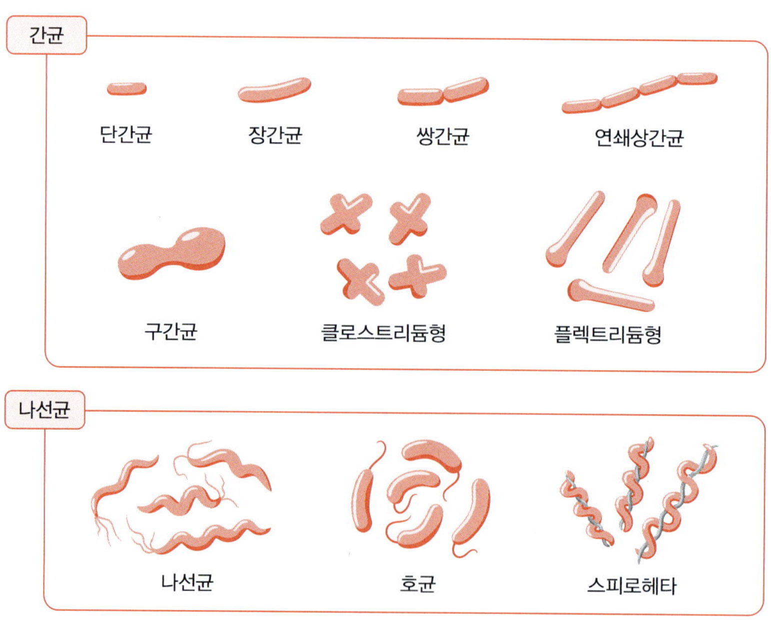

그림 4-2 간균과 나선균의 형태

2. 세균의 크기

세균의 크기는 광학현미경으로 관찰할 때 0.1~0.2μm의 작은 것에서부터 40 μm에 이르기까지 다양하다 그림 4-3. 일반적으로 구균은 0.5~1.0μm, 간균은 0.5~3.0μm의 길이를 가진다 표 4-1.

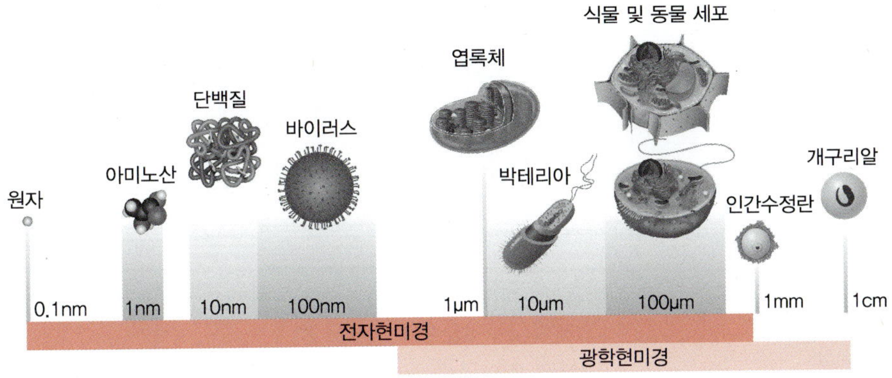

그림 4-3 세균의 크기 비교

표 4-1 세균의 크기

형태	균종	크기(μm, 길이×폭)
구균	*Lactococcus lactis*	0.5~1.0
	Staphylococcus aureus	0.8~1.0
간균	*Esherichia coli*	0.5×1.0~3.0
	Pseudomonas fluorescens	0.3~0.5×1.0~1.8
	Bacillus subtilis	0.7~0.8×2.0~3.0
나선균	*Lactobacillus acidophilus*	0.6~0.9×1.5~6.0
	Vibrio cholerae	0.3~0.6×1.0~5.0
	Spilirum volutans	1.4~1.7×16.0~28.0

3. 세균의 증식

1) 이분법

세균이 증식하는 가장 대표적인 방법으로 영양분이 풍부한 상태에서 세포 개체수를 늘려가는 영양 증식을 한다. 세포가 일정한 크기로 생장하고 DNA의 복제가 일어나는 핵분열을 시작으로 세포 개체수가 2배로 늘어나는 이분법 혹은 분열법으로 증식한다. 세포가 성장하여 다시 분열할 때까지 소요되는 시간을 세대시간이라 하며, 영양조건과 생육조건이 적절하여 가장 활발히 증식할 때는 세대시간이 15~30분 정도 소요된다 표 4-2. 그러나 고립된 배지에서의 미생물 수는 계속해서 증가하지 않고, 영양분이 고갈되거나 배설물이 축적되면 미생물 수는 정체되다가 감소한다.

n세대 후 세균수 : $N = N_0 2^n$
(N_0 : 초기균수, n : 세대수)

표 4-2 세균의 증식과 세대시간

세대수	세균수	분열(이분)에 의한 세균 증식
0	1	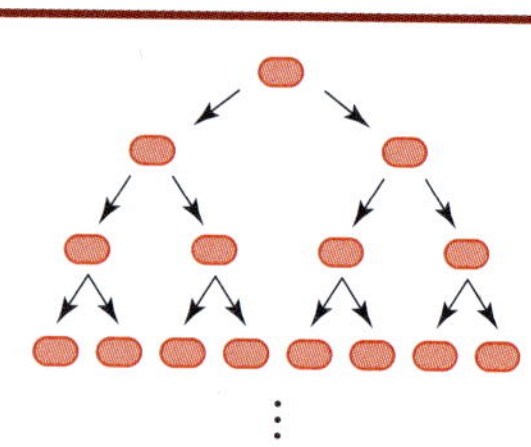
1	2	
2	4	
3	8	
⋮	⋮	
n	2^n	

2) 포자 형성

세균의 포자는 환경조건이 나빠지면 외부 조건에 저항력이 강한 포자를 형성한다. 포자 형성균은 주로 간균으로 호기성 세균인 *Bacillus* 속과 혐기성 세균인 *Clostridium* 속이 있다. 이 세균들은 내생포자를 가지며, 다른 세균들과 마찬가지로 분열에 의해 증식을 하기도 하나 환경이 불리한 경우에는 증식을 정지하고 세포 내에 포자를 형성한다. 일반적으로 포자를 가지지 않고 생장 대사만을 하는 세포를 영양세포라 하는데, 포자 형성균은 약품이나 강한 빛, 열 등에 저항력이 아주 강한 내열성의 포자를 가짐으로써 건조나 동결 상태에서 수십 년간 생존하다가, 다시 주위의 환경이 좋아지면 발아하여 영양세포로 돌아간다.

4. 세균의 분류

세균의 분류에는 세포의 형태, 생리 및 생화학적 성상, 에너지 획득 방법 등이 이용된다. 최근에는 세포를 구성하는 물질의 화학 구조, DNA, RNA 등의 정보물질 해석 등 화학분류 및 분자 계통적 방법도 함께 이용되고 있다.

세균은 그 특성과 성질이 매우 다양하여 명확한 분류기준을 정하기 어려우나, 일반적으로 균의 형태, 그람염색성, 산소요구성, 카탈라아제(catalase) 활성, 당 발효성, 색소 생성 유무, 편모 유무와 형태 및 위치, 협막의 유무 등으로 분류한다.

세균을 연구하는 학자들이 이용하는 분류법으로는 미국의 Bergey식 분류법과 러시아 및 동구지역에서 이용되는 Krassilinikov(1949)의 분류법 그리고 유럽 및 아프리카 일부에서 쓰이는 Prevot(1961)의 분류법 등이 있다. 《버기의 매뉴얼》(Bergey's Manual)은 원핵생물, 특히 세균 종의 분류 및 동정을 위하여 사용되는 세균의 각 특성들에 대한 백과사전적인 편람으로서, 1923년 《버기의 세균결정 편람》(Bergey's Manual of Determinative Bacteriology)으로 최초 발간되었으며, 현재 제9판까지 출간되었다. 이후 이를 보완하여 추가로 출시한 《버기의 세균분류학 편람》(Bergey's Manual of Systematic Bacteriology) 전 5권에는 기존에 알려지지 않은 세균들을 주요 분류군에 배치하고 과, 속 및 종에 대한 더 자세한 내용을 기술하여 《버기의 세균결정 편람》보다 훨씬 체계화된 최신 분류 기준을 제시하고 있다.

1) 그람염색법

세균을 분류할 때 가장 먼저 사용되는 기준으로 세균을 그람양성(gram-positive)과 그람음성(gram-negative)으로 나누는 방법이다 그림 4-4. 세포벽이 두꺼운 그람양성균은 1차 염색에 의한 보라색을 유지하며, 그람음성균은 펩티도글리칸층이 얇아 2차 염색에 의한 분홍색을 나타낸다 표 4-3.

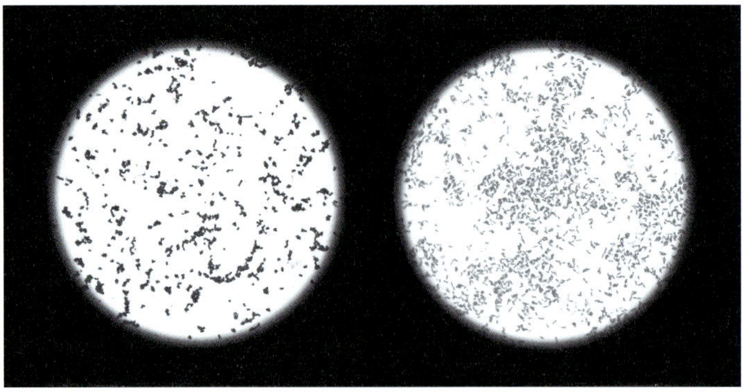

그림 4-4 염색에 의한 그람양성균(좌)과 그람음성균(우)

표 4-3 그람양성균과 그람음성균의 비교

특성	그람양성균	그람음성균
구성	세포벽–세포내막	세포외막–세포벽–세포내막
펩티도글리칸	두꺼움	얇음
테이코산/ 뮤코단백질	있음/많음	없음/적음
지질단백질/ 지질다당류	없음	있음
항생제	페니실린(세포벽 합성 저해)	스트렙토마이신(단백질 합성 억제)
리소자임 작용	세포벽 분해 가능	세포벽 분해 불가
대표균	• 구균(coccus) • 포자 형성균(*Bacillus*, *Clostridium*) • 젖산균(*Lactobacillus*, *Leuconostoc*, *Pediococcus*, *Streptococcus* 등)	• 장내세균(*Escherichia*, *Yersinia*, *Salmonella*, *Shigella* 등) • 초산균(*Acetobacter*)

2) 염기조성

세균의 유전체가 가지고 있는 염기조성을 비교하여 분류하는 방법이다. 아데닌(A), 구아닌(G), 시토신(C), 티민(T)으로 이루어진 이중나선 DNA에서 A와 T, 그리고 G와 C는 서로 수소결합을 한다. 따라서 G+C의 비율은 DNA의 염기서열을 반영하며 염기서열에 따라 G+C 함량이 변한다. G+C 함량은 DNA 이중나선이 분리되는 온도인 DNA 녹는점(melting point)과 관련이 있다. G+C는 삼중수소결합을 하고, A+C는 이중수소결합을 하므로 G+C의 함량이 높을수록 녹는점은 상승한다. 많은 세균의 G+C 함량이 결정되어 있는데 원핵생물(세균과 고세균)의 G+C 함량은 매우 다양하며, 일부 진핵생물에서도 G+C 함량의 폭넓은 분포가 관찰된다. 그러나 특정종에 포함되는 균주들의 G+C 함량은 일정하므로 세균을 분류하는 기준이 된다. G+C 함량의 차이가 10% 이상일 경우 다른 종으로 분류해야 한다.

$$G+C\ 함량(\%) = \frac{G+C}{G+C+A+T} \times 100$$

알아두기 4-1 **DNA**

DNA(deoxyribo nucleic acid)란 생물의 유전정보를 담는 화학물질로서 뉴클레오티드(nucleotide)로 이루어진 두 가닥의 사슬이 서로 꼬여 있는 2중 나선 구조로 되어 있다. 뉴클레오티드는 DNA 사슬의 기본 구성 단위로 염기(base), 당, 인산의 세 가지 요소로 구성된다. DNA를 구성하는 4종의 염기에는 아데닌(A), 티민(T), 구아닌(G), 시토신(C)이 있으며, 2중 가닥 DNA에서는 항상 A와 T, G와 C 사이에 염기쌍을 형성하기 때문에 A와 T, G와 C는 각각 동량이 포함되어 있다.

3) 산소요구성

세균은 생육에 산소를 필요로 하는 호기성과 산소가 없어도 생육이 가능한 혐기성으로 구분할 수 있다. 좀 더 구체적으로는 산소 요구의 절대성에 따라서 산소를 반드시 요구하는 편성호기성, 생육을 위하여 산소를 요구하나 상대적으로 낮은 농도인 1~10% 정도의 산소 농도에서 생육하는 미호기성, 산소가 있거나 없는 환경 모두에서 생육이 가능한 통성혐기성, 산소가 없는 환경에서만 생육하는 편성혐기성으로 분류할 수 있다. 편성호기성의 대표적인 세균은 *Pseudomonas*, *Acetobacter*, *Bacillus* 속 등이며, 편성혐기성에는 *Clostridium botulinum* 등이 있다.

4) 포자 형성 유무

포자 형성 여부는 세균의 분류기준에 중요한 지표가 된다. 그람양성균이며 간균인 *Bacillus* 속과 *Clostridium* 속은 성장조건이 좋지 않을 때 포자를 생성한다. 포자 형성균은 영양분 조건이 좋지 않을 때 증식이 정지되며 내생포자를 형성하게 되는데, 이들 포자는 외부의 자극, 특히 열, 자외선, 화학약품, 건조, 저온 등과 같은 열악한 환경에서 잘 견디는 구조를 가지고 있다. 내열성이 강한 포자를 사멸하기 위해서는 121℃에서 15분 이상 살균해야 한다. 일부 내열성이 강한 포자는 150℃ 이상에서도 살아남는다. 내생포자 형성균 중에는 식품을 부패시키거나 식중독을 유발하는 균도 있기 때문에 식품공업에서 포자의 살균은 중요하게 취급된다.

5. 중요한 세균

1) 그람양성균

그람양성균은 세포벽에 넓은 펩티도글리칸 층을 가지고 있고, 외막이나 세포막의 구성성분에서 그람음성균과 다른 생리적 특징을 나타낸다.

(1) 젖산균(유산균)

당류를 발효하여 젖산(유산, lactic acid)을 생성하는 세균을 총칭하며, 유산균이라고도 한다. 젖산균은 그람양성균으로 포자를 형성하지 않고 운동성이 없으며 카탈라아제 음성의 통성혐기성균이다. 간균이나 구균의 형태를 가지고, 탄수화물을 발효하여 젖산 혹은 그 이외의 부산물을 생성하며 치즈, 버터, 요구르트, 김치 등의 제조공정에 중요한 역할을 한다. 적정온도는 25~50℃이며, 생육을 위한 영양요구성이 복잡하여 비타민 B군, 아미노산, 퓨린(purine) 등에 대한 요구성이 높다. 주요 유산균으로는 *Streptococcus* 속, *Leuconostoc* 속, *Pediococcus* 속과 *Lactobacillus* 속이 있다 **그림 4-5**.

젖산균에는 포도당으로 젖산만을 생성하고 다른 부산물은 거의 생성하지 않는 정상발효젖산균(homo lactic acid bacteria)과 젖산 이외에 여러 가지 부산물을 생성하는 이상발효젖산균(hetero lactic acid bacteria)이 있다. 호모(homo)형 젖산균으로 *Streptococccus* 속, *Pediococcus* 속 등이 있으며, 헤테로(hetero)형

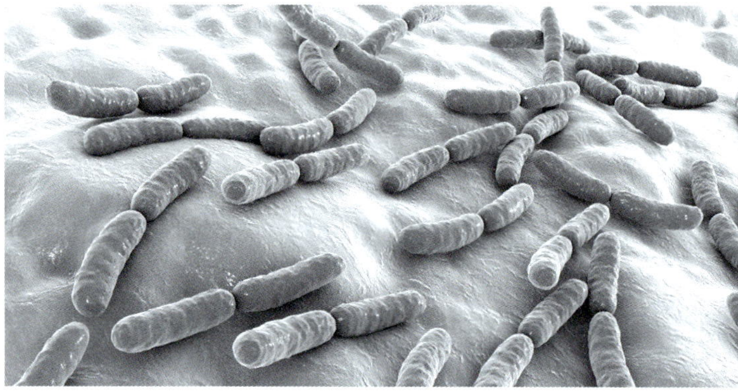

그림 4-5 *Lactobacillus* 속

젖산균으로는 *Leuconostoc* 속이 있다. *Lactobacillus* 속은 종류에 따라 호모형과 헤테로형에 속하기도 한다.

호모형(정상발효, homo lactic fermentation)

Glucose → 2 lactic acid

헤테로형(이상발효, hetero lactic fermentation)

Glucose → 2 lactic acid + ethanol + CO_2

2 Glucose → 2 lactic acid + ethanol + acetic acid + $2CO_2$ + H_2

① 젖산 제조

전분당화액이나 당밀을 원료로 발효할 때 *Lactobacillus delbrueckii*을 이용한다. 이 균은 그람양성, 간균, 카탈라아제 음성의 호모형 유산균으로 50℃에서 잘 발육한다. 우유나 유청을 원료로 발효할 때는 *Stretococcus ceremoris*, *Stretococcus lactis*, *Lactobacillus bulgaricus*, *Lactobacillus acidophilus*, *Lactobacillus casei* 등의 적당한 균주를 선택하여 사용한다.

알아두기 4-2 **프로바이오틱스**

프로바이오틱스(probiotics)란 체내에 들어가서 건강에 좋은 효과를 주는 살아 있는 균을 말한다. 러시아의 과학자 매치니코프가 불가리아 사람들의 장수 이유를 *Lactobacillus*로 발효된 발효유의 섭취 때문이라는 것을 밝혀내어 노벨상을 받은 이래로 유산균, 프로바이오틱스의 기능성은 오랫동안 연구되어 오고 있다. 전통적으로 프로바이오틱스 제품들은 *Lactobacillus* 등의 유산균을 이용하여 만들어진 발효유 제품으로 섭취되어 왔으나, 최근에는 *Lactobacillus* 이외에 *Bifidobacterium*, *Enterococcus* 일부 균주 등을 포함한 과립, 분말 등의 형태로 판매되고 있다.

② 유산균(젖산균) 제제

젖산균은 장내에서 이상발효를 억제하고 정장작용을 하므로 정장제로 이용한다. 장내 생존 가능 균으로 *Streptococcus faecalis*, *Lactobacillus bifidus*, *Lactobacillus acidophilus* 등이 정장제 생산에 이용된다.

③ 청주 등 여러 주류 양조

젖산균은 청주의 밑술 배양 시 잡균 번식을 억제하고 효모 배양에 적합한 환경을 조성할 수 있는데, *Leuconostoc mesenteroides*, *Lactobacillus sake* 등이 이용된다. 또한 포도주, 맥주 양조 시 특유한 향미를 생성하기도 한다.

④ 유제품 제조

치즈나 버터의 제조에서 인위적으로 순수배양한 스타터(starter)를 첨가하는데, 치즈에는 *Lactococcus lactis*, *Lactococcus cremoris*를, 버터에는 *Lactobacillus bulgaricus* 등을 사용한다. 요구르트 제조에는 *Lactobacillus bulgaricus*와 *Streptococcus thermophilus*를 사용하기도 하고, *Lactobacillus delbrueckii*는 케피르(kefir) 제조에 관여한다.

⑤ 김치 및 장류

김치의 산미는 젖산균이 발효하여 생성되는 젖산에 기인한다. 초기에는 호기균이 증가한 상태에서 발효되다가 중기부터 혐기균이 급격하게 증가한다. *Leuconostoc mesenteroides*는 초기에 생육하여 젖산과 이산화탄소를 생성하고, 그 결과 산도가 높아지고 혐기상태가 되어 호기균 성장이 억제된다. *Lactiplantibacillus plantarum*과 *Levilactobacillus brevis*는 김치 숙성 말기에 관여하고, 과숙 단계에는 호기성 산막 형성 효모가 성장하기도 한다. 간장, 된장도 젖산균에 의해 발효식품 고유의 맛과 향미를 나타내는데, 간장에 중요한 젖산균으로 *Pediococcus soyae* 등이 있다.

⑥ 덱스트란 제조에 이용되는 균

*Leuconostoc mesenteroides*는 설탕에서 덱스트란(dextran)을 생성하는데, 이는 시럽제나 대용혈장으로 사용된다. 제당공장에서 파이프를 막히게 하는 유해균으로 작용할 수 있다.

⑦ 미생물 정량에 이용되는 균

*Lactobacillus casei*는 아미노산, *Lactobacillus leichmannii*는 비타민 B_{12}, *Lactobacillus fermenti*는 맥주에 들어 있는 비타민 B_1을 정량하는 데 사용된다.

⑧ 식품의 부패 유산균

젖산균은 여러 가지로 식품의 향과 맛을 더하여 유익하게 사용되나, 때때로 산을 생성하여 식품을 산패시키는 원인이 되기도 한다. *Lactobacillus homohiochi*와 *Lactobacillus heterohiochi*는 저장 중인 청주에 백탁과 악취를 유생하는 화락균(hiochi)으로 작용한다. *Pediococcus cerevisiae*는 맥주를 혼탁하게 하고 pH를 낮추며 악취를 유발한다. *Lactobacillus thermophilus*는 최적 성장온도가 50~60℃ 정도로 내열성이 커서 장시간 저온살균하여도 살아남아 우유를 산패시키기도 한다.

(2) 포자 형성균

호기성 또는 통성혐기성의 *Bacillus* 속과 편성혐기성의 *Clostridium* 속은 내생포자를 형성하는 균이다. 포자 형성균은 열악한 환경에서 내생포자를 형성하여 생존하였다가, 환경이 좋아지면 영양세포로 복귀하게 된다. 이들 포자는 토양 등 자연계에 널리 분포하여 식품에 혼입될 가능성이 높으며, 특히 통조림의 부패 및 독성을 일으킨다.

① *Bacillus* 속

그람양성, 호기성 내지 통성혐기성의 중온, 고온성의 유포자 간균으로 카탈라아제 양성이며, 자연계에 널리 분포한다.

- *Bacillus subtilis* *Bacillus* 속의 대표균으로 건초나 토양에 존재한다. 85~90℃의 고온 액화 효소인 아밀라아제(amylase)와 프로테아제(protease)를 생성하는 균주이며, 서브틸린(subtilin)이라는 항생물질을 생산하는 균주도 있다. 밥이나 빵에서 점진물을 생성하므로 끈적끈적한 물질을 생산하는 점질화(ropiness) 현상을 보인다.
- *Bacillus cereus* 대표적인 독소형 식중독균으로 볶음밥, 소스류 등에 존재한다. 조리과정에서도 내열성이 있는 내생포자로 존재하다가 발아 후 영양세포로 전환하여 성장하면서 독소를 형성할 수 있다. 구토형 독소는 밥, 곡류에서, 설사형 독소는 우유나 고기에서 발생한다.
- *Bacillus megaterium* 이름에서 알 수 있듯 크기가 크고 비타민 B_{12}을 생산한다.
- *Bacillus coagulans* 내열성이 있으며, 어육소시지에 반점 모양 부패를 일으키고 통조림 플랫 사워(flat sour) 변패의 원인균이다. 젖산 생성능이 있어서 젖산제조에 사용되기도 한다.
- *Bacillus stearothermophilus* 고온균이며, 증기멸균의 지표 세균으로 통조림 플랫 사워 변패를 일으킨다.
- *Bacillus circulans* 내열성이 강하며 전분질 식품이나 어육, 어육소시지, 생선묵, 연유 등에서 검출된다.

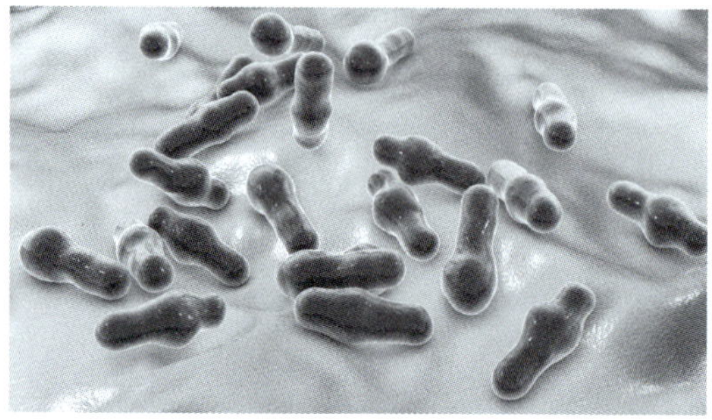

그림 **4-6** *Clostridium* 속

② *Clostridium* 속

편성혐기성이며 내생포자를 형성하는 간균이다 **그림 4-6**. 단백질을 분해하여 부패시키는 것과 탄수화물을 분해하여 초산, 낙산, 아세톤, 알코올을 생산하는 것, 두 가지로 구별할 수 있다. 토양에 분포하며, 식품의 악취 및 포장식품의 팽창을 유발할 수 있다.

- *Clostridium botulinum* 식중독균으로 통조림 살균 후에도 살아남을 수 있으며, 신경독소(botulin)를 생성한다. 육류를 암갈색으로 변질시키며 악취를 생성한다.
- *Clostridium butylicum* 당류를 발효하여 낙산(butylic acid, $C_4H_8O_2$)을 생성한다.
- *Clostridium perfrigens* 생체 내 독소형 식중독균으로 웰치균(Welchii)으로도 불리며 대량조리한 육류에서 발생한다.
- *Clostridium sporogenes* 혐기적 조건에서 육류를 변질시키며 내열성이 강한 포자를 만들어 통조림의 부패에 관여하는 부패균이다.

알아두기 4-3 **보툴리눔 독소**

변질된 통조림이나 식품, 야채에 생기는 높은 독성을 가진 신경독으로서 *Clostridium botulinum*에 의해 생산된다. 보툴리눔 독소(botulinum toxin, botulin)는 체내 신경 말단에서 근육수축을 일으키는 신경 전달 물질의 분비를 억제한다. 보톡스(botox)는 보툴리눔 독소가 주성분인 미국 제약 회사의 의약품이며, 파킨슨병, 다한증 등의 다양한 치료 외에 미용 목적으로 사용되기도 한다.

- *Clostridium difficile* 항생제 복용 후 발생하며 어린이 설사의 원인균이다. 식품에서도 검출되어 식중독균으로 인식된다.

(3) 프로피온산균

당류나 젖산을 발효하여 식품 보존제로 사용되기도 하는 프로피온산(propionic acid)을 생성하는 세균이다. 카탈라아제 양성이며 운동성이 없는 단간균 또는 구균으로서 유기산, 탄수화물, 다가알코올 등을 산화하여 프로피온산(propionic acid), 초산(acetic acid), CO_2, 호박산(succinic acid) 등을 생성하는 혐기성균이다. 최적 성장온도는 30℃로 생육이 늦어 5~7일 이상 배양하여야 육안으로 콜로니를 관찰할 수 있으며, 판토텐산(pantothenic acid)과 비오틴(biotin)에 대한 영양 요구성이 있다.

- *Propionibacterium shermanii* 건성치즈인 에멘탈 치즈의 숙성에 관여한다. 숙성 중 CO_2를 발생시켜 치즈에 구멍을 생성한다.
- *Propionibacterium freudenreichii* 비타민 B_{12}를 생산한다.

(4) 식중독균

식중독은 오염된 음식물을 섭취하여 발생하는 소화기 계통의 질병이다. 독소형 식중독 세균은 식품 안에서 증식할 때 독소를 생성하여 식중독을 야기하며, *Staphylococcus aureus*와 *Clostridium botulinum* 등이 있다. 감염형 식중독 세균은 생균의 형태로 섭취되어 그 증식이 식중독을 야기하며, *Vivrio* 속, *Salmonella* 속 등이 알려져 있다.

- *Listeria monocytogenes* 통성혐기성으로 간균이며 주모성의 편모를 가진다. 최적 온도는 30~37℃이며, 4℃에서도 발육이 가능한 저온균이다. 성장 가능한 pH 범위는 5.6~9.6이며 식염에 저항성이 있어 6% 식염에

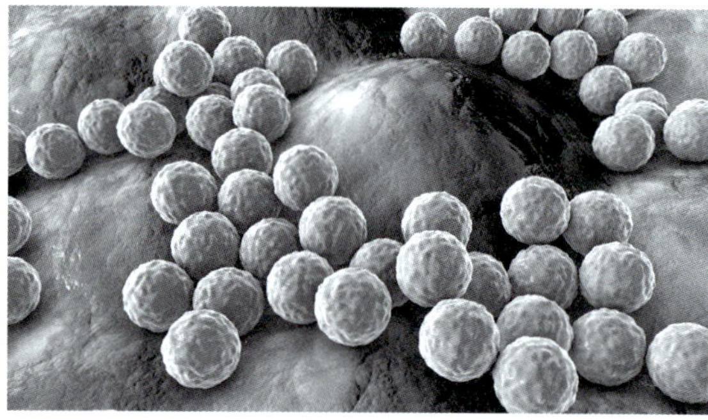

그림 4-7 *Staphylococcus aureus*

서도 생존이 가능하다. 식중독균은 건강인의 장내에서도 보유균으로 확인되며 오염된 식품이나 감염된 동물과의 직접적인 접촉을 통해 인체 내 감염이 가능하다. 자연계에 널리 분포하기 때문에 손쉽게 식품에 오염될 수 있다.

- ***Staphylococcus aureus*** 독소형 식중독균으로 구균이며 통성혐기성이다 그림 4-7. 높은 염도(NaCl 7.5%)에서 성장하며, 최적 성장온도는 30~37℃이다. 균 자체는 80℃에서 10분이면 사멸되지만 생성된 독소는 내열성이 매우 강해 식중독을 일으킨다. 자연계에 널리 분포하며, 사람과 동물의 인후, 비강, 피부에 존재하는 상재균, 괴사 또는 농양을 유발하는 화농성 질환의 원인균이다. 우리나라의 경우 김밥, 도시락, 샌드위치와 같이 손을 이용하여 제조하는 식품군에서 많이 검출되고 있다.

표 4-4 주요 식품의 그람양성균

그람양성균	특징	종류
젖산균	유산균(정장) 제제	*Streptococcus faecalis* *Lactobacillus bifidus* *Lactobacillus acidophilus*
	청주 등 주류 양조	*Leuconostoc mesenteroides* *Lactobacillus sake*
	치즈 스타터로 사용	*Lactococcus lactis* *Streptococcus cremoris*
	치즈 숙성에 관여	*Lactobacillus casei*

(계속)

그람양성균	특징	종류
젖산균	버터 제조	*Lactobacillus bulgaricus*
	요구르트 제조	*Lactobacillus bulgaricus* *Streptococcus thermophilus*
	김치 발효 초기에 생성	*Leuconostoc mesenteroides*
	김치 발효 말기에 생성	*Lactiplantibacillus plantarum* *Levilactobacillus brevis*
	간장 제조	*Pediococcus soyae*
	덱스트란 생산	*Leuconostoc mesenteroides*
	맥주 부패	*Pediococcus cerevisiae*
	우유 산패	*Lactobacillus thermophilus*
	청주 산패	*Lactobacillus homohiochi* *Lactobacillus heterohiochi*
포자 형성균	청국장, 납두균, 아밀라아제/프로테아제 분비	*Bacillus subtilis* subsp. *natto*
	청국장, 고초균, 점질화(ropiness) 현상 유발	*Bacillus subtilis*
	독소형 식중독균	*Bacillus cereus*
	크기가 큼, 비타민 B_{12} 제조	*Bacillus megaterium*
	통조림 플랫 사워, 어육소시지 반점 형성	*Bacillus coagulans*
	통조림 플랫 사워, 고온균	*Bacillus stearothermophilus*
	식중독균, 통조림, 신경독소(botulin) 유발	*Clostridium botulinum*
	식중독균, *Welchii*(웰치균)	*Clostridium perfrigens*
	낙산균, 당류를 발효하여 낙산 생성	*Clostridium butylicum*
	항생제 복용 후 발생, 어린이 설사의 원인	*Clostridium difficile*
프로피온산균	에멘탈 치즈의 숙성 및 구멍 형성	*Propionibacterium shermanii*
	비타민 B_{12} 생산	*Propionibacterium freudenreichii*
식중독균	식중독균, 저온균	*Listeria monocytogenes*
	황색포도상구균, 독소형 식중독균	*Staphylococcus aureus*
부패균	부패균	*Micrococcus* 속
기타균	MSG 제조	*Corynebacterium glutamicum*
	디프테리아 유발	*Corynebacterium diphtheria*
	소 결핵 유발, 살균되지 않은 우유 감염	*Mycobacterium bovis*

(5) 부패균

식품의 단백질을 분해하여 식품을 부패시키는 세균으로 *Micrococcus* 속이 대표적이다. 호기성이며 카탈라아제 양성의 구균으로 자연계에 널리 분포한다. 황색이나 적색의 색소를 생성하는 균도 있고, 내염성과 내열성이 강하다. 많은 균종이 당류를 발효하여 산을 생성하며 점질물을 형성한다.

(6) 기타균

- *Corynebacterium glutamicum* 아미노산 중 조미료로 널리 사용되는 글루탐산 모노나트륨(monosodium glutamate, MSG)의 주원료인 글루탐산(glutamic acid)을 생성하는 균이다.
- *Corynebacterium diphtheria* 간균으로 자연계에 널리 분포하며 대부분이 무해한 균이지만 디프테리아를 유발할 수 있다.
- *Mycobacterium bovis* 소에 결핵을 유발시키며, 살균되지 않은 우유를 통해 인간에게 감염되기도 한다.

2) 그람음성균

그람음성균은 세포벽에 얇은 펩티도글리칸 층과 별도의 외막(outer membrane)이 있어 그람양성균과 다른 생리적인 특성을 나타낸다.

(1) 초산균

에탄올을 발효하여 초산(acetic acid)을 생성하는 세균으로 호기성 간균이다. 운동성이 있기도 하고 없기도 하며, 비교적 내산성이 강하여 대부분의 균주는 pH 5.0 이하에서도 생육할 수 있다. 초산발효는 호기성인 초산균으로부터 산화

발효를 하는데 에탄올 1L를 발효시키는 데 8m^{3}의 산소가 필요하다. 각종 주류 등 에탄올을 함유하는 원료로부터 글루콘산(gluconic acid)을 만드는 것도 있다.

① *Acetobacter* 속

초산 생성력이 강하여 빠른 속도로 에탄올을 초산으로 산화하는 균으로 주모를 가지고 있는 균이다 그림 4-8.

- *Acetobacter aceti*, *Acetobacter schutzenbachii* 식초 양조에 이용되는 초산균이다.
- *Acetobacter pasteurianus*, *Acetobacter xylinum*, *Acetobacter suboxydans* 식초를 양조할 때 두꺼운 셀룰로오스(cellulose) 피막을 형성하는 유해균이다.
- *Acetobacter liquefaciens* 포도당으로부터 2,5-디케토글루콘산(2,5-diketogluconic acid)을 생성한다.

② *Gluconobacter* 속

기존의 *Acetobacter* 속의 산화 세균에 대해 당류의 강화력이 강하고 에틸알코올의 산화력이 강한 것을 나누어 *Gluconobacter* 속이라 명명하게 되었다.

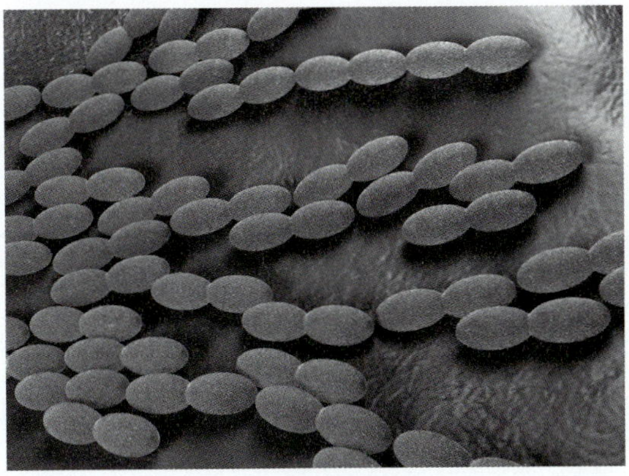

그림 4-8 *Acetobacter* 속

- *Gluconobacter oxydans* 포도당으로부터 글루콘산(gluconic acid)이나 5-케토글루콘산(5-ketogluconic acid)을 생성하며, D-소르비톨(D-sorbitol)을 산화하여 L-소르보스(L-sorbose)를 생성하는 균으로 비타민 C를 합성하는 전 단계에서 공업적으로 이용된다.

(2) 식중독균

식중독균은 식품 안에서 증식할 때 독소를 생성하여 식중독을 야기하는 '독소형 식중독균'과 생균의 형태로 섭취되어 그 증식이 식중독을 야기하는 '감염형 식중독균'으로 나뉜다.

① *Escherichia* 속

그람음성의 간균이며 산소가 없어도 성장하지만 산소가 없으면 성장이 촉진되는 통성혐기성균으로 자연계에 널리 분포한다 그림 4-9. 사람이나 동물의 장에 존재하는 장내세균(Enterobacteriaceae)으로 대부분 병원성이 없으며, 분변에 의한 오염을 파악할 수 있는 오염지표균으로 사용되고 있다.

병원성 대장균인 *Esherichia coli* O157:H7은 유해한 식중독균으로, 발병양식에 따라 장관출혈성 대장균(enterohemorrhagic *E. coli*, EHEC), 장관독소원성 대장

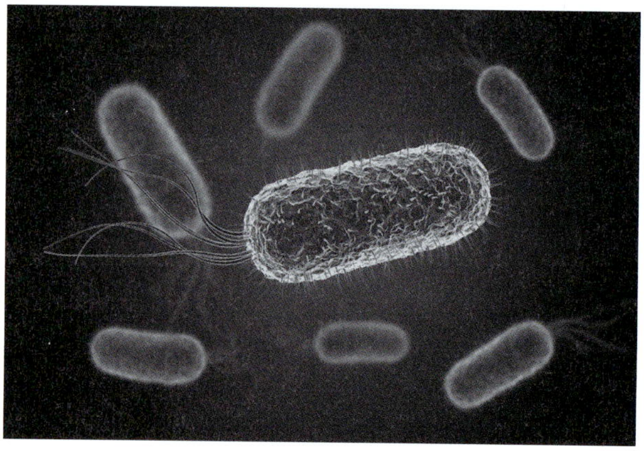

그림 4-9 *Escherichia* 속

균(enterotoxigenic *E. coli*, ETEC), 장관조직침입성 대장균(enteroinvasive *E. coli*, EIEC), 장관병원성 대장균(enteropathogenic *E. coli*, EPEC)의 4종으로 나눌 수 있다. 병원성 대장균은 감염된 환자의 분변 및 식육 도축과정 중 내장 파열에 의한 교차오염에 의해 감염될 수 있으므로, 이를 예방하기 위해서는 오염된 손 씻기 등 개인 위생을 철저히 하고, 식육 조리 시 충분한 온도에서 잘 익히는 것이 중요하다.

② *Salmonella* 속

장내세균으로 혈청학적으로 균체항원(O항원)과 편모항원(H항원)의 조합에 따라 2,000종 이상으로 분류되며, 대부분 병원성이다 그림 4-10. 통성혐기성, 무아포성 간균으로 주모성 편모를 가지며 사람과 가축, 가금류, 동물 등에 널리 분포한다.

Salmonella 속은 포유동물이나 조류의 장내세균이므로 환자 분변에 오염된 식품이나 가축, 개, 고양이로부터 직접적 혹은 간접적으로 감염되어 식중독을 일으킨다.

- ***Salmonella* Thyphimurium** 장티푸스균(*Salmonella thyphi*) 등의 전염병균과 함께 감염형 식중독 원인균으로 주로 돼지고기에서 문제가 발생한다.
- ***Salmonella* Enteritidis** 장염균으로 사람 및 동물에게서 흔히 발견된다. 패혈증, 위장염을 일으키며, 달걀이 주된 식중독 감염원이다.

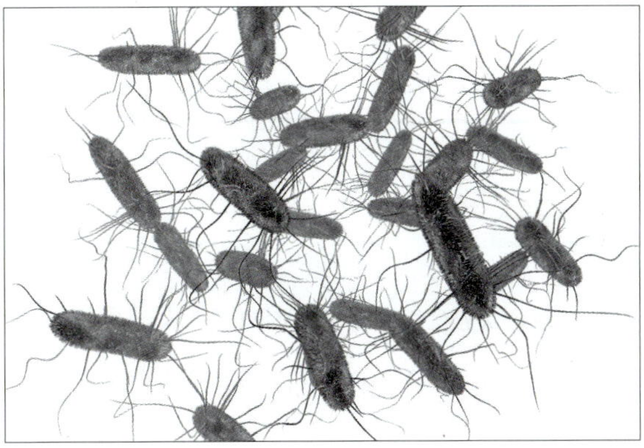

그림 4-10 *Salmonella* 속

③ *Yersinia* 속

자연계에 널리 분포하는 장내 세균으로 특정 균종은 강한 전염력과 치사율이 높은 병원균으로 알려져 있다.

- *Yersinia enterocolitica* 대표적인 저온 세균이며 통성혐기성 간균으로 다른 장내세균에 비하여 발육온도가 낮고 세대시간도 길다. 돼지고기를 충분히 익혀 먹지 않았을 때 장염을 유발하며, 돼지, 개, 고양이와의 직접 접촉이나 오염된 식품과 물에 의해 감염된다.

④ *Campylobacter* 속

소, 돼지, 개, 고양이, 닭 등이 보균하며, 소의 전염성 유산 혹은 가축 태반염, 설사의 원인균이기도 하다. 주요 식중독균으로는 *Campylobacter jejuni*와 *Campylobacter coli* 등이 있다. 3~5%의 미호기성 환경에서 성장하며, 최적 성장온도는 42℃이다. 25℃ 이하에서 성장이 어려운 고온성균이지만 열에 민감하여 60℃에서 30분 가열하면 쉽게 사멸한다. 그 밖에 건조, 산성 환경, 염도에도 민감하다.

⑤ *Shigella* 속

비운동성 간균이며 장내세균으로 주로 세균성 설사질환의 원인균이다. 비위생적인 환경에서 오염된 식수나 식품을 통해 감염을 유발한다. 계절에 큰 상관없이 적은 균수로 식중독을 일으키며, 분변에 오염된 식품을 통해 감염되기도 한다.

⑥ *Vibrio* 속

그람음성 간균으로 짧은 극모를 가진 통성혐기성균으로 담수, 해수, 어패류 등에 많이 분포한다 그림 4-11.

- *Vibrio parahaemolyticus* 장염비브리오라 부르며, 짠 바닷물에서 잘 증식하는 호염성 세균으로 어패류에서 식중독을 일으킨다.

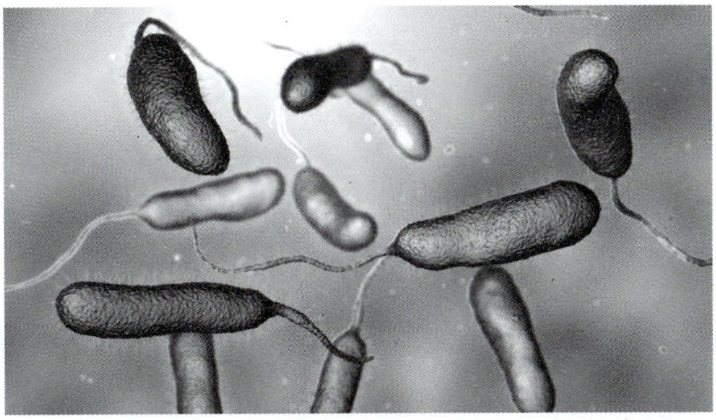

그림 4-11 *Vibrio* 속

(3) 부패균

부패균은 주로 단백질을 분해하여 식품을 부패시키는 균이다.

① 대장균군

장내세균으로 통성혐기성 간균이며 주모가 있다. 산화효소(oxidase)에 음성으로 영양 요구가 비교적 간단하다. 젖당을 발효하여 다양한 최종 산물을 생성하는 그룹을 대장균군(coliform bacteria)이라고 한다. 대표적인 균으로는 *Citrobacter* 속, *Escherichia* 속, *Enterobacter* 속, *Klebsiella* 속 등이 있다. 어떤 식품에서 대장균군이 검출되었다는 것은 식품이 사람이나 동물의 분변에 오염되었음을 의미하므로 위생지표세균으로 사용한다.

② *Pseudomonas* 속

운동성 편모가 있는 간균으로 형광색인 녹색·청색·보라 등 수용성 색소를 생성하는 특성이 있다. 토양, 담수, 해수에 널리 분포하며 동식물의 병원균, 어패류의 부패균인 것이 많다. 증식속도가 빠르고 대부분이 호냉성 균이며 단백질 및 유지에 대한 분해력이 강하다. 43℃ 이상에서 생육이 어렵고, 가열로 쉽게 사멸한다. 탄화수소(hydrocarbon)와 방향족화합물을 분해하고 부패 생성물로서 암모니아를 생성한다.

- *Pseudomonas fluorescens* 호냉성 부패균으로 생유(raw milk)의 쓴맛을 유발하는 원인균이다.
- *Pseudomonas aeruginosa* 녹농균이며 상처의 화농부분에서 청색색소인 피오사이아닌(pyocyanin)을 생성한다. 식품 부패와 우유 청변을 유발한다.
- *Pseudomonas mildenbergii* L-아이돈산(L-idonic acid)으로부터 비타민 C 합성과 관련이 있는 2-케토글루콘산(2-ketogluconic acid)을 생성한다.
- *Pseudomonas ovalis* 포도당에서 글루콘산(gluconic acid)을 생성한다.

③ *Proteus* 속

장내세균으로 간균과 중온성균이며 운동성이 있고 자연계에 널리 분포한다. 단백질 분해력이 강하여 암모니아(ammonia)와 아민(amine)을 생성하며, 식중독균으로 대표적인 호기성 부패균이다.

- *Proteus vulgaris* 단백질 분해력이 강하여 심한 부패와 냄새를 발생시킨다. 우유를 산패시켜 불쾌한 냄새를 생성하고, 설탕을 분해하여 산과 가스를 발생시키며 발효식품 부패에도 관여한다.
- *Proteus morganii* 식품에 증식하면서 히스티딘을 히스타민으로 전환하는 히스티딘탈탄산효소(histidine decarboxylase)를 생산한다. 히스타민은 알레르기성 식중독을 유발하는 원인물질이다.

④ *Serratia* 속

호기성인 단간균으로 주모를 갖는 운동성 세균이다. 토양, 하수, 우유, 수산물 등에서 분리되고 적색색소인 프로디지오신(prodigiosin)을 생성하여 식품 표면에 붉은색이 발생한다.

- *Serratia marcescens* 단백질 분해력이 강하여 식품에 심한 부패와 냄새를 유발하고, 생선묵과 우유에서는 적색색소를 생성하여 붉은색을 띠게 한다.

⑤ *Erwinia* 속

호기성 간균인 *Erwinia* 속은 펙틴 분해효소 펙티나아제(pectinase)를 분비하여 식물의 펙틴질을 분해하는 능력이 강하여 과채류를 쉽게 무르게 해 부패를 유발한다.

표 4-5 주요 식품의 그람음성균

그람음성균	특징	종류
초산균	식초 양조	*Acetobacter aceti* *Acetobacter schutzenbachii*
	식초 양조 유해균(피막 형성)	*Acetobacter xylinum* *Acetobacter suboxydans* *Acetobacter pasteurianus*
식중독균	대장균, 분변에 의한 오염지표균	*Esherichia coli(E.coli)*
	병원성 대장균, 식중독균	*E. coli* O157:H7
	돼지의 장염 유발균	*Yersinia enterocolitica*
	돼지고기 식중독균	*Salmonella typhimurium*
	달걀 식중독균	*Salmonella enteritidis*
	소, 돼지, 개, 고양이, 닭 등이 보균, 식중독	*Campylobacter jejuni* *Campylobacter coli*
	세균성 설사 질환	*Shigella* 속
	장염비브리오, 호염균	*Vibrio parahaemolyticus*
부패균	대장균군(장내세균)	*Citrobacter* 속, *Escherichia* 속, *Enterobacter* 속, *Klebsiella* 속
	형광색, 생유(raw milk)의 쓴맛 원인, 고미유	*Pseudomonas fluorescens*
	녹농균, 우유 청변 유발	*Pseudomonas aeruginosa*
	히스타민 생성, 알레르기성 식중독	*Proteus morganii*
	우유 및 수산물의 적색색소 유발 부패균	*Serratia marcescens*
	식물 펙틴질을 분해, 과채류 무름 현상 유발	*Erwinia* 속

6. 방선균

방선균은 하등미생물 중에서 형태의 분화 정도가 가장 앞선 균사상의 세균으로 실모양의 균사가 분기하여 방사선으로 신장하는 균이다. 균사의 지름이 0.3~1.0μm 정도로 미세한 사상세균이며, 곰팡이와 세균의 중간적인 존재이나 분류학상으로 세균에 속하여 이분열법으로 분열하며, 형태학적으로도 일반세균에 가깝다.

세포의 형태는 원핵세포이고, 외생포자를 형성하기도 한다. 세포벽 성분이 그람양성 세균과 유사하여 기본성분으로서 뮤코(muco) 복합체와 테이코산(teichoic acid)을 함유한다. 토양에 존재하는 세균수의 10~40%를 차지하며 흙냄새의 원인이 되기도 한다. 방선균은 특히 항생물질을 생산하는 균이 많아 산업적으로 중요한 의미를 가진다.

1) 방선균의 형태

방선균의 균사에는 배지 표면에 균사가 자라는 영양균사(vegetative mycelium)와 공기 중으로 균사가 뻗어나가는 형태인 기균사(aerial mycelium)가 있다. 이들 균사는 연쇄상이나 단독으로 분생포자(conidiaphore) 또는 포자낭(sporangium)을 형성한다. 영양균사에는 증식 후기에 균사가 잘려 구균이나 간균과 같은 세포로 되는 *Nocardia* 형과 잘라지지 않고 전 생애를 균사 형태로 유지하는 *Streptomyces* 형이 있다. 기균사의 끝은 성숙되면 연쇄상으로 잘려 많은 외생포자를 증식한다. 포자형성사(sporulating hypae)는 직선상, 파상, 속상, 나선상, 윤생상 등의 모양을 가진다.

2) 방선균의 분류

《버기의 매뉴얼 제8판》(Bergey's Manual, 8th ed)에 의하면 방선균은 Actinomycetales인 방선균목에 속하며, Actinomycetaceae를 포함하여 8과로 분류된다.

3) 주요한 방선균

① *Streptomyces* 속

수백 종 이상의 많은 균종이 속해 있는 속으로, 기균사를 만들어 성숙되면 잘려서 분생자(conidia)로 불리는 연쇄상의 포자를 생성한다 그림 4-12. 식품에 번식하면 흙냄새를 유발하는데, 특히 육류나 생유에서 나는 흙냄새의 원인이 된다. 직선상, 굴곡상, 다발상, 나선상, 윤생상 등 모양이 다양하다. 포자는 구형, 달갈형 또는 원통형이며, 표면은 돌기, 가시 모양, 평활한 것이 있는데 이들은 분류에 중요한 기준이 된다. 1940년대 왁스만이 *Streptomyces griseus*로부터 스트렙토마이신(streptomycin)을 발견해 이후 많은 항생물질이 발견되었다 표 4-6. *Streptomyces griseus*는 강력한 프로테아제를 생산하며, *Streptomyces olivaceus*는 비타민 B_{12}를 생산하기도 한다.

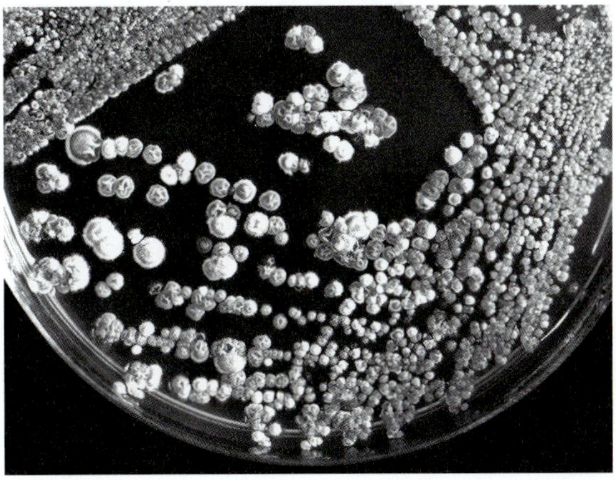

그림 4-12 *Streptomyces* 속의 배양 형태

표 4-6 항생물질을 생산하는 방선균

균주	항생물질
Streptomyces griseus	streptomycin, cycloheximide
Streptomyces aureofaciens	aureomycin
Streptomyces venezuelae	chloramphenicol
Streptomyces rimosus	tetramycin, oxytetracycline
Streptomyces kananyceticus	kanamycin
Streptomyces actibioticus	actinomycin
Streptomyces erythreus	erythromycin
Micromonospora echinospora	gentamycin

② *Actinomyces* 속

편성혐기성, 미호기성, 그람양성균으로 분기되는 균사로 생육하며 포자를 형성하지 않는다. *Actinomyces bovis*와 *Actinomyces israelii*는 사람과 소의 방선균병인 actinomycosis의 원인이기도 하다.

③ *Nocardia* 속

호기성으로 토양에 광범위하게 분포하며, *Nocardia asteroides*와 *Nocardia brasiliensis*가 대표적인 병원균이다.

M E M O

FOOD MICROBIOLOGY

CHAPTER

5

효모

효모

CHAPTER 5

효모(yeast)는 세균과 달리 진핵세포(eucaryotic cell)의 구조를 가진 단세포 생물체이다. 효모는 배양하는 환경이나 발육 단계에 따라 크기 차이가 나지만 대부분이 5–30×2–10μm로 세균보다는 훨씬 크다. 효모는 운동성이 없으며, 달걀형, 구형 등 다양한 형태의 미생물로서 주로 출아로 증식한다. 세균처럼 배양 조건과 상태에 따라 형태나 대사 방법이 달라질 수 있다.

효모는 과일이나 토양, 해수, 곤충의 체내 등 자연계에 넓게 분포되어 있다. 효모는 당을 발효하여 알코올이나 이산화탄소를 생산하는 특성으로 오랫동안 술이나 빵을 제조하는 데 사용되어 왔다. 또한 단백질, 비타민류, 핵산계 조미료 등의 생산 원료로 주목받고 있기도 하나 식품 제조상 문제를 일으키거나 인체에 유해한 병원성을 가지는 효모도 있다. 표 5-1은 식품과 관련이 있는 효모들의 예이다.

표 5-1 식품과 관련 있는 대표적인 효모들

식품	관련 효모
맥주	*Saccharomyces cerevisiae* *Saccharomyces bayanus* *Saccharomyces pastorianus* (= *S. carlsbergensis*) *Saccharomyces bayanus* var. *uvarum*
빵 및 제과류	*Saccharomyces cerevisiae* *Torulaspora delbrueckii* *Candida krusei* (sourdough) *Candida milleri* (sourdough) *Zygosaccharomyces rouxii*
치즈	*Debaryomyces hansenii* *Candida* spp. *Kluyveromyces marxianus* *Kluyveromyces lactis* *Yarrowia lipolytica* *Geotrichum candidum* Other *Geotrichum* spp. *Rhodotorula* spp. *Trichosporon* spp. *Saccharomyces cerevisiae*
유제품	*Kluyveromyces lactis* *Kluvyveromyces marxianus* *Candida kefyr* *Candida famata* *Candida krusei* *Debaryomyces hansenii* *Geotrichum candidum* *Yarrowia lipolytica*
커피	*Kluyveromyces marxianus* *Saccharomyces bayanus* *Schizosaccharomyces* spp. *Candida boidinii*
소시지 및 발효 육제품	*Debaryomyces hansenii* *Cadida* spp. *Cryptococcus* spp. *Saccharomyces cerevisiae* *Yarrowia lipolytica*
프로바이오틱스	*Saccharomyces boulardii* *Saccharomyces cerevisiae* *Kluyveromyces marxianus* *Candida* spp.
발효 올리브 및 오이류	*Candida valida* *Saccharomyces bayanus* *Yarrowia lipolytica* *Debaryomyces* spp. *Candida* spp. *Kluyveromyces marxianus* *Lachancea cidri* *Pichia* spp. *Rhodotorula* spp. *Sacharomyces* spp.
김치	*Kluyveromyces* spp. *Saccharomyces* spp. *Trichosporon* spp. *Candida* spp. *Cryptococcus* spp. *Debaryomyces* spp. *Saccharomycopsis* spp. *Kluyveromyces* spp. *Pichia* spp. *Rhodotorula* spp. *Saccharomyces* spp.
된장	*Zygosaccharomyces* spp. *Candida* spp.
간장	*Zygosaccharomyces rouxii* *Candida famata* *Candida etchellsii* *Candida versatilis* *Debaryomyces* spp. Other *Candida* spp.
차류	*Zygosaccharomyces kombuchaensis* *Candida* spp.
와인	*Saccharomyces cerevisiae* *Saccharomyces bayanus* *Saccharomyces bayanus* var. *uvarum* *Saccharomyces kudriavzevil* Other *Saccharomyces* spp. *Hanseniaspora uvarm* *Kloeckera apiculata*

출처: Kurtzman et al.(2011)

1. 효모의 형태와 구조

1) 효모의 형태

효모는 대부분 구형(round)이거나 달걀형(cerevisiae type)이지만 일부는 소시지형(patorianus type), 레몬형(apiculatus type), 삼각형(trigonopsis type), 위균사형(pseudohyphae)의 모습을 하고 있다 **그림 5-1**. 같은 효모라고 할지라도 배양하는 방법이나 증식하는 단계에 따라서 크기뿐만 아니라 모양도 변한다.

2) 효모의 미세 구조

단일세포인 효모는 앞서 배운 세균과 형태적으로는 유사하나 세포의 미세구조는 완전히 다르다. 효모의 바깥쪽은 두꺼운 세포벽과 그 안쪽에 세포막이 존재하며, 내부에는 세포질이 채워져 있다 **그림 5-2**. 세포질에는 핵, 미토콘드리아, 액포, 골지체 등이 존재한다.

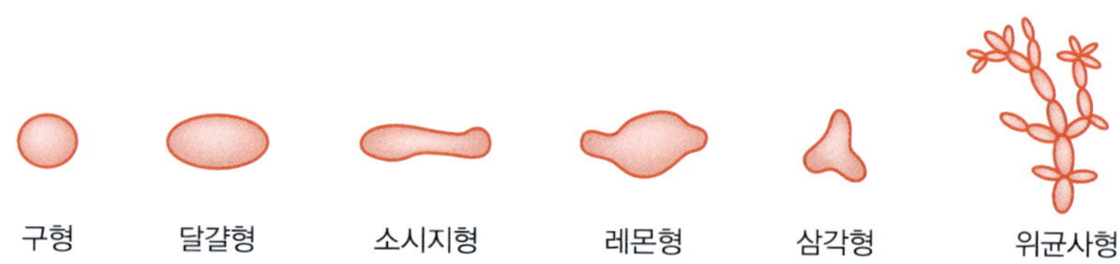

그림 5-1 효모의 기본 형태

알아두기 5-1 **효모의 대표적인 형태에 따른 종류**

- **구형**: *Saccharomyces* 속, *Torulopsis* 속 등 다수 효모
- **달걀형**: *Saccharomyces* 속 등 다수 효모
- **소시지형**: *Schizosaccharomyces* 속, *Pichia* 속, *Saccharomyces* 속, *Candida* 속 등
- **레몬형**: *Saccharomycodes* 속, *Hanseniaspora* 속, *Kloeckera* 속 등
- **삼각형**: *Trigonopsis* 속
- **위균사형**: *Candida* 속

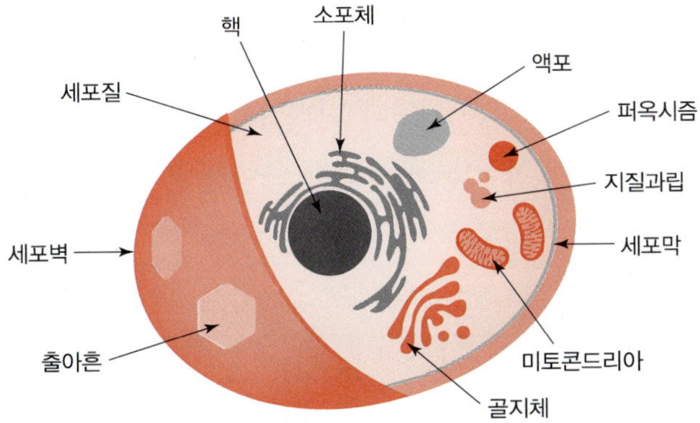

그림 5-2 효모세포의 구조

(1) 세포벽

효모의 형태를 유지하고 보호하는 역할을 하는 세포벽(cell wall)은 전체 세포 건체량의 약 15~20% 정도를 차지하고 있다. 세포벽의 두께는 0.1~0.4μm 정도이며, 주요 성분은 글루칸(glucan)과 만난(mannan)으로 구성되어 있다 **그림 5-3**. 효모의 β-글루칸은 면역 자극 효과 등으로 잘 알려져 있다.

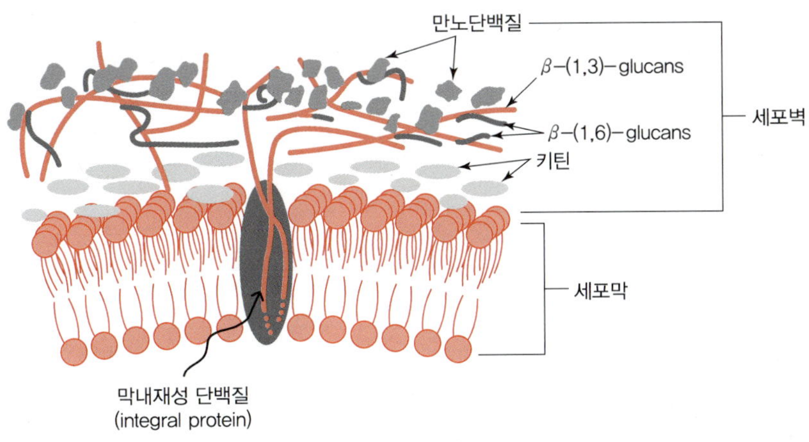

그림 5-3 효모의 세포벽 구조

(2) 세포막

세포막(cytoplasmic membrane)은 지질과 단백질의 복합체로 구성된 반투막(삼투압)으로 되어 있으며, 물질의 이동과 투과를 담당한다.

(3) 세포질

효모의 세포막 속에는 세포질(cytoplasm)이 가득 차 있으며, 그 안에는 핵(nucleus), 소포체(endoplasmic reticulum), 미토콘드리아(mitochondria), 리보솜(ribosome) 등이 존재한다.

핵막으로 둘러싸여 있는 핵은 내부에 인(nucleolus)과 염색체(chromosome)가 있으며, 핵막에는 물질 이동 통로로 보이는 수많은 미세 기공(nuclear pores)이 존재한다. 소포체(막상구조, 망상구조)는 세포질막, 핵막, 미토콘드리아막 등과 연결되어 있다. 호흡 효소가 있는 미토콘드리아는 0.2~0.3×0.4~0.6μm 크기의 원통형으로 여러 개 존재하는데, 혐기적으로 배양할 경우 없어지기도 한다. 효모의 리보솜은 세균과는 성질이 다르며 RNA를 40% 정도 함유하는 리보 핵단백(ribonucleoprotein)으로 되어 있다. 이 외 세포질에는 많은 단백질(원형질체)이 있고, 성숙된 세포에서는 대형 액포가 발견되기도 한다.

2. 효모의 증식

1) 영양세포의 증식

대부분의 효모는 출아(budding)에 의해 증식한다 그림 5-4. 효모의 영양세포가 성숙되면 표면에 싹(bud)이 발생하며 점차 성숙 후 핵이 이동하여 둘로 나누

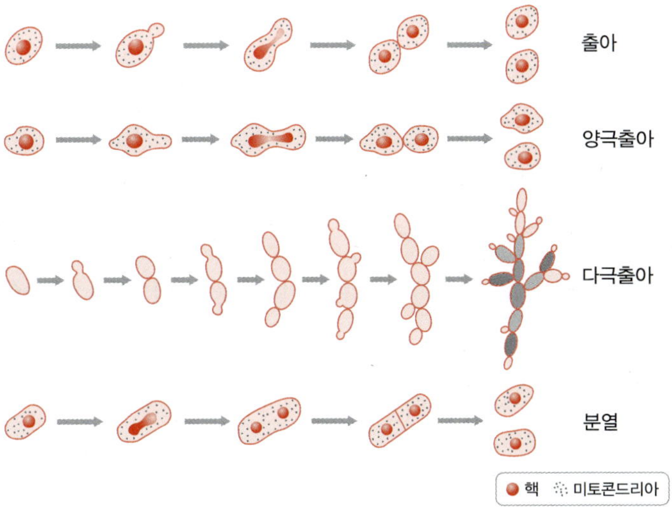

그림 5-4 효모의 영양증식법

어진 후 새로운 한 개의 효모세포가 된다. 이때 원래의 세포를 모세포(mother cell), 출아를 통해 새롭게 생긴 세포를 딸세포(daughter cell)라고 한다.

대부분의 효모는 세포 표면의 여러 곳에서 출아하는 다극출아(multilateral budding)를 한다. 그러나 *Kloeckera* 속은 세포의 양 끝에서만 출아하는 양극출아(bipolar budding)를 한다. 출아 후 모세포에서 분리되지 않고, 길게 연결되어 균사 모양처럼 형성하는 것도 있는데, 이를 위균사(pseudomycelium)라고 한다. *Candida* 속은 위균사 형을 이룬다. *Endomycopsis* 속과 *Trichosporon* 속 등 일부 효모는 곰팡이처럼 격벽을 가지는 진균사(true mycelium)를 만든다.

효모 중 일부는 세균처럼 세포의 중앙에 격막이 생기고, 이 격막을 중심으로 두 개의 세포로 분리되는 분열법(fission)으로 증식을 하기도 하는데, 대표적인 예로 *Schizosaccharomyces* 속이 있다.

2) 포자 형성에 의한 증식

효모 중에서 생활환경이 불리하거나 증식 수단(생활사, life cycle)의 일부로 포자를 형성하는 것이 있다. 이러한 효모를 유포자 효모(sporogenous yeast)라고 한다. 유포자 효모에는 무성적으로 포자를 형성하는 것과 유성적으로 포자를 형성하는 것이 있다. 무성적으로 포자를 형성하는 경우는 단위생식(parthenogenesis), 위접합(pseudocopulation), 사출포자(ballistospore), 분절포자(arthrospore), 후막포자(chlamydospore) 등이다. 유성적으로 포자를 형성하는 것은 자낭균류(ascomycetes)에 속하는 효모이다. 두 개의 세포가 접합한 유성생식으로 자낭포자(ascospore)를 만들 수 있는데, 자낭 내 포자는 일반적으로 2~4개이지만 효모의 종류나 환경에 따라서 그 이상 형성될 수 있다.

3. 효모의 분류

효모의 분류기준으로는 로더(Lodder)와 크레거만 리즈(Kregervan-Rij)가 1952년에 출판한 《The yeasts, a taxonomic study》가 가장 많이 사용되어 왔으며, 현재는 커츠만(Kurtzman) 등이 2011년에 편찬한 제5판이 출간되었다. 효모는 자낭균(ascomycota)과 담자균(basidiomycota)에 걸쳐 있다. 식품미생물학에서 주로 다루는 효모의 분류학상 위치는 표 5-2에 나타내었다.

식품에서 효모는 학문적 분류 체계보다는 편의상 맥주 효모(brewer's yeast), 빵 효모(baker's yeast), 포도주 효모(wine yeast), 간장 효모(soy-sauce yeast) 등으로 분류하기도 한다. 맥주 효모의 경우는 상면효모(top-fermenting yeast)와 하면효모(bottom-fermenting yeast)로 구별하기도 하고, 식품 표면에 얇은 막층을 형성하는 효모를 산막효모(film yeast)라고도 한다. 이 외 다양한 특징에 따라 효모를 분류한다 표 5-3.

표 5-2 주요 효모의 분류

문(phylum)	강(class)	목(order)	과(family)	속(genus)
Ascomycota	Saccharomycetes	Saccharomycetales	Saccharomycetaceae	*Saccharomyces*
				Pichia
				Hanseniaspora
				Debaryomyces
				Hansenula
				Saccharomycodes
				Zygosaccharomyces
				Kluyveromyces
				Candida
			Dipodascaceae	*Lipomyces*
	Schizosaccharomycetes	Schizosaccharomycetales	Schizosaccharomycetaceae	*Schizosaccharomyces*
Basidiomycota	Microbotryomycetes	Sporidiobolales	Incertae sedis	*Sporobolomyces*
			Sporidiobolaceae	*Rhodotorula*
	Tremellomycetes	Tremellales	Tremellaceae	*Cryptococcus*

표 5-3 특징에 따른 효모의 분류

분류	종류	분류	종류
적색효모	*Rhodotorula* *Sporobolomyces*	유지효모	*Lipomyces* *Rhodotorula*
산막효모	*Candida* *Hansenula* *Debaryomyces* *Pichia*	석유효모	*Candida*
		병원성 효모	*Cryptococcus* *Candida*

4. 중요한 효모

1) 자낭균류

(1) *Saccharomyces* 속

발효식품뿐만 아니라 발효산업에 이용하는 대부분의 효모는 *Saccharomyces* 속에 속한다. 세포는 구형 또는 달걀형으로 당 발효력이 강하여 알코올의 생산성이 높다. 출아법(다극출아)으로 증식하거나 세포가 접합하여 자낭포자를 형성하기도 한다.

① *Saccharomyces cerevisiae*

효모 중 가장 많이 사용되고 연구되고 있는 대표종으로 빵을 비롯한 맥주, 포도주, 청주 등 술 제조에 널리 사용되고 있다. 이 종은 진핵세포를 가진 생물체 중 단순하고, 크기나 세대시간이나 유전적 성질 등이 진핵생물을 연구하는 데 적합하기 때문에 모델 생물로 많은 연구가 이루어지고 있다. 이 균주는 포도당(glucose), 엿당(maltose), 수크로오스(sucrose), 과당(fructose), 갈락토스(galactose), 트레할로스(trehalose)는 발효하지만 젖당(lactose)이나 셀로바이오스(cellobiose)는 발효하지 못한다.

*Saccahromyces cerevisiae*는 무성생식인 출아에 의해 증식하는 것이 일반적이지만 생존에 불리한 환경에서는 유성생식(a와 α 세포)에 의한 4개의 자낭포자(ascospore)를 만들어 번식한다 **그림 5-5**. 무성생식을 하는 반수체(haploid) 상태에는 a와 α형 두 가지가 있는데 환경에 따라 이 두 효모가 서로 만나서 이배체(diploid)의 효모를 형성하게 된다. 이렇게 유성생식으로 형성된 효모는 일반적인 반수체의 효모와 비교해서 크기도 더 크고, 안정하게 존재한다. 이 이배체의 효모가 감수분열하면 4개의 반수체 세포(a와 α형 각 2개씩)가 형성되는데 이들을 포자라 하고, 이 포자는 자낭이라고 하는 막에 싸여 있다.

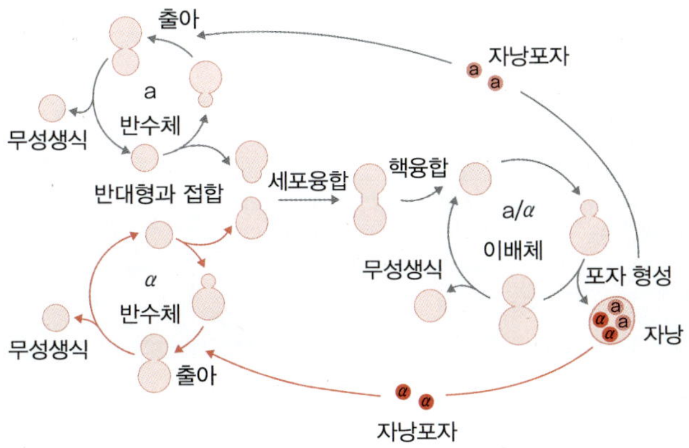

그림 5-5 *Saccharomyces cerevisiae* 생활주기

② *Saccharomyces pastorianus*

이 균주는 *Saccharomyces carlsbergensis*라는 이름으로 더 많이 알려져 있으나 분류학적으로는 *Saccharomyces pastorianus*라고 명명하는 것이 더 우선순위를 갖는다. 덴마크의 칼스버그(Carlsberg) 맥주 공장에서 최초로 순수분리 배양된 하면효모로 우리나라를 비롯한 독일, 미국, 일본 등의 하면발효맥주 제조에 사용된다.

③ *Saccharomyces diastaticus*(*Saccharomyces cerevisiae* var. *diastaticus*)

이 균주는 맥주 양조 시 유해균으로 전분이나 덱스트린(dextrin)을 분해할 수 있어 혼입되면 맥주를 혼탁하게 하거나 풍미를 저해한다.

④ *Saccharomyces rouxii*

고농도의 소금에서 생육할 수 있는 내염성 및 내삼투압성 효모로 간장의 주된 발효 효모이다.

(2) *Schizosaccharomyces* 속

분열 효모(fission yeast)라고 하는 *Schizosaccharomyces pombe*는 아프리카 폼베(pombe) 술에서 분리된 알코올 발효력이 강한 효모이다 그림 5-6. 이 균주

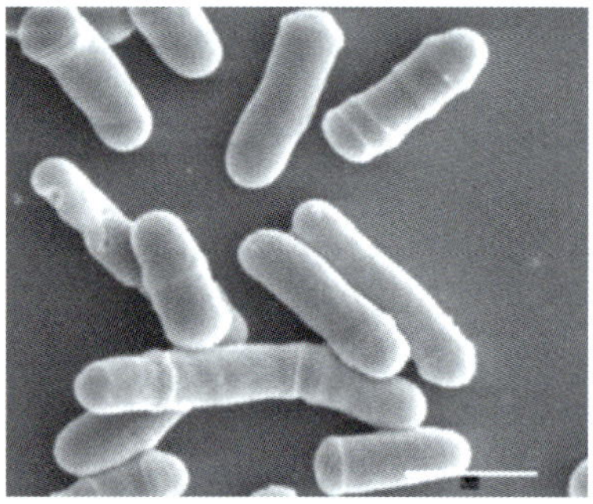

그림 5-6 *Schizosaccharomyces pombe*

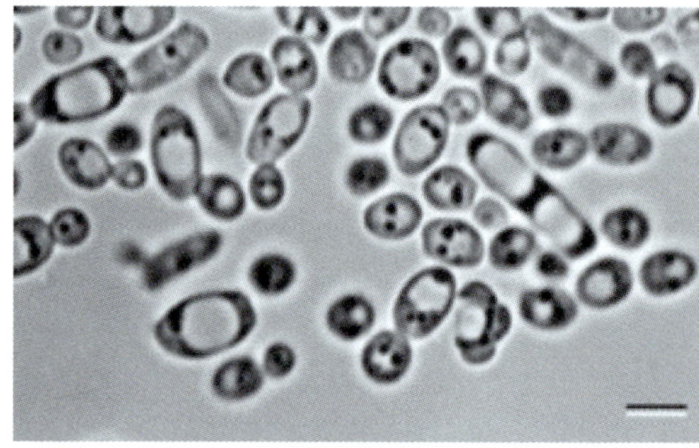

그림 5-7 *Pichia* 속의 자낭포자

는 크로모솜 3개를 가지고 있으며 동물 세포처럼 분열(fission)로 번식하여 모델 생물로 연구되고 있다.

(3) *Pichia* 속

맥주나 와인 등 술이나 식염수 표면에 얇은 막을 형성하는 산막효모(film yeast)로 유해균으로 취급되는 경우가 많다. Pichia 속은 원통형에 가까운 달걀 모양으로 다극출아를 하며 자낭포자를 형성한다 그림 5-7. 질산염을 자화하는 능력이 없다.

① *Pichia membranaefaciens*

이 균주는 딸기나 자두 등 과일류의 병원성 세균으로 당 발효성은 없거나 매우 약한 편이다. 절임액 표면에 피막을 만들기도 하고, 맥주나 포도주에 유해

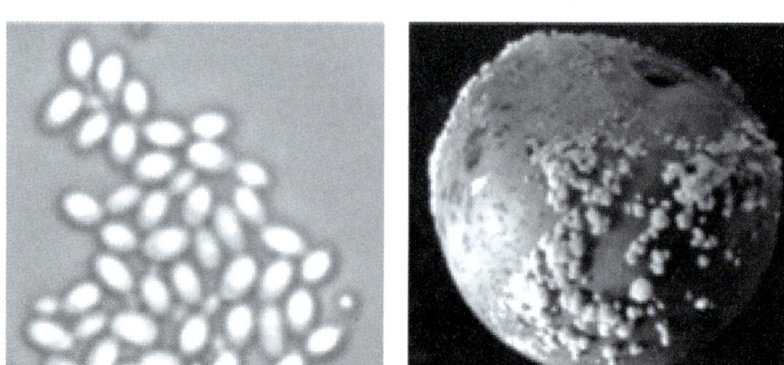

그림 5-8 *Pichia membranaefaciens*

한 효모이다 그림 5-8. 알코올을 소비할 수 있고, 푸마르산(fumaric acid)을 말산(malic acid)으로 전환하는 푸마라제(fumarase) 활성이 강한 것도 있다.

② *Pichia pastoris*

이 균주는 메틸영양 효모(methylotrophic yeast)로 탄소원과 에너지원으로 메탄올을 사용한다.

알아두기 5-2 **대체육 산업에서 효모 활용**

식물성 대체육을 선도하는 회사인 '임파서블 푸드(Impossible Foods)'사는 콩에서 레그헤모글로빈(soy leghemoglobin) 단백질을 코딩하는 유전자를 클로닝하여 *Pichia pastoris*에 도입해 대량생산하였다. 대체육 제품에서 육류의 맛을 내기 위한 핵심은 사람을 포함한 동물에게서 산소 전달에 필수적인 헴(heme)인데, 콩과 식물의 뿌리혹에 존재하는 레그헤모글로빈(leghemoglobin)은 철을 함유하고 있는 붉은 색소로 헴 단백질의 일종이다. 이는 가열 조리과정 중 헤모글로빈(hemoglobin)과 유사하게 식육의 색을 변화시키면서 대체육(식물성 육류)에서 고기 맛이 나게 해준다.

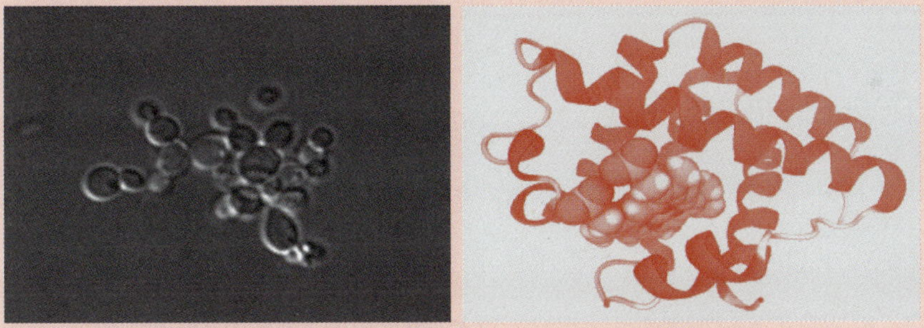

Pichia pastoris 레그헤모글로빈

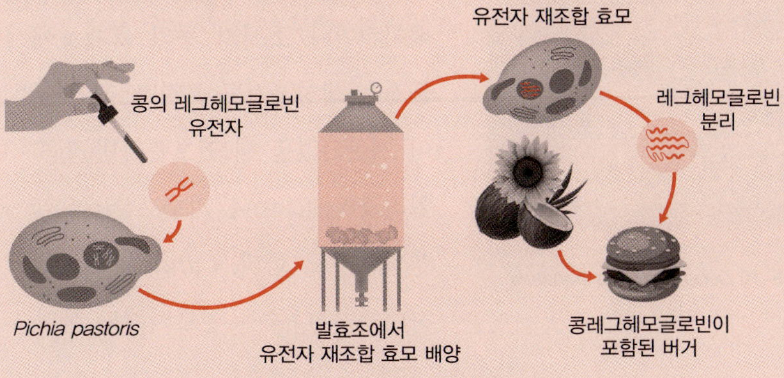

효모를 이용하여 버거를 제조하는 과정

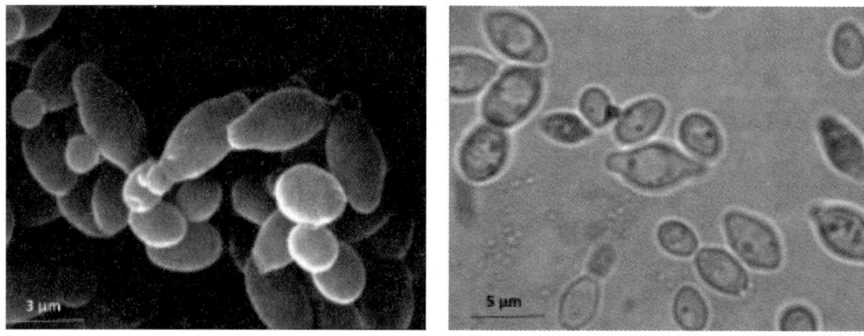

그림 **5-9** *Hanseniaspora* 속

(4) *Hanseniaspora* 속

모양이 뾰족한 레몬형으로 양극출아를 하며 종종 와인의 전발효단계(pre-fermentation)인 포도 머스트(musts)에서 발견된다 **그림 5-9**. *Hanseniaspora valbyensis*는 포도주 발효 초기에 출현했다가 사라진다.

(5) *Debaryomyces* 속

표면에 돌기가 있는 포자를 형성하고, 발효성은 없거나 매우 약하다. 내염성의 산막효모가 많아 채소절임 식품에서 종종 관찰되며 내당성도 강하다.

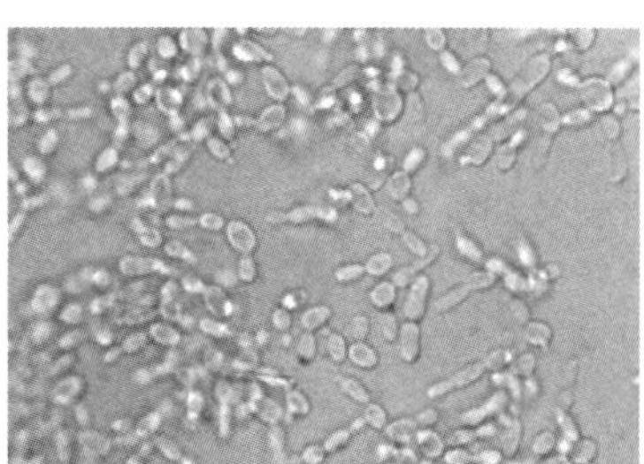

그림 **5-10** *Debaryomyces hansenii*

*Debaryomyces hansenii*는 절임식품, 치즈, 소시지 등에서 분리가 된다 **그림 5-10**. 베이컨이나 소시지 등의 육제품에서 점질물질을 생성하기도 하지만, 티아민(thiamine)이 제한되었을 때 리보플라빈(riboflavin), 자일리톨(xylitol)이나 피루브산(pyruvic acid)을 생산하기도 한다. *Candida famata*라고도 하며, 칸디다증을 일으키기도 한다.

(6) *Hansenula* 속

액체 표면에 피막을 형성하는 산막효모로 질산염을 자화한다. 알코올 발효로 에스테르(ester)를 생성하는 균주들이 많다. 포자의 모양은 모자형, 반구형, 토성형이다.

*Hansenula anomala*는 양조식품의 표면에 얇은 막을 형성하고 알코올을 소비하는 유해효모이기도 하지만 일본 청주의 에스테르류의 향기성분 생성에 관여하는 후숙효모이기도 하다. 모자형의 포자를 형성한다.

(7) *Saccharomycodes* 속

레몬 모양의 출아분열하는 효모로 포자는 세포의 접합 없이 형성된 후 발아할 때 두 개의 세포가 접합하는 경우가 많다.

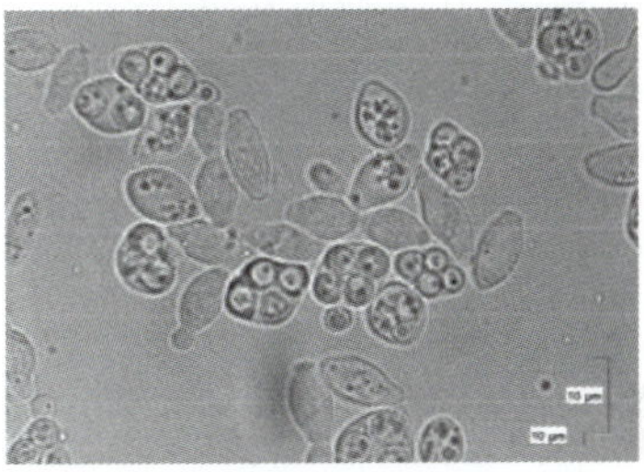

그림 5-11 *Saccharomycodes ludwigii*

*Saccharomycodes ludwigii*는 이산화황(SO_2)이나 이산화탄소(CO_2)에 대한 높은 내성이 있어 과일주스나 와인, 사이다와 같은 발효음료의 품질을 저하시키는 균이다 그림 5-11. 포도당, 수크로오스, 라피노오스는 발효하지만 엿당, 갈락토스, 젖당은 발효하지 않으며, 질산염을 동화하지 않는다.

(8) *Zygosaccharomyces* 속

*Zygosaccharomyces rouxii*는 고농도의 식염이나 당에서도 생육이 가능하여 소시지, 피클, 케첩이나 마요네즈 등의 부패 원인이 되기도 하고, 유기산, 고급 알코올, 알코올 등을 생산하여 향미 형성에 관여한다 그림 5-12. 일본식 된장에 사용되기도 한다.

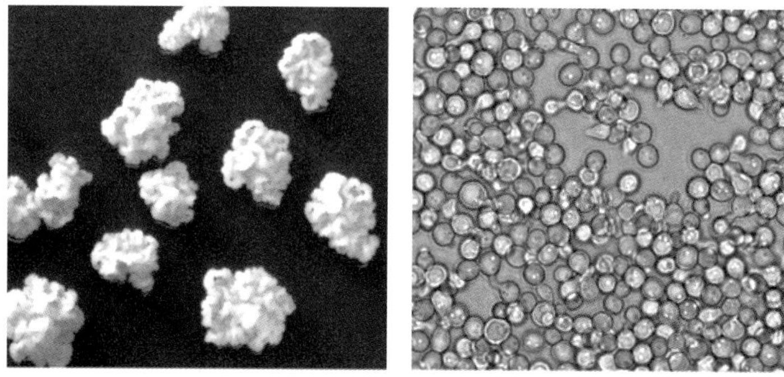

그림 **5-12** *Zygosaccharomyces rouxii*

(9) *Kluyveromyces* 속

오랫동안 *Saccharomyces lactis*로 불리던 *Kluyveromyces lactis*는 젖당(lactose)을 발효하며 우유에 중요한 효모로 케피르(kefir)에서 분리하였다. 이 효모는 젖당을 발효하여 젖산으로 전환시키는 능력으로 유전연구 및 산업응용 분야에 사용되고 있다.

(10) *Lipomyces* 속

타원형 또는 구형의 효모로 출아에 의해 증식한다. 세포는 점액성이 있다. *Lipomyces starkeyi*는 건조 균체의 60% 정도 지방을 함유하고 있는 유지생산균이다.

(11) *Candida* 속

자연계에 널리 분포하고, 구형, 달걀형, 원통형의 모양으로 대부분 다극출아를 한다. 위균사를 형성하는데 균종에 따라 진균사와 후막포자를 만들기도 한다. 알코올 발효력이 있다.

① *Candida albicans*

사람과 동물의 피부나 점막에 기생해서 칸디다증을 일으키는 병원성 효모이다 그림 5-13.

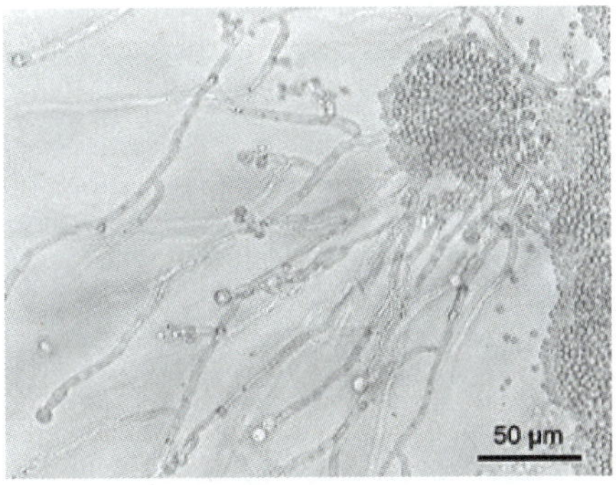

그림 5-13 *Candida albicans*

② *Candida tropicalis*

위균사를 형성하는 효모로 짧은 달걀형이다. 자일로스에 대한 자화성이 강하여 사료 효모 제조용 균주로 이용하기도 하며, 단세포 단백질(single cell protein, SCP) 제조용 석유효모로 주목받고 있다.

③ *Cyberlindnera jadinii*

*Candida utilis*라고 잘 알려진 *Cyberlindnera jadinii*는 자일로스(xylose)를 자화해서 아황산 펄프 폐액 등에서 배양 후 균체를 사료 효모용으로 이용한다. 이노신산(inosinic acid) 제조용으로 쓰이기도 한다.

④ *Candida versatilis*

Candida versatilis(과거 *Torulopsis versatilis*)는 고염 액체 발효 환경에서도 내삼투압성을 보이며, *Zygosaccharomyces rouxii*와 함께 간장의 발효 과정에서 중요한 역할을 하며, 간장의 독특한 향미 성분 생성에 관여한다. 이들은 간장의 향기 성분인 HEMF(4-hydoxy-2(or 5)-ethyl-5(or 2)-methyl-3(2H)-furanone), dihydro-5-methyl-2(3H)-furanone, 4-EG(4-ethylguaiacol), 다양한 에스터류, 알코올류 등의 생성에 기여한다.

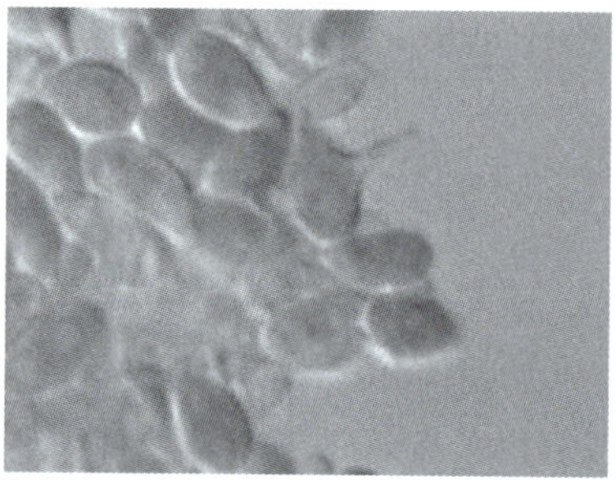

그림 **5-14** *Sporobolomyces salmonicolor*

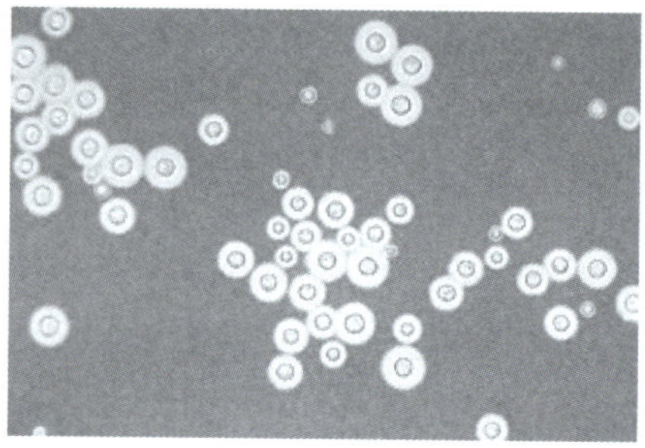

그림 **5-15** *Cryptococcus neoformans*

2) 담자균류

(1) *Sporobolomyces* 속

Sporobolomyces 속은 *Basidiomycota*에 속하며, 비대칭의 낫 모양으로 다극 출아를 한다. 성숙하면 사출되며 식품의 부패에 관여한다.

*Sporobolomyces salmonicolor*는 위균사나 진균사를 형성하기도 하며, 지용성인 카로티노이드(carotenoid) 색소를 생성하여 분홍색 집락을 만든다 **그림 5-14**.

(2) *Cryptococcus* 속

세포는 주로 점성의 협막으로 싸여 있는 구형이나 달걀형으로 위균사를 형성하지 않는다. 생육 환경에 따라 전분과 유사한 물질을 생성하고, 당을 발효하는 능력은 없다. 건조나 자외선에 대한 저항력이 있어 공기 중에 흔하게 존재한다.

① *Cryptococcus neoformans*

이 균주는 중추신경에 침범하고 폐나 피부에 기생하여 크립토코커스증(cryptoccosis)을 일으키는 병원성 효모이다 **그림 5-15**.

② *Cryptococcus laurentii*

이 균주는 카로티노이드 색소를 생성한다.

③ *Cryptococcus albidus*

펙틴(pectin)을 분해하는 펙티나아제(pectinase)를 생성한다.

(3) *Rhodotorula* 속

이 효모는 다극 또는 양극출아에 의한 무성생식으로 증식하고, 위균사를 형성하기도 한다. 이 속은 공기, 토양, 호수, 바닷물, 우유, 과일주스, 육류, 사워크라우트(sourkraut) 등 자연계에 널리 분포하는 담자균류(Basidiomycota)에 속하는 환경 효모이다. 카로티노이드 색소를 생성하여, 주황색이나 붉은색 집락이 특징이어서 적색효모라고 불린다. 대부분 점성이 있으며 당을 발효하는 능력은 없다 그림 5-16.

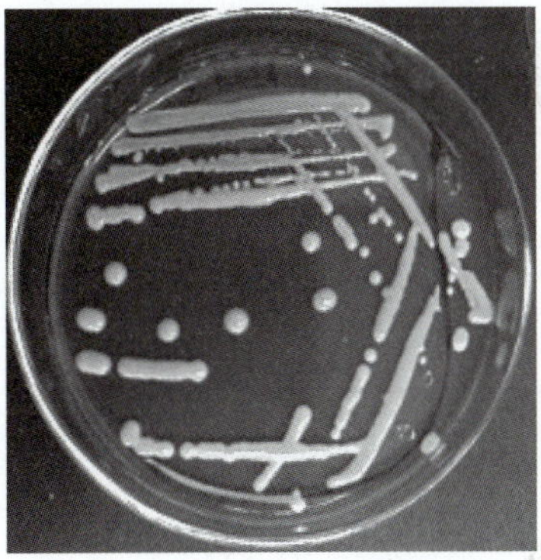

그림 **5-16** *Rhodotorula* 속

*Rhodotorula glutinis*는 균체의 상당 부분(17~66%)을 지방으로 축적하여 유지 생산균으로 활용되고 있을 뿐만 아니라 산업 폐기물 원료를 이용한 카로티노이드 생산성도 우수하여 산업적으로 활용 가치가 높다.

FOOD MICROBIOLOGY

CHAPTER

6

곰팡이와 버섯

1. 곰팡이의 형태
2. 곰팡이의 분류
3. 곰팡이의 생리적 특징
4. 중요한 곰팡이
5. 담자균류(버섯)

곰팡이와 버섯

CHAPTER 6

1. 곰팡이의 형태

곰팡이는 분류학상 진균류(eumycetes)로서 주로 포자를 통해 생식한다. 곰팡이는 영양분이 있는 상태에서 가느다란 실 모양의 균사로 생육하며, 육안으로 보기에는 착색된 가루 같은 포자(spore)를 갖는 깃털 모양을 하고 있다. 곰팡이의 균사(hypha, 복수는 hyphae)는 영양분의 섭취와 발육을 담당하는 기관이며, 균사의 집합체를 균사체(mycelium)라 한다. 균사체에서 갈라져서 가지가 위로 뻗고 그 끝에 포자를 형성하는 것을 자실체(fruiting body)라 하며, 이와 같이 그물처럼 얽힌 균사체와 자실체 전체를 균총 혹은 집락(colony)이라 한다. 곰팡이에서 균사체는 영양기관이고 자실체는 포자를 형성하는 번식기관이다 그림 6-1.

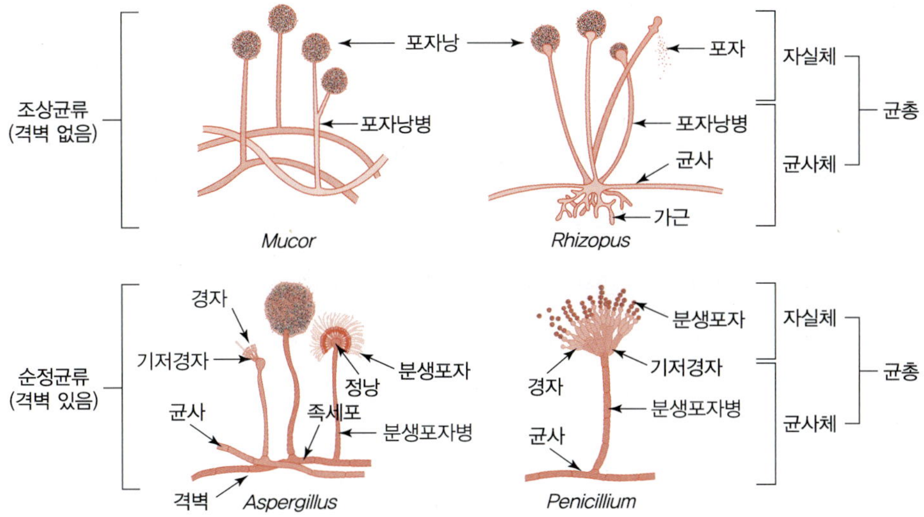

그림 6-1 곰팡이의 형태 및 구조

균사는 자라는 형태에 따라서 기질 표면에서 공중으로 뻗는 것을 기균사(aerial hypha), 균사가 기질 표면에 밀착하여 뻗어나가는 것을 영양균사(vegetative hypha), 기질 속으로 침투하며 자라는 것을 기중균사(submerged hypha)라 한다. 균사는 발육하면서 분지하며, 격벽 혹은 격막이라 하는 칸막이의 유무는 곰팡이 분류에 중요한 지표가 된다. 곰팡이의 세포벽은 셀룰로오스와 키틴 등의 섬유질 성분으로 되어 있다.

2. 곰팡이의 분류

곰팡이는 분류학상 진균류에 속하며, 진균류는 먼저 균사의 격벽 유무에 따라 구별하고, 다시 유성포자의 특징에 따라 분류한다. 균사의 격벽이 없는 것을 조상균류(phycomycetes), 격벽이 있는 것을 순정균류(mycomycetes)라고 한다.

미생물의 씨를 포자라 하는데, 일부 세균이 열악한 환경에서 생존을 위해 만드는 내생포자와는 다르게 대부분의 곰팡이는 무성생식으로 무성포자를 만들어 번식하며 살아간다. 일부 균류는 접합이나 핵융합과 같은 유성생식을 통해 유성포자를 만들 수 있다. 조상균류는 난포자를 형성하는 난균류, 접합포자를 만드는 접합균류 그리고 호상균류의 세 가지로 구분된다. 순정균류는 자낭포자를 형성하는 자낭균류, 담자포자를 형성하는 담자균류, 그 밖에 유성포자를 형성하지 못하는 불완전균류로 분류한다 표 6-1.

표 6-1 진균류의 분류

강(class)		아강(subclass)		목(order)	과(family)	속(genus)
진균류	조상균류	호상균류				
		접합균류		털곰팡이목		*Mucor* *Rhizopus* *Absidia* *Thamnidium*
		난균류				
	순정균류	자낭균류	반자낭균류			
			진정자낭균류	흰가시동충하초목		*Aspergillus* *Penicillium* *Monascus*
				구멍공버섯목		*Neurospora*
			소방자낭균류			
		불완전균류		의구각균목		
				흑분균목		
				무포자균목		
				선균목	담색선균과	*Geotrichum* *Cephalosporium* *Botrytis*
					암색선균과	*Cladosporium* *Alternaria*
					류상균과	*Fusarium*
		담자균류	동담자균류	송이버섯목		
			이담자균류	흰목이버섯목 목이버섯목		

1) 유성포자

유성생식이란 두 개의 세포핵이 융합하여 하나의 핵이 되고 이 핵을 중심으로 유성포자가 형성되는 것을 말한다. 유성포자에는 난포자, 접합포자, 자낭포자, 담자포자 등 4종류가 있다 그림 6-2 표 6-2 .

(1) 난포자

난균류의 유성포자를 난포자라 한다. 편모를 가지고 있어서 포자 자신이 편모 운동을 한다.

(2) 접합포자

접합포자를 형성하는 균류를 접합균류라 하며, 접합포자를 둘러싼 주머니를 접합포자낭이라고 한다. 접합균류에서 접합포자가 형성되는 과정은 성이 다른 두 개의 균사가 돌출하고 신장, 접합하여 접촉 부위가 팽대해지면서 원형질과 핵의 융합으로 두꺼운 막이 형성되어 포자를 보호하게 된다. *Mucor* 속, *Rhizopus* 속, *Absidia* 속이 접합포자를 형성하는 접합균류이다.

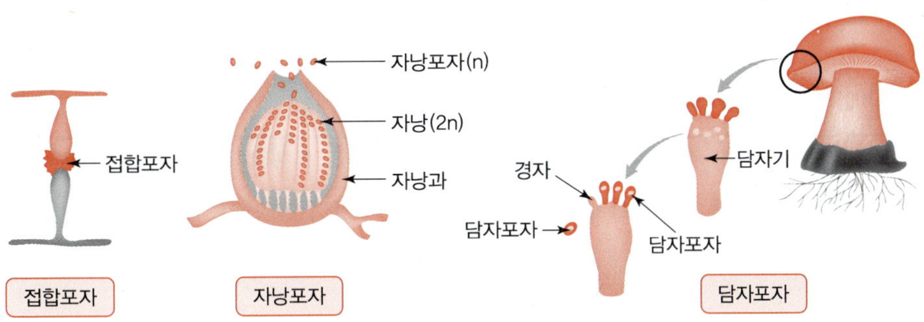

그림 6-2 유성포자의 종류와 형태

표 6-2 곰팡이 분류에 따른 포자의 종류

분류기준(격벽 유무)	종류	유성포자	무성포자
조상균류	난균류	난포자	포자낭포자
	접합균류	접합포자	포자낭포자
순정균류	자낭균류	자낭포자	분생포자(분생자)
	담자균류	담자포자	–
	불완전균류	–	분생포자, 후막포자, 출아포자 등

(3) 자낭포자

자낭균류는 무성생식 때 분생포자를 생성하고 유성생식 때 자낭포자를 생성한다. 자낭이라는 특수한 세포 속에서 형성하는 내생포자를 자낭포자라고 한다. 두 균사에 속하는 두 종의 세포와 접합하여 우성적으로 자낭을 형성하고, 그 안에 보통 여덟 개의 자낭포자를 내생한다. 자낭은 구형의 개구부가 없는 폐자기, 플라스크형으로 끝의 입이 열려 있는 피자기와 컵 모양으로 내부가 완전히 열려 있는 나자기 등 세 가지 유형으로 나뉜다. *Aspergillus* 속, *Penicillium* 속, *Monascus* 속이 자낭포자를 생성한다.

(4) 담자포자

담자균류는 유성생식 때 담자포자를 생성하며, 대부분 버섯이 담자균류에 해당된다. 담자균류는 두 개의 접합된 균사에서 취상돌기 혹은 균반(clamp connection)을 만들고, 균사체 위에 자실체가 생성되면 담자기를 형성한다. 그 선단에 보통 4개의 경자(sterigmate: 담자기 상단에 형성되는 뿔 모양의 돌기)가 생기고 그 위에 담자포자가 한 개씩 생성된다.

2) 무성포자

무성생식이란 세포핵의 융합 없이 분열에 의해 무성적으로 포자를 형성하는 것이다. 대부분 곰팡이는 무성포자로 번식하며, 간혹 핵융합이나 접합의 과정이 발생할 수 있는 경우 유성포자를 생성하는 것도 있다. 무성포자는 대기 중에 날려 영양분, 온도, 산소, 수분 등 좋은 환경을 만나게 되면 새로운 균사를 만들어 번식한다. 곰팡이의 균총 색깔은 대부분 무성포자의 색깔에 따라 나타난다 그림 6-3.

무성포자는 균사의 내부에서 생성되는 내생포자와 균사의 외부에서 생성되는 외부포자로 나뉘는데, 대표적인 내생포자로는 포자낭포자와 유주자가 있고, 외생포자에는 분생포자, 후막포자, 분절포자, 출아포자가 있다.

(1) 내생포자

① 포자낭포자

균사로부터 위로 뻗은 포자낭병의 선단이 팽대하여 포자낭을 형성하고, 그 속에 여러 개의 포자가 내생하므로 포자낭포자라고 한다. 성숙되면 포자낭이 파

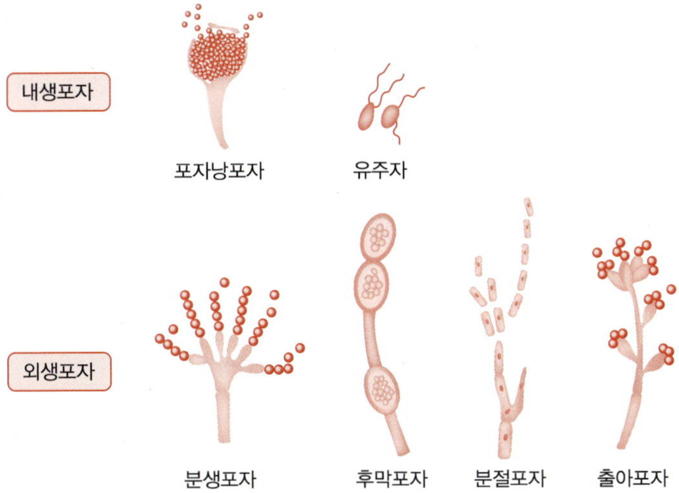

그림 6-3 무성포자의 종류와 형태

열되거나 용해되어 포자가 밖으로 나오며, 이 포자가 발아하여 무성적으로 균사가 된다. 포자낭포자를 형성하는 곰팡이는 *Mucor* 속, *Rhizopus* 속, *Absidia* 속이 대표적이다.

② 유주자

편모를 가진 포자낭포자를 유주자라 한다. 주로 물속에 사는 편모균류에서 볼 수 있으며, 적당한 기질을 만나 부착하면 편모를 잃고 발아하여 새로운 개체가 된다.

(2) 외생포자

① 분생포자

대표적인 외생포자로서 분생포자 혹은 분생자라고 한다. 균사로부터 뻗은 분생자병의 끝에 경자가 생기며, 경자의 끝이 갈라져서 염주 모양의 분생포자가 생성된다. 자낭균류 속에 속하는 *Aspergillus* 속, *Penicillium* 속 곰팡이에서 볼 수 있다.

② 후막포자

균사의 끝이나 중간에서 원형질이 모여 팽대해지면서 세포벽이 두꺼워진 휴면성 내구체의 포자이다. 보통의 균사체에 비하여 불리한 환경에 대한 저항성을 갖는다.

③ 분절포자

균사나 포자낭병의 끝에서 일정한 간격으로 격벽을 형성함에 따라 균사가 분절되어 포자를 형성하고, 이것이 흩어져서 생식한다. 분절포자는 불완전균류의 *Geotricum* 속, *Moniliella* 속에 해당된다.

④ 출아포자

발아포자, 분아포자 또는 아생포자라고도 한다. 출아(budding)에 의해 순차적으로 포자가 형성되므로 최하부의 것이 가장 오래된 포자이다. 불완전균류의 *Cladosporium* 속에서 볼 수 있다.

3. 곰팡이의 생리적 특징

곰팡이류는 온난다습한 환경을 좋아하며 최적 생육온도는 30℃ 정도이다. 하지만 일부 곰팡이는 5~8℃의 저온에서 보관한 냉장육의 부패를 유발한다. 푸른곰팡이의 몇몇 종은 45~53℃에서만 자라기도 한다. 곰팡이는 영양분이 풍부하고, 약산성이며, 수분이 적절하고 산소가 많은 환경에서 잘 자란다. 곰팡이의 생육인자는 다음과 같다.

- **온도** 넓은 온도 범위 중 25~30℃가 최적 온도이고, 일부 호냉성 곰팡이도 있다. 내열성이 없어 포자가 열에 노출되면 쉽게 사멸한다.
- **pH** 약산성 환경을 좋아하며, 과일 등에서 쉽게 곰팡이가 증식한다.
- **수분** 수분활성도 0.8 이상을 요구하나 호건성 곰팡이(xerophilic molds)는 0.62에서도 견딜 수 있다.
- **산소** 절대 호기성균이 대부분으로 식품 표면에서 잘 자라며, 일부 조상균류는 물속에서 자라는 것도 있다.

4. 중요한 곰팡이

1) 조상균류

조상균류는 균사에 격벽이 없어 균사세포가 연결된 것처럼 보인다. 호상균류, 난균류, 접합균류 세 가지로 나누며, 식품과 밀접한 조상균류는 거의 접합균류에 소속된다.

(1) 접합균류

접합균류는 주로 무성생식으로 포자낭포자를 내성하여 내성포자로 증식하나, 유성적으로 접합포자를 형성할 때도 있다. 식품에 밀접한 조상균류는 대부분 접합균류에 속하며, *Mucor* 속, *Rhizopus* 속, *Absidia* 속, *Thamnidium* 속 등이 있다 그림 6-4.

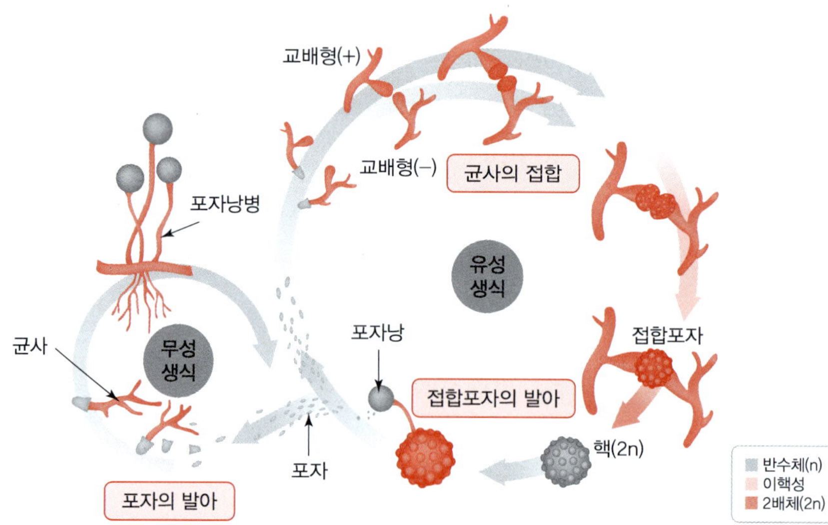

그림 6-4 접합균류의 무성생식과 유성생식

① *Mucor* 속

토양, 퇴비, 과일 등에서 발견되며, 털 모양인 균사의 모습을 따서 털곰팡이라고 부른다. 포자낭병의 분지 여부, 길이, 포자낭의 크기와 특성, 색깔, 중축의 형태 및 균총의 형태와 색깔에 따라 균종을 분류한다. 포자낭은 구형이며 포자낭병이 균사로부터 직접 뻗어나간 것을 monomucor, 가지를 치는 것을 racemomucor, 줄기를 치는 것을 cymomucor라고 부른다 **그림 6-5**.

- *Mucor mucedo* 토양, 과채류, 육류, 빵 등에서 잘 자라고 알코올 발효력이 약해서 식품에서의 활용도는 낮다. 단백질이나 유지를 분해하는 성질이 있어서 우유 등 유제품을 생산하는 낙농업계에서 유해균으로 취급되며 응용적 가치는 없다.

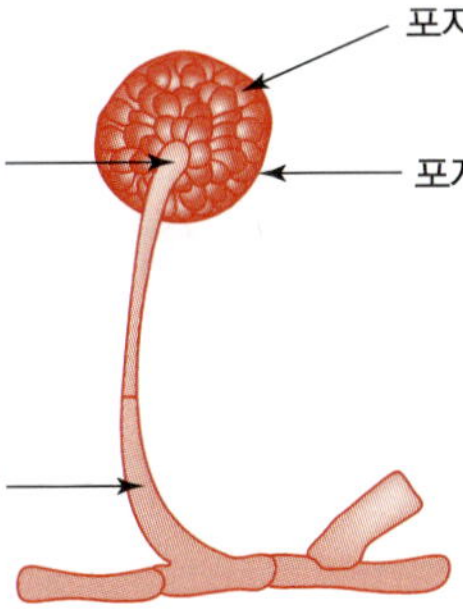

그림 6-5 *Mucor* 속의 형태

알아두기 6-1 **누룩과 코지**

- **누룩**: 우리나라 전통의 술 발효제로서, 한자로 '곡자(麯子)' 또는 '국자(麴子)'라고 한다. 분쇄한 밀이나 쌀, 밀기울 등을 반죽하여 모양을 만들고 적당한 온도에서 숙성시켜 만든다. 전분을 당화시키는 누룩곰팡이와 누룩곰팡이가 생성한 당분을 알코올로 만드는 효모균 그리고 젖산균 등의 다양한 미생물이 자라면서 누룩을 이용하여 당화와 발효를 동시에 한다. 누룩이 처음 만들어진 것은 중국 춘추전국시대이며, 한국에서는 삼국시대 이전으로 알려져 있다.
- **코지**: 일본에서는 쌀, 보리, 대두 등의 원료에 곰팡이(*Aspergillus* 속)만 접종시켜 당화만 일으키는 개량누룩 혹은 개량곡자를 이용하는데 이를 코지(koji)라고 한다. 이는 알코올 발효는 못하고 전분을 당화하여 당분을 생성할 뿐이며, 알코올 발효를 일으키려면 배양한 효모를 따로 첨가해야 한다.

- *Mucor racemosus* 부패한 식품이나 사료 등에서 자주 발견되고, 집락은 회색 혹은 회갈색을 띤다. 포자낭병은 처음에는 생성되지 않다가 시간이 지나면서 포도송이 모양의 racemomucor형이 된다. 간장 누룩을 만들 때 혼입되어 생육하고 간장 코지(koji)를 흑변시키며 이취를 유발한다. 당액을 발효시켜 최대 7%의 알코올을 생성하기도 하며, 비타민 B_1, B_2의 합성력도 강하나, 주로 과일을 부패시키는 곰팡이로 알려져 있다.
- *Mucor pusillus* racemomucor형이며, 최적 생육온도가 40℃로 높은 편이다. 치즈 제조 시 단백질 응고에 필요한 효소(레닛)를 대용할 수 있는 응유 효소의 생산 균주다.
- *Mucor rouxii* 중국의 누룩에서 분리한 *Mucor* 속의 대표적 균주로 전분 당화력이 강하고 아밀로(amylo)법에 의한 알코올 발효에 이용되기도 한다.

② *Rhizopus* 속

생육이 빠른 점에서 *Mucor* 속과 유사하나 다른 점으로는 포복지(stolon)가 고구마 줄기처럼 뻗어 있고 배지 표면에서 배지와 닿는 곳에 가근(rhizoid)을 내리며 번식한다. 생긴 모습을 따서 거미줄 곰팡이라 부르기도 한다. 포자낭병은 가근이 있는 곳에서 1~5개 생기고, 포자낭포자는 구형 또는 다각형으로 표면에 주름이 잡혀 있다. 후막포자를 만들며 균총은 보통 회백색이고 포복지가 계속하여 생기므로 *Mucor* 속보다 번식이 빠르다. 곡류나 과채류에 발생하여 해를 끼치기도 하나, 전분 당화력이나 유기산 생성능이 강하여 알코올 생산 및 유기산 발효공업에 이용되기도 한다 그림 6-6.

- *Rhizopus nigricans* *Rhizopus* 속의 대표적 균종으로 공기 중에 널리 퍼져 있다. 균총은 회색이고 포자낭병의 길이가 8cm에 달하는 것도 있다. 포자낭은 흑색 구형이다. 고구마 연부병을 일으키며, 과일, 곡류, 빵 등에 번식하여 부패를 일으킨다. 전분 당화력이 강하며 약한 알코올 발효력을 가지기도 한다.

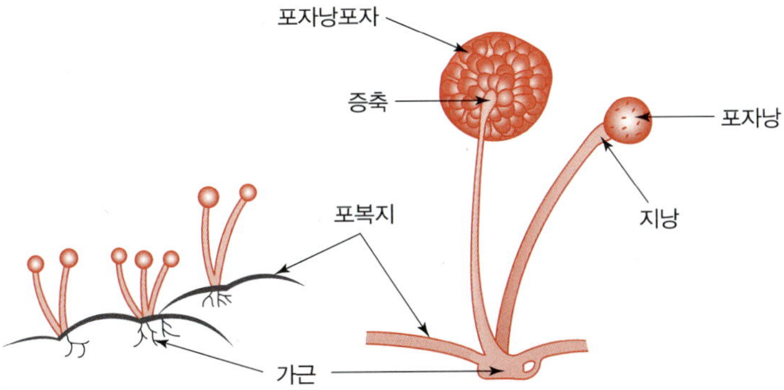

그림 6-6 *Rhizopus* 속의 형태

- *Rhizopus delemar* 중국의 누룩에서 분리한 균으로 균총은 회갈색이고, 회색의 구형 또는 타원형의 포자낭이 군생한다. 전분 당화력이 강하여 포도당 제조 시 당화효소를 만드는 데 이용되며, 아밀로법에 의한 알코올 발효에도 사용된다. 생육 적온은 25~30℃이다.
- *Rhizopus javanicus* 인도네시아 자바(Java)의 라지(ragi) 곡자에서 분리되었으며, 특히 감자류 전분의 당화력이 강하고, 아밀로법에서 중요하게 사용되는 아밀로균이다. 번식력이 왕성하여 포자낭의 형성이 많다. 균총은 백색이나 시간이 오래되면 황갈색으로 변한다.

알아두기 6-2 **당화와 아밀로법**

- **당화(saccharification)**: 녹말이나 다당류가 효소나 산의 작용으로 가수분해되어 단당류나 이당류로 전환되는 과정이다. 술 제조 시에는 곡식원료의 당화와 발효가 필요하다. 당화효소는 전분에 작용하여 저분자의 당을 생성하는 전분 분해효소로서, 글루코아밀라아제, β-아밀라아제, α-아밀라아제 등이 있다.
- **아밀로법(amylo process)**: 에틸알코올을 제조하는 방법의 하나이다. 곡식원료로부터 알코올을 제조하기 위해서는 전분의 당화와 알코올 발효공정이 필요하다. 프랑스의 칼메트가 중국 누룩에서 *Amylomyces rouxii*라는 털곰팡이의 일종을 분리·배양한 후 1895년 보이댕이 이 곰팡이를 사용하여 녹말을 원료로 하는 알코올을 공업적으로 제조했다. 명칭은 아밀로미세스(Amylomyces)의 이름을 따 아밀로법이라고 부르게 되었다. 그 후로는 당화력이 강한 *Rhizopus delemar*와 *Rhizopus javanicus* 등이 사용되고 있다.

- *Rhizopus japonicus* 일본산 코지에서 분리한 균이다. 전분 당화력이 강하고 올리고당인 라피노즈(raffinose)를 발효시키며, 펙틴 분해력도 강하다. 맥아(malt) 대신 사용하기도 한다.
- *Rhizopus tokinensis* 베트남 토킨(Tokin)산 코지에서 분리한 균이다. 라피노즈를 분해시키지는 못하지만 아밀로법에 사용되며 포도당을 발효시켜 유기산의 일종인 젖산과 푸마르산을 생산한다.
- *Rhizopus oryzae* 자바의 라지 곡자에서 분리된 균으로 균총은 흑색이고 접합포자는 형성하지 못한다. 전분 당화력이 강하여 아밀로법에 의한 알코올 제조에 사용된다. 수크로오스(sucrose)를 발효시켜 알코올, 푸마르산, 젖산 등을 생산하며, 인도네시아의 전통주 아락(arak) 및 템페(tempeh) 등의 제조에 이용한다.

③ *Absidia* 속

전체적인 형태로는 포복지와 가근이 있어 *Rhizopus*와 비슷하다. 다만 포자낭병이 가근의 기부가 아닌 가근과 가근의 중간에서 발생한다. 토양에 광범위하게 분포하며, 고량주의 곡자(누룩)에서 분리되었다. 동물의 병원균이기도 하며, 통조림 식품의 부패를 일으킬 수 있다.

- *Absidia lichtheimi* 중국산 소홍주의 곡자(누룩)에서 분리한 균이며, 처음 균총은 백색이었다가 자라면서 회백색이 된다.

④ *Thamnidium* 속

포자낭병의 맨 끝에 포자낭을 만들고 기부 근처에 소포자낭이 부착되어 발생한다. 소포자낭은 포자낭과 같은 형태이지만 그 속에 적은 수인 2~12개의 포자가 들어 있다.

- *Thamnidium elegans* 포자낭은 암갈색이고 저온저장 중인 육류에서 부패를 일으킨다.

2) 순정균류

(1) 자낭균류

자낭균류는 균사에 격벽이 있는 순정균류이며, 유성적으로는 자낭 속에 자낭포자를 내생하지만 보통은 무성적으로 균사에 그 균종 특유의 분생자병(conidiophore)을 형성한다. 그 위에 무성포자인 분생자 혹은 분생포자라는 외생포자를 형성하여 증식한다. 유성생식을 할 때 자낭포자를 생성하여 증식한다. 자낭균류는 자낭 속에 8개의 자낭포자를 형성하는 반면에 순정균류는 형성하는 포자의 수가 일정하지 않다.

자낭균류는 자낭이 그대로 노출되어 있는 반자낭균류(Hemiascomycetes), 자낭이 자낭과로 싸여 있는 진정자낭균류(Euascomycetes), 그 외 소방자낭균류(Loculoascomycetes)의 3가지 아강으로 나눈다. 식품에서 중요한 곰팡이는 진정자낭균류에 속하는 *Aspergillus* 속(누룩곰팡이), *Penicillium* 속(푸른곰팡이), *Monascus* 속(홍국곰팡이), *Neurospora* 속(빨간곰팡이) 등이다.

① *Aspergillus* 속(누룩곰팡이)

Aspergillus 속은 누룩곰팡이, 국곰팡이, 코지곰팡이 등으로 불리기도 하며, 된장, 간장 등 장류공업, 약주, 탁주 등 주류공업에서 이용된다. 장류 제조에는 단백질 분해력, 주류 제조에는 전분 분해력이 강해야 하는데 *Aspergillus* 속은 단백질 분해효소(protease)와 전분 분해효소(amylase) 생산능력이 우수하다. 균사는 격벽이 있고 색깔은 무색이며, 균사의 일부가 두껍게 팽배한 병족세포(foot cell)로부터 분생자병이 분기한 후 그 끝에 정낭(vesicle)이 생기고 그 위에 경자(sterigmata)가 착생하여 분생포자가 생성된다. 균총의 색깔은 처음 균사가 나타날 때 무색 혹은 백색이다가 나중에 분생포자가 생성되면서 이들 색깔에 따라서 백색, 황색, 흑색, 녹색 등 다양한 색깔을 띠게 되어 백국균, 황국균, 흑국균이라고 한다 그림 6-7.

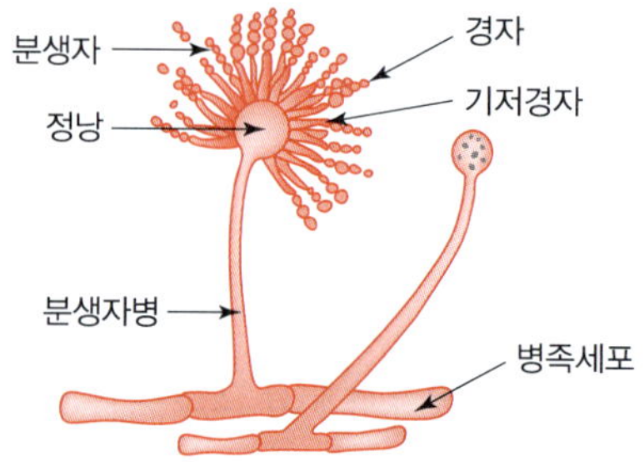

그림 6-7 *Aspergillus* 속의 형태

- ***Aspergillus oryzae*** 누룩곰팡이와 코지곰팡이의 대표적 균종이며, 황국균이라고도 불린다. 전분 당화력과 단백질 분해력이 강하여 주류공업과 장류공업에 널리 사용되며, 생육 적온은 30℃ 정도이다. 각종 단백질 분해효소(protease)와 전분 분해효소(amylase)를 다양하게 생성하므로 코지로부터 이들 효소를 추출하여 소화제 제조에 사용한다. 균총은 처음에는 백색이었다가 분생포자가 생성되면 황색으로 변하고 오래되면 갈색으로 변한다.
- ***Aspergillus niger*** 과일이나 빵에 잘 번식하는 곰팡이로 색깔이 검기에 흑국균이라고 부르는데, 라틴어 'niger'는 '검다'를 의미한다. 전분 당화력이 강하여 당액을 발효시키면 옥살산(oxalic acid), 구연산(citric acid), 글루콘산(gluconic acid) 등 다양한 유기산을 생성하여 유기산 발효공업에 활용된다. 또한 펙틴가수분해효소(pectinase)를 강하게 분비하는 균주는 과일 주스의 청징제 제조에 이용한다.

알아두기 6-3 **마이코톡신**

몇몇 종류의 곰팡이는 2차 대사생산물로 인간, 가축, 가금 또는 어류에 대하여 급성 또는 만성의 유해물질을 생산하는 것이 있는데, 이를 총칭하여 마이코톡신(mycotoxin, 곰팡이독)이라고 한다. *Aspergillus* 속에서 나오는 아플라톡신과 스테리그마토시스틴, *Penicillium* 속에서 나오는 시트리닌과 에리트로스키린 등의 곰팡이독이 발견되고 있으며, 이들은 식품을 오염시키거나 사람이나 가축에게 식중독을 일으키기도 하고 발암성을 갖는 것도 많다.

- ***Aspergillus glaucus*** 균총은 초록색이며, 삼투압이 높은 곳에서도 자란다. 주로 훈제품에서 볼 수 있는데 일본의 가다랑어(katsuobushi)에 특유한 향기를 부여한다.
- ***Aspergillus sojae*** *Aspergillus oryzae*와 비슷하나 균총이 낮게 밀집되어 있다. 단백질 분해력이 강하여 개량식 간장제조에 이용된다.
- ***Aspergillus flavus*** *Aspergillus oryzae*와 유사한 점이 많으나 균총이 처음부터 녹색인 점이 다르다. 곰팡이 독소(mycotoxin) 중에서 강력한 발암물질로 알려진 아플라톡신(aflatoxin)을 생성하는 것도 있다. 아플라톡신은 1960년대 영국의 칠면조에서 발생했던 'X병'의 원인물질이며, 독소에 침범당한 기관은 크게 확대되고 세포의 급성 괴사(necrosis) 증세와 출혈을 일으킨다.

② *Penicillium* 속(푸른곰팡이)

자연계에 널리 분포하며, 균총은 청록색인 경우가 많아서 푸른곰팡이라고 부르지만, 회백색, 적색, 황갈색을 나타내는 것도 있다. 의약품 항생제인 페니실린(penicillin)을 생산하거나 치즈의 숙성에 이용되는 유용한 곰팡이가 있는 반면, 빵이나 과일에서 잘 번식하여 과일을 부패시키는 균과 황변미(yellow disease rice)의 원인이 되는 균 등 곡식에서 유해한 균종이 존재한다. 생육 적온은 20~25℃이며 낮은 온도에서 적은 영양소로 생육이 가능하다 **그림 6-8**.

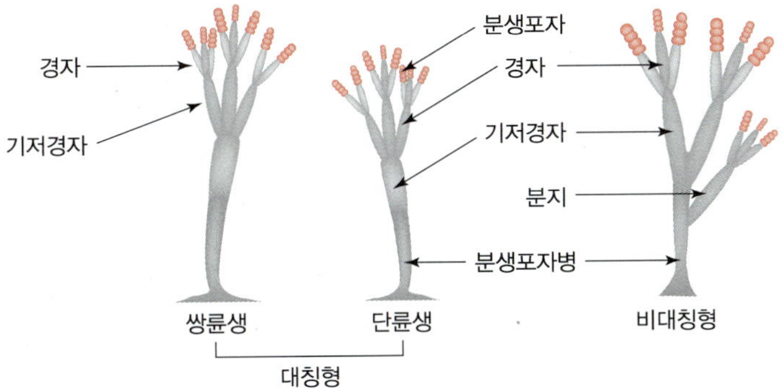

그림 6-8 *Penicillium* 속의 형태

균사는 무색투명하고 격벽이 있다. *Aspergillus* 속과 분류학상 유사하나 구조 면에서는 분생자병 끝에 정낭을 만들지 않고 직접 분기하여, 경자가 빗자루난 붓 모양으로 배열하여 추상체(penicillus)를 형성하는 점이 다르며 병족세포도 없다. 경자의 상단에는 분생포자가 염주 모양으로 외생한다. 추상체가 분기하는 않는 것을 단륜생, 분기하여 2단으로 되는 것을 쌍륜생, 그 이상으로 분기된 것을 다륜생이라 하며, 또 추상체가 분기하여 좌우대칭을 이루는 대칭형과 대칭이 아닌 비대칭형이 있다.

- *Penicillium chrysogenum* 과일에서 분리한 균으로 페니실린의 대량생산 균주로 이용되는 유익한 곰팡이이며, 페니실린을 만들 때에는 황색색소를 만들지 않은 변이주(mutant)를 사용한다. 비대칭형에 속하고 균총은 선녹색에서 회갈색으로 변하며 포자는 타원형이다.
- *Penicillium notatum* 플레밍이 발견한 최초의 항생물질인 페니실린(penicillin)을 생성한 균주로, 비대칭형이며 포자는 구형이다. 과일이나 공기 중에서 잘 검출되며 집락은 양털 모양의 청록색이다.
- *Penicillium camemberti* 프랑스의 카망베르(camembert) 치즈 숙성에 관여하여 향기를 주는 치즈제조 곰팡이이다. 비대칭형이며 양털 모양으로 자라고 처음에는 백색으로 자라다가 분생자를 형성하면서 청회색이 된다.
- *Penicillium roqueforti* 블루 치즈라 불리는 프랑스의 로크포르(roquefort) 치즈의 숙성과 향미에 관여하는 곰팡이이다. 우유단백질인 카제인(casein)을 분해하여 독특한 향기와 맛을 주며, 균사가 비대칭형인 녹색으로 치즈에 대리석 같은 반점을 형성한다.
- *Penicillium italicum* 귤에 연부병을 일으키는 과일 부패균이며, 비대칭형으로 집락이 청록색으로 자라며 주변에 백색대를 형성한다.
- *Penicillium expansum* 사과와 배의 저장 중 연부병을 일으키는 부패균으로 집락은 청록 혹은 회록색이다.
- *Penicillium digitatum* 감귤류를 부패시키는 원인균이며 비대칭형이다.

- *Penicillium citrinum* 쌀을 노랗게 변색시키는 황변미의 원인균이며, 신장 장애를 일으키는 황색 유독색소인 시트리닌(citrinin)을 생성한다.
- *Penicillium islandicum* 황변미의 원인균으로, 루테오스카이린(luteoskyrin), 사이클로클로로틴(cyclochlorotin), 이슬란디톡신(islanditoxin)과 같은 독소를 생성한다. 쌍륜생의 비대칭형이다.
- *Penicillium toxicarium* 단윤생이며 황변미의 원인균으로 곰팡이 독소인 시트레오비리딘(citreoviridin)을 생산하는데, 이 독소는 인체의 중추신경에 작용하여 전신마비 및 호흡곤란을 유발한다.

③ *Monascus* 속(홍국곰팡이)

진분홍색 색소인 모나스코르빈(monascorbine)을 생성하므로 균총은 선홍색을 나타낸다. 균사는 분기하여 격벽을 가지며, 균사의 끝에 폐자기를 형성하고 그 속에 타원형 혹은 구형의 자낭포자를 형성한다. 무성생식 때는 균사의 곁가지에 분생포자가 연결되어 착생한다 그림 6-9.

- *Monascus purpureus* 중국의 남부 지역, 말레이시아 등에서 쌀에 이 곰팡이를 번식시켜 붉은색 누룩인 홍국을 만들고 이것으로 술을 빚어 홍주를 양조하는 데 이용한다. 균사의 색깔은 초기에는 무색이나 차차 분홍색으로 변한다.

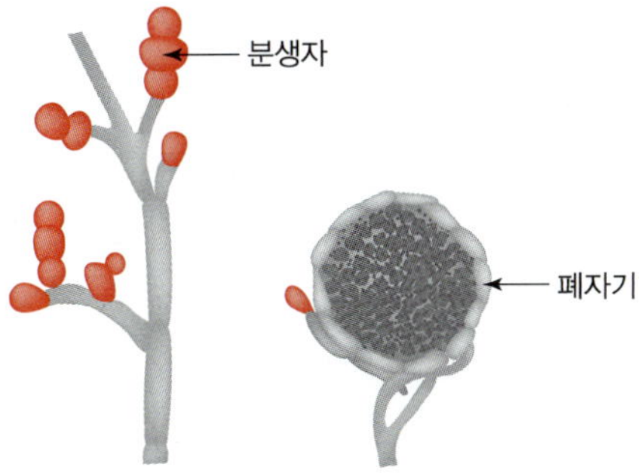

그림 6-9 *Monascus* 속의 형태

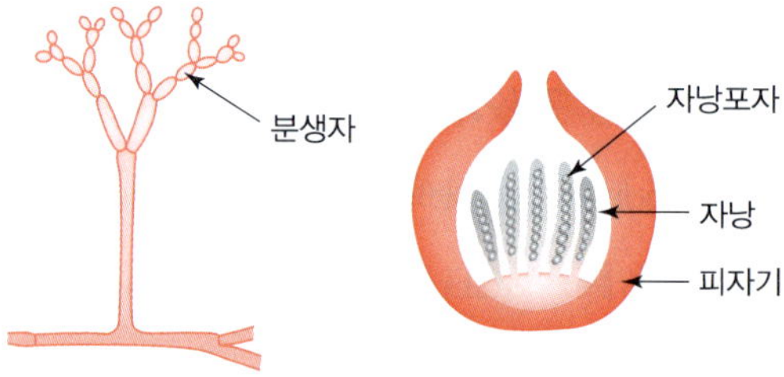

그림 6-10 *Neurospora* **속의 형태**

- *Monascus anka* 대만이나 중국에서 홍국의 종균으로 사용되고 홍유부의 제조에 이용된다. *Monascus purpureus*와 유사하나 균사는 생육 초기에 바로 홍색이 된다.

④ *Neurospora* 속(빨간곰팡이)

고온다습한 여름철에 옥수수의 속대에서 흔하게 번식하여 오렌지색으로 나타나며, 빵에도 잘 발생하기 때문에 붉은빵 곰팡이로 불린다. 피자기 안에 자낭을 형성하여 자낭포자를 4~8개 정도 만들고, 무성생식 때는 오렌지색 또는 담홍색의 분생포자가 가루처럼 덩어리되어 착생한다 그림 6-10.

- *Neurospora sitophila* 홍색의 무성포자인 분생포자를 착생한다. 포자에는 카로틴(carotene) 색소가 함유되어 있다. 이 곰팡이를 땅콩에 번식시키면 지방 분해효소(lipase)를 강하게 분비하여 온쫌(ontjom)이라는 인도네시아 발효식품을 만들기도 한다.

(2) 불완전균류

진균류 중에서 유성생식을 하지 못하는 균류, 즉 핵융합을 하는 유성생식이 확인되지 않거나, 유성생식이 알려진 균류의 불완전세대(무성생식)를 불완전균류로 지칭한다. 불완전균류는 균사체와 무성포자로만 증식하며, 병자각균목, 흑분균목, 선균목, 무포자균목 4가지로 분류된다. 병자각균목과 흑분균목은 거의 식

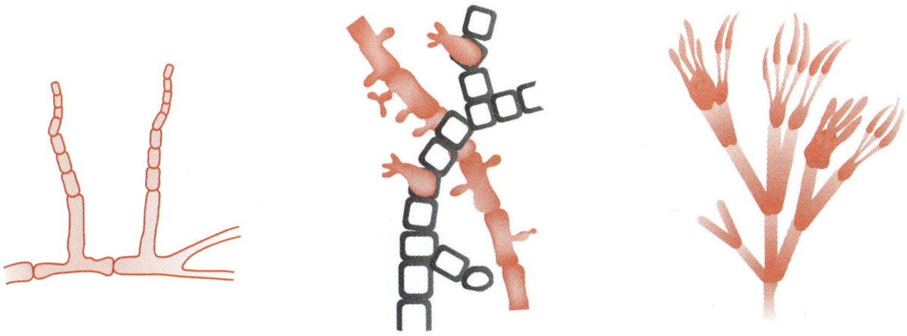

Geotrichum 속 *Cladosporium* 속 *Fusarium* 속

그림 6-11 여러 가지 불완전균류의 형태

물의 병원균이 많고, 선균목에 중요한 불완전균류가 많은데 이들에는 담색선균과, 암색선균과, 류상균과가 있다. 현재까지 알려진 불완전균류는 1만 5,000종 이상으로 곰팡이 외에도 무포자 효모와 사출포자 효모를 포함한다 그림 6-11.

① 담색선균과

- ***Geotrichum* 속** 우유 및 유제품에 잘 번식하고 *Geotrichum candidum* 이라는 백색곰팡이는 제과 및 전분공장의 폐수에도 잘 발생하는 유해균이다.
- ***Cephalosporium* 속** 집락은 백색 또는 담색이며 항생물질인 세팔로스포린 C(cephalosprin C)를 생산한다.
- ***Botrytis* 속** 균총은 회색이고 포도나 딸기 등에 잘 발생하는 부패균이다.
- ***Trichoderma* 속** 버섯재배용 목재에 번식하는 유해균으로, 목재에서 잘 발생한다. 셀룰로오스를 분해하는 효소인 셀룰라아제(cellulase) 활성이 있다.

② 암색선균과

- ***Cladosporium* 속** 균총은 암녹색 혹은 흑색이다. 냉장 수육, 달걀 껍데기, 양조장의 유해균으로 흑색 반점을 만들며, 습한 맥아, 호프, 목재 등에 번식한다. 우유에 쓴맛을 내기도 한다.

③ 류상균과

- ***Fusarium* 속** 식품에 잘 발생하고 토양 중 널리 분포하며 식물의 뿌리와 잎으로 침입하는 병원균이다. *Fusarium moniliforme*는 벼에 생기는 키다리병의 원인균이며, 벼의 모를 웃자라게 하는 물질인 지베렐린의 생산균이다. *Fusarium*의 대표적 곰팡이 독소인 제랄레논은 젖소 사료의 곰팡이 독소로 알려져 있다.

표 6-3 식품에 중요한 곰팡이

분류	관용명	특징	종류
접합균류	털곰팡이	약한 알코올 발효력, 단백질이나 유지를 분해하는 낙농업의 유해균	*Mucor mucedo*
		부패한 과일에서 발생, 알코올 발효력, 비타민 B_1, B_2와의 합성력이 강함	*Mucor racemosus*
		치즈 응유효소 생산 균주	*Mucor pusillus*
		전분 당화력 강함, 아밀로법에 의한 알코올 발효 이용	*Mucor rouxii*
	거미줄곰팡이	고구마 연부병	*Rhizopus nigricans*
		알코올 생산 및 유기산 발효공업에 이용	*Rhizopus delemar* *Rhizopus javanicus* *Rhizopus japonicus* *Rhizopus tokinensis*
		곡자(누룩)에서 분리	*Absidia lichtheimi*
		냉장 수육, 소포자낭 형성	*Thaminidium elegans*
자낭균류	누룩곰팡이	코지곰팡이 · 황국균, 전분 당화력 및 단백질 분해력 우수, 주류공업에 이용	*Aspergillus oryzae*
		흑국균, 과일이나 빵, 과일주스의 청징제	*Aspergillus niger*
		일본의 가다랑어(katsuobushi)에 특유한 향기 부여	*Aspergillus glaucus*
		개량식 간장제조	*Aspergillus sojae*
		곰팡이 독소(mycotoxin) 아플라톡신 생성	*Aspergillus flavus*
		백국균, 탁주 제조	*Aspergillus kawakii*
	푸른곰팡이	페니실린의 대량생산 균주	*Penicillium chrysogenum*
		플레밍(Fleming)이 발견한 최초의 항생물질인 페니실린 생성 균주	*Penicillium notatum*

(계속)

분류	관용명	특징	종류
자낭균류	푸른곰팡이	프랑스의 카망베르 치즈 숙성	*Penicillium camemberti*
		블루 치즈, 프랑스의 로크포르 치즈의 숙성과 향미	*Penicillium roqueforti*
		청록색, 귤에 연부병을 일으키는 과일 부패균	*Penicillium italicum*
		청록 · 회녹색, 사과와 배의 저장 중 연부병 유발	*Penicillium expansum*
		감귤류 부패	*Penicillium digitatum*
		황변미 원인균	*Penicillium citrinum* *Penicillium islandicum* *Penicillium toxicarium*
	홍국곰팡이	쌀에 번식시켜 붉은색 누룩 홍국을 만들고 홍주 제조	*Monascus purpureus*
		홍국의 종균으로 사용되고 홍유부의 제조	*Monascus anka*
	빨간곰팡이	붉은빵 곰팡이	*Neurospora* 속
		땅콩발효식 온쫌(ontjom) 제조	*Neurospora sitophila*
불완전균류		우유 부패	*Geotrichum candidum*
		항생물질, 세팔로스포린 C 생산	*Cephalosporium* 속
		회색, 포도나 딸기 부패	*Botrytis* 속
		목재 부패, 셀룰로오스 분해효소(cellulase) 활성 있음	*Trichoderma* 속
		암녹색, 냉장 수육 및 달걀 부패	*Cladosporium* 속
		벼의 키다리병, 식물성장호르몬 지베렐린 생산균	*Fusarium moniliforme*

5. 담자균류(버섯)

1) 버섯의 특징 및 분류

버섯은 고등 미생물로서 대부분 담자균류에 포함되며, 아주 소수만 자낭균류에 속한다. 국내 버섯의 종류가 다양한 이유는 식생이 풍부하여 기생하는 버섯의 종류가 많기 때문이다. 버섯은 광합성을 못하고 식물이나 동물에 기생한다.

만니트와 트레할로오스라는 당성분을 가져 독특한 단맛을 낸다. 세포벽은 키틴질을 함유하고 있다. 번식기관인 포자가 존재하는 자실체가 비대하게 큰 진균류로 버섯의 자실체가 식용부에 해당한다. 버섯은 생성단계에 따라 1차(1핵 균사), 2차(2핵 균사), 3차(버섯) 균사의 3단계로 구분하는데, 우리가 먹는 식용버섯은 자실체가 나타나는 3차 균사 단계의 것이다 그림 6-12.

대부분의 버섯은 분류학상 담자균류에 속하며, 일부는 자낭균류에 속하기도 한다. 담자균류는 균사에 격막이 있고, 담자포자인 유성포자가 담자기 위에 외생하는 것인데, 담자기에 격막이 없고 분지하지 않는 동담자균류와 담자기가 부정형이고 간혹 격막을 가지거나 분지된 이담자균류로 나뉜다. 동담자균류는 진정담자균류라고도 하며 균심류와 복균류로 구별된다. 이담자균류는 5개의 목으로 구성되어 있다.

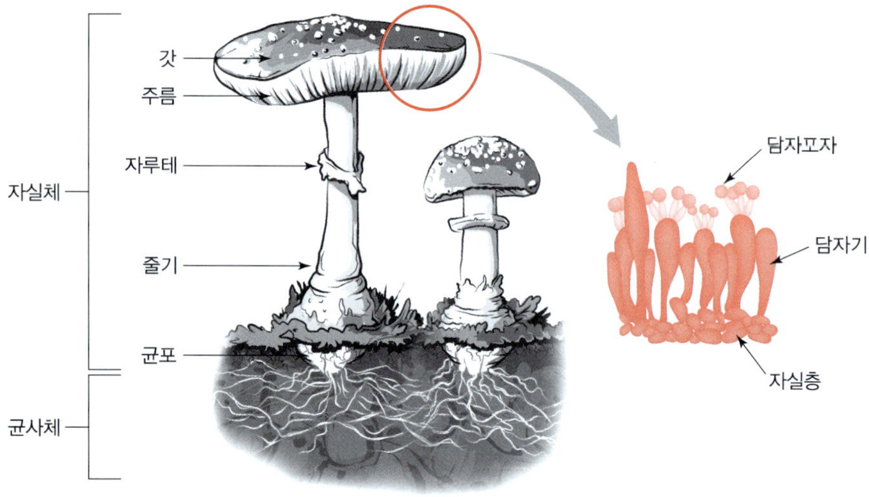

그림 6-12 버섯의 구조 및 형태

2) 버섯의 생활사

버섯은 진균류 중에서 대형의 자실체를 형성하는 것을 총칭한다. 버섯의 식용부인 갓과 주름에는 담자기가 나열되어 있고, 담자기 안에 핵이 융합하여 감수분열하면 경자마다 4개의 담자포자를 생성한다. 담자포자가 공기 중으로 날아다니다가 온도와 영양분이 적당한 환경이 되면 담자포자를 발아하여 1차 균사를 형성하는데, 1차 균사에는 세포 내에 1개의 핵이 있어 1핵 균사라고 한다. 그 후 1차 균사와 1차 균사가 만나서 세포질만 융합되고 핵은 융합되지 않는 상태가 되면 2차 균사 혹은 2핵 균사 단계가 된다. 2핵 균사 단계에서 세포가 분열될 때 취상돌기(균반, clamp connection)라는 독특한 돌기가 균사 마디마디마다 형성되는 점이 담자균류만의 특징이다. 2차 균사는 영양, 온도, 습도 등의 환경이 적절히 갖추어지면 더욱 성장하여 어린 버섯의 갓 부분이 형성되면서 자실체인 버섯을 만들게 되는데 이를 3차 균사라고 한다 그림 6-13.

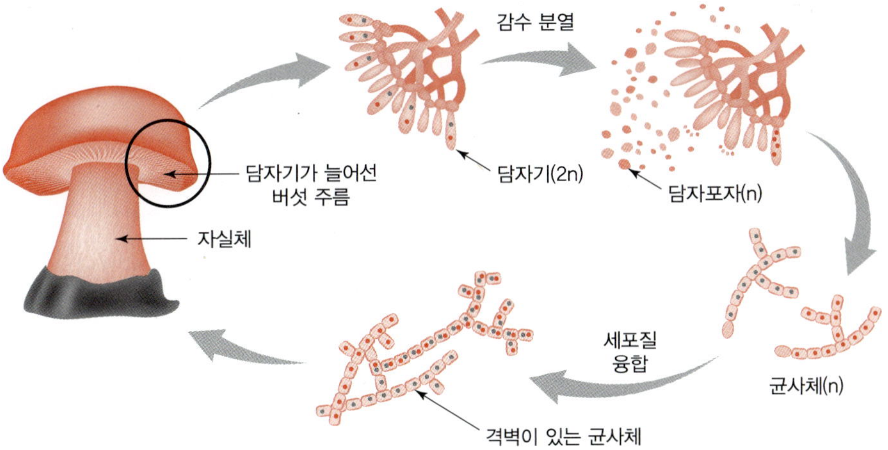

그림 6-13 버섯의 생활사

3) 버섯의 종류

식용버섯의 대부분은 송이버섯목에 속하며, 대표적으로 송이버섯, 양송이버섯, 느타리버섯, 표고버섯이 있다. 흰목이버섯목에 흰목이버섯이, 목이버섯목에 목이버섯이 있다. 약용버섯에는 각종 비타민과 에르고스테롤(ergosterol) 같은 성분이 포함되어 약효를 나타내는 것이 있으며, 대표적으로 상황버섯과 동충하초 등이 있다. 광대버섯, 화경버섯, 외대버섯 등은 주의가 필요한 독버섯인데, 외관만으로는 구분이 어려우므로 처음 보는 버섯은 식용으로 섭취하지 않도록 주의한다. 버섯 중 땀버섯에는 무스카린(muscarine), 알광대버섯에는 팔린(phaline)과 같은 유독성분이 있는데, 일반적으로 위장 증상과 뇌신경 증상을 일으키며 침과 땀 분비를 촉진하고, 구토, 불안, 설사 등의 증세를 유발한다. 심하면 사망하는 경우도 있다.

M E M O

F O O D M I C R O B I O L O G Y

CHAPTER

7

바이러스

바이러스

CHAPTER 7

바이러스는 다른 미생물들과 구조 및 기능에 큰 차이가 있다. 특히, 유전정보를 보유하고 있으나 혼자서는 이를 발현할 수 없기에 적당한 숙주가 있어야 생명활동을 수행할 수 있다. 해마다 유행하는 독감과 전 세계적으로 확산된 호흡기 질환 중 일부의 원인이 바로 인플루엔자 바이러스(influenza virus)로 대표되는 바이러스 때문이다. 바이러스는 일반적으로 식품에서 증식하지는 않지만, 식품이나 작업자, 오염된 물을 통해 식품 사이에 쉽게 전파된다. 노로바이러스(norovirus)로 대표되는 식중독 바이러스들은 적은 양의 감염으로도 발병할 수 있으며, 2차 감염으로 인한 집단 식중독을 유발한다. 따라서 이를 예방하기 위해 바이러스의 구조와 종류를 이해하고 박테리오파지 및 식중독 바이러스의 생활사를 배울 필요가 있다.

1. 바이러스의 발견

대부분의 바이러스 입자는 직경이 약 20~250nm로 매우 작아 현미경으로도 발견하기 어려웠다. 1886년 아돌프 메이어(Adolph Meyer)는 담배 식물의 질병이 식물의 액체 추출물을 통해 병든 식물에서 건강한 식물로 옮겨질 수 있음을 보여주었다. 그 이후, 1892년 드미트리 이바노프스키(Dmitri Ivanovsky)는 미생물이 통과하지 못하는 필터를 이용하여 액체 추출물의 모든 살아 있는 미생물을 제거하고도 질병이 옮겨지는 것을 보여주며, 새로운 유형의 매우 작은 질병을 일으키는 입자의 존재를 예측하였다. 하지만 크기가 매우 작아 오랜 세월 관찰할 수 없었으며, 1930년대 후반 전자현미경이 개발되고 나서야 1939년 헬무트 루스카(Helmut Ruska)가 처음으로 이러한 작은 입자가 담배모자이크 바이러스(tobacco mosaic virus, TMV)임을 밝혀냈다 그림 7-1.

1915년 영국의 세균학자 프레데릭 트워트(Frederick Twort)는 세균을 감염시키고 죽이는 작은 병원체를 발견한다. 그는 이 작은 병원체가 세균의 생애주기의 한 단계, 세균 자체가 생산하는 효소, 세균에 증식하여 파괴한 바이러스 중 하나일 것으로 예측한다. 이와 독립적으로 1917년 프랑스 미생물학자 펠릭스 데렐(Félix d'Hérelle)은 이질균에 기생하는 바이러스를 발견하고 이를 '박테리아를 먹는 자'라는 의미의 박테리오파지(bacteriophage)라고 명명한다. 이후부터 박테리오파지는 파지 또는 세균 바이러스라고도 불리며, 세균을 감염시키는 바이러

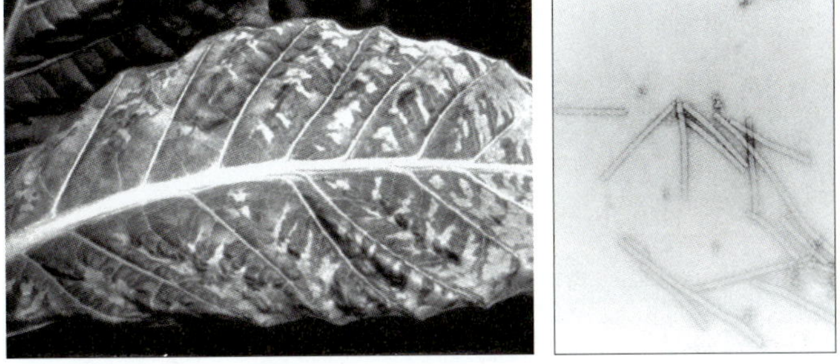

그림 7-1 담배모자이크 바이러스에 감염된 식물 및 전자현미경 관찰본

스 그룹으로 여겨지고 있다.

식품이 최초로 바이러스의 매개체로 확인된 것은 1914년 소아마비 발병의 매개체로 발견된 우유 원료이다. 이후에도 1918년 오하이오주 노워크(Norwalk)의 초등학교에서 발생하여 어린이와 성인 모두에게 감염시킨 후 노로바이러스가 발견되었으며, 세균 및 기생충에 의한 위장염과 유사한 증상을 보이는 다양한 식중독 유발 바이러스가 발견되었다.

2. 바이러스의 구조

바이러스는 일반적으로 세균보다 훨씬 작으며 다양한 크기와 모양을 나타낸다 그림 7-2. 대부분의 바이러스는 직경 20~300nm의 구형이며, 일부는 직경이

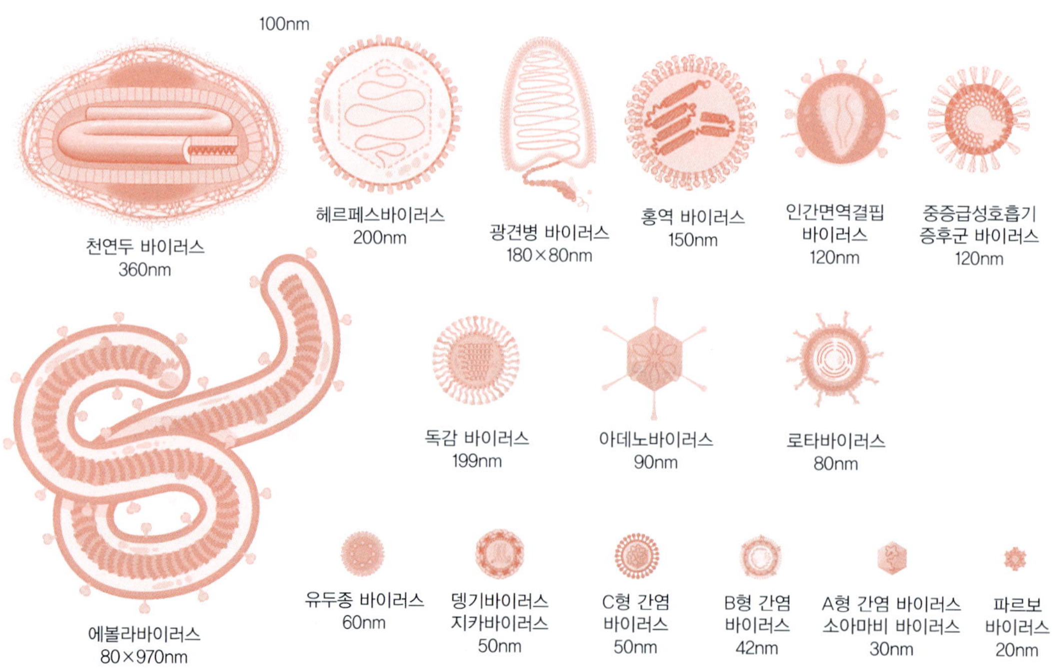

그림 7-2 바이러스의 크기와 종류

약 80nm지만 길이가 최대 1,400nm인 경우도 있다. 완전한 바이러스 입자를 비리온(virion)이라고 하는데, 이는 유전정보인 핵산과 단백질 보호막인 캡시드(capsid)로 구성되며, 일부 바이러스는 숙주세포의 세포막에서 유래한 지질인 외피(envelope)를 가질 수 있다.

알아두기 7-1 **바이러스와 세균의 차이점**

바이러스와 세균은 비슷해 보이지만 여러 가지 면에서 다른 특징을 가지고 있다. 바이러스는 숙주가 있어야만 생존과 증식을 할 수 있으므로, 바이러스의 생존력은 '다시 숙주세포 안에 침투할 수 있는지, 침투한 이후에 증식할 능력이 있는지'로 판단한다. 이전에는 감염병의 원인이 대부분 세균이었지만, 최근 유행하는 감염병인 코로나, 메르스, 사스 같은 호흡기 질병은 물론 에이즈, 간염, 식중독 등은 주로 바이러스가 원인이다.

바이러스의 전염성은 기온과 관련이 있는데, 온도가 낮아지면 바이러스 입자는 조금 더 작고 견고해지며 우리 몸의 면역력은 낮아지므로 일반적으로 겨울철에 더 높은 전파력을 보인다. 특히, RNA 바이러스는 DNA 바이러스와 외형이나 크기에서 차이는 없으나, 숙주세포에 침투한 후 유전정보를 복제하는 과정에서 DNA 바이러스보다 돌연변이가 일어날 확률이 1,000배 이상 높다. 그 이유는 RNA만이 가지는 수산기(–OH)의 반응성이 높아 불안정하며, DNA와는 다르게 유전자 복제과정에서 돌연변이를 수정하는 방법이 없기 때문이다. 따라서 최근 유행하는 코로나 바이러스를 포함하여 대부분의 RNA 바이러스는 백신의 개발이 그만큼 어렵다.

구분	바이러스	세균
크기	30~700nm	1~5μm(1,000~5,000nm)
형태	원시구조체	유기생물, 단세포
관찰	전자현미경으로만 겨우 관찰 가능	일반 현미경으로 관찰 가능
구조	유전정보와 이를 둘러싼 단백질	세포막, 세포벽, 핵, 단백질 등
증식	자체 증식이 불가능하며 반드시 숙주가 존재하여야 증식 가능	온도, 습도, 영양성분 등이 적절하면 자체 증식 가능
발병량	미량(10~100) 개체로도 발병 가능	일정량(수백~수백만) 이상의 균이 존재하여야 발병 가능
증상	설사, 구토, 복통, 메스꺼움, 발열, 두통 등으로 증상은 유사함	
치료법	백신, 항바이러스제, 대증요법	백신, 항생제, 대증요법
2차 감염	대부분 2차 감염됨	2차 감염되는 경우는 거의 없음

1) 유전정보 핵산

바이러스의 유전정보는 주로 바이러스의 단백질을 암호화하는 DNA 또는 RNA 핵산으로 구성된다. 또한 핵산의 유형과 관계없이 짝을 이루지 않는 단일 가닥(single-stranded) 또는 사다리 구조와 유사하게 상보적인 쌍을 이루는 이중 가닥(double-stranded)을 가진다. DNA를 핵산으로 가지는 DNA 바이러스는 유전정보의 복제를 위해 숙주세포의 DNA 및 RNA 합성 효소를 필요로 한다. 원핵생물인 세균의 경우는 세포 안에서 유전정보의 복제가 가능하지만, 진핵생물의 경우는 핵막을 통과해야 복제가 가능하다. 이와는 다르게 RNA를 핵산으로 가지는 RNA 바이러스는 유전정보의 복제를 위해 자신의 RNA 복제 효소를 이용하므로 대부분 세포질에서 모두 복제가 가능하다는 차이가 있다.

2) 단백질 보호막 캡시드

캡시드는 유전정보를 둘러싸고 있는 바이러스의 단백질 보호막이다. 바이러스는 극한의 pH, 온도, 분해 효소 등 화학적·물리적 인자로부터 유전정보를 보호하기 위해 이러한 안정적이며 단단한 보호장치가 필요하다. 대부분의 바이러스는 나선형 또는 정이십면체형 구조의 캡시드를 가지고 있으며, 박테리오파지는 더 복잡한 구조를 가진다. 나선형 바이러스(담배모자이크 바이러스)의 구조는 용수

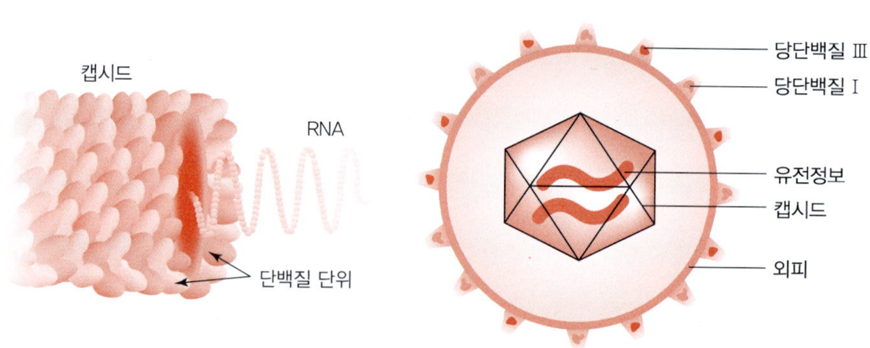

그림 7-3 나선형 바이러스 및 정이십면체형 바이러스의 구조

철과 유사한 원기둥 모양을 형성하며, 정이십면체형 바이러스(거대 세포바이러스)는 20개의 정삼각형 면이 구 모양을 형성한다. 바이러스가 숙주세포를 감염시키고 유전정보의 복제를 시작하면 숙주세포의 단백질 합성 기작을 이용하여 새로운 자신의 캡시드를 합성하고 내부에 복제된 유전정보를 담아 보호한다.

3) 숙주세포 유래 외피

일부 바이러스는 가장 바깥쪽 외부에 숙주세포로부터 유래한 외피를 가진다. 외피는 일반적으로 인지질 및 단백질로 구성된 숙주 세포막의 일부로 이뤄지지만, 일부 바이러스는 숙주 세포막의 수용체를 식별하고 결합하는 당단백질을 포함하기도 한다. 숙주의 세포막과 유사한 성분으로 숙주의 세포막과 쉽게 융합할 수 있으며, 이를 통해 캡시드와 유전정보를 침투시켜 숙주세포를 감염시킨다. 또한 바이러스의 외피는 숙주세포들 사이를 이동할 때 발생할 수 있는 유전정보의 손상을 방지하며 숙주의 면역 체계를 피하는 것에 도움을 주기도 한다. 따라서 외피를 보유한 바이러스는 면역 체계를 피해 빠른 돌연변이를 생성하며 뛰어난 적응력을 가져 지속적인 감염을 일으킬 수 있으나, 지질 이중층 구조의 외피는 캡시드보다 상대적으로 외부 환경에 민감하여 외피가 없는 바이러스보다는 살균하기 쉬운 편이다.

3. 박테리오파지

박테리오파지(bacteriophage)는 세균만을 숙주세포로 해서 감염시키는 바이러스를 통칭하는 용어로 파지(phage)라고도 한다. 미국의 경우, 특정 병원성 세균을 제어하기 위한 박테리오파지 사용이 가능하므로 다양한 상업용 제품군이 출시되고 있으나, 우리나라에서는 가축 사료에 국한해서만 첨가할 수 있으며, 아직 식품에는 식품첨가물로 허가되지 않아 사용할 수 없다. 박테리오파지는 숙주세포 속에서 자가 증식 능력이 있으므로 재생산될 수 있어 경제적이다. 또한 숙주에 대한 특이성이 매우 높아 인체에 무해하며, 식품 내에서 매우 안정적으로 존재할 수 있고, 식품의 품질에 영향을 미치지 않는 장점이 있다. 반면에 숙주세균의 범위가 한정적이며, 무엇보다도 식품에 살아 있는 바이러스를 사용한다는 점에서 소비자의 거부감이 있는 것이 단점이라 할 수 있다.

1) 박테리오파지의 구조

박테리오파지의 구조는 다면체의 머리 부분과 나선형의 꼬리 부분으로 구성된다 그림 7-4. 머리 부분은 적게는 4개, 많게는 수백 개의 유전자를 암호화하는 DNA 또는 RNA의 유전정보를 캡시드가 둘러싸고 있는 형태이다. 꼬리 부분은 환형 고리가 있는 수축성 덮개(sheath)가 둘러싼 형태이며, 말단부는 각 모서리에 꼬리 섬유(tail fiber)가 있는 기저판(baseplate)으로 구성된다. 박테리오파지는 이 꼬리 섬유의 도움으로 숙주세포인 세균에 달라붙는다.

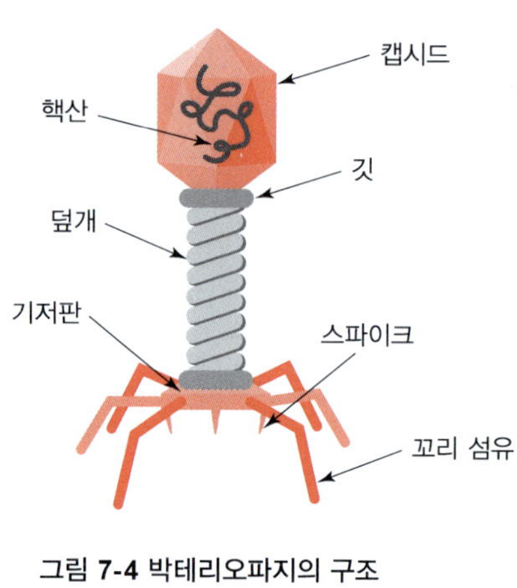

그림 7-4 박테리오파지의 구조

2) 박테리오파지의 생활사

(1) 용균성 주기

박테리오파지에 의한 병원성 세균의 사멸은 다른 바이러스와 마찬가지로 용균성 주기(lytic cycle)에 기인한다. 박테리오파지가 숙주세균의 표면에 부착한 후 박테리오파지의 유전물질인 DNA 또는 RNA를 숙주세포 내부로 주입한다. 숙주세포에 주입된 박테리오파지의 유전물질은 숙주세포의 유전자 복제 시스템을 이용하여 내부에서 복제되며 증식한다. 일정한 수까지 증식하면 숙주세포의 세포막 성분을 분해할 수 있는 특정 효소가 생산되고, 이로 인해 세포막이 파괴되어 숙주세균의 세포가 터지게 된다 그림 7-5.

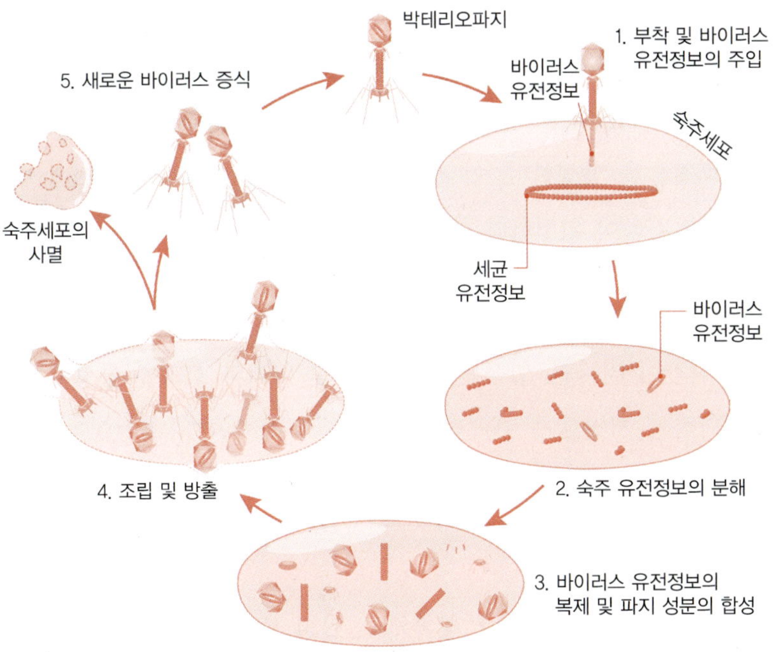

그림 7-5 박테리오파지의 용균성 주기

① 부착

박테리오파지가 숙주세포인 세균의 표면에 붙는 과정을 부착(adsorption)이라고 한다. 박테리오파지의 꼬리 부분을 형성하는 꼬리 섬유의 끝은 세균 세포 표면의 특정 수용체에 부착된다.

② 침투

박테리오파지의 꼬리 덮개는 부착 단계 후 수축하며, 꼬리 부분의 기저판과 꼬리 섬유가 세균 세포에 단단히 부착된다. 박테리오파지는 세균의 세포막을 파괴하는 뮤라미데이즈(muramidase) 효소로 세균 세포벽의 일부를 약화시키고 이 부분으로 침투(penetration)한다. 이 과정에서 박테리아파지의 유전정보가 세균 세포 내부에 주입된다.

③ 파지 성분의 합성

새로운 박테리오파지의 구성요소는 핵산이 세균 세포로 주입된 후에 생성된다. 초기에 생성되는 특정 단백질 효소들이 박테리오파지의 머리와 꼬리를 형성하는 단백질들을 합성한다. 이 시기에 세균 세포의 핵과 세포질에 박테리오파지의 구성요소들이 위치한다.

④ 성숙과 조립

어느 정도 시간이 지나면, 합성된 유전정보 및 머리와 꼬리를 형성하는 단백질들이 조립되며 유전정보가 단백질 캡시드로 둘러싸인다. 최종으로 꼬리 구조가 추가되면서 비리온을 형성한다.

⑤ 방출

감염된 세균 세포가 용해되며 새롭게 조립된 박테리오파지가 외부로 방출(release)된다. 방출되는 중에도 박테리오파지의 효소가 세균의 세포벽을 약화시킨다.

(2) 용원성 주기

박테리오파지는 용균성 주기 외에 용원성 주기(lysogenic cycle)도 가지는데, 주입된 박테리오파지의 유전정보가 숙주세균의 DNA 사이에 삽입된다. 숙주세균의 DNA에 삽입되어 함께 행동하는 박테리오파지의 특정 유전자를 프로파지(prophage)라고 한다. 이는 숙주세균이 증식할 때 같이 복제되기 때문에 숙주세균에 영향을 주지 않는 상태로 박테리오파지의 유전자를 자유롭게 복제할 수 있다. 환경에 따라 프로파지는 숙주세균의 DNA에서 빠져나와 다시 용균성 주기를 통해 숙주세균을 파괴할 수도 있다 **그림 7-6**.

① 부착 및 침투

용균성 주기와 마찬가지로 박테리오파지는 꼬리 부분을 이용하여 숙주세포의 표면에 부착하고, 침투하여 박테리오파지의 유전정보를 숙주세포로 주입한다. 유입된 박테리오파지의 유전정보는 숙주세포 내에서 고리 모양을 이루며, 이 시점에서 발생하는 특정한 요소들이 해당 박테리오파지가 용균성 주기를 거칠지, 아니면 용원성 주기를 거칠지 결정한다.

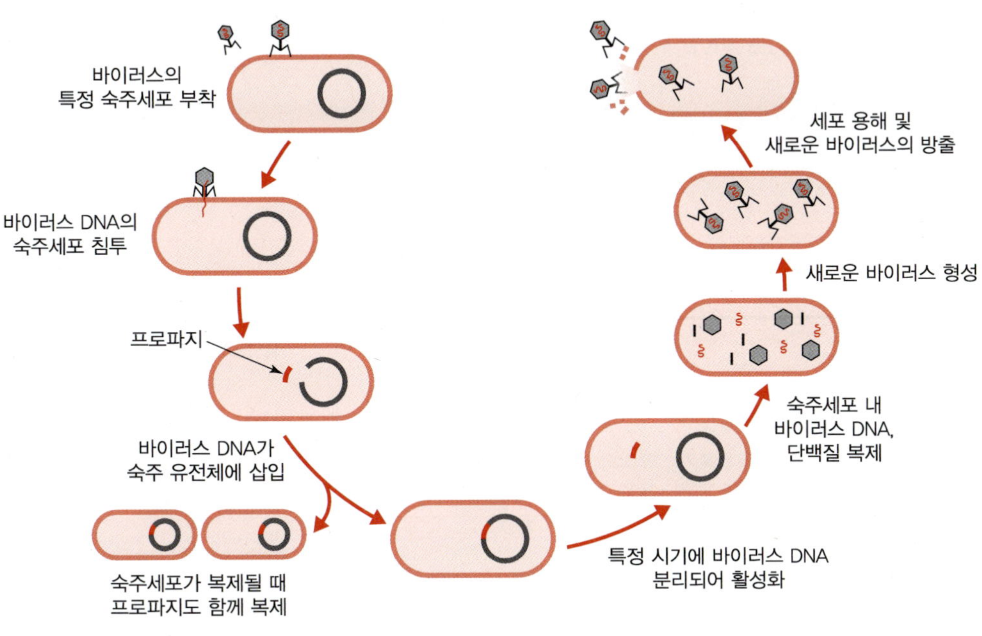

그림 7-6 박테리오파지의 용원성 주기

② 프로파지 형성

용원성 주기로 결정될 경우 박테리오파지의 유전정보는 숙주세균의 DNA 사이로 삽입된다. 박테리오파지의 유전자가 숙주세균의 DNA에 삽입되어 있는 것을 프로파지라고 하며, 숙주세포가 증식할 때마다 프로파지가 숙주세포의 유전정보와 함께 복제되므로 숙주세포에 영향을 주지 않고 박테리오파지의 유전자를 자유롭게 복제할 수 있다.

알아두기 7-2 바이러스의 성장 곡선

세균의 성장 곡선과 다르게 바이러스의 수명 주기에 대한 성장 곡선은 S자 곡선을 따르지 않는다. 바이러스의 증식 시간은 수 분에서 수 시간에 이르기까지 바이러스 종류에 따라 다양하지만, 일반적으로 바이러스의 성장 곡선은 아래와 같은 4단계로 구분할 수 있다.

1. **접종**(inoculation): 감염된 바이러스가 숙주세포에 결합하는 시기
2. **암흑기**(eclipse): 바이러스 감염 후 숙주세포 내에서 바이러스 입자의 조립이 시작되기까지 숙주세포 내에서 바이러스 입자가 발견되지 않는 시기. 이 단계에서 바이러스는 숙주세포에 결합하고 침투한 상태로 존재하기 때문에 배지에서 비리온이 검출되지 않음
3. **방출**(burst): 숙주세포가 용해되면서 많은 바이러스 입자를 배지로 방출하여 단위 부피당 비리온 수로 계산되는 바이러스 역가가 매우 급격히 증가하는 시기. 세균당 방출된 비리온의 수를 버스트 크기(burst size)라고 함
4. **분해**(degrade): 생존 가능한 숙주세포가 남아 있지 않으면 나타나며, 배양이 감소하는 동안 바이러스 입자가 분해되기 시작하는 시기

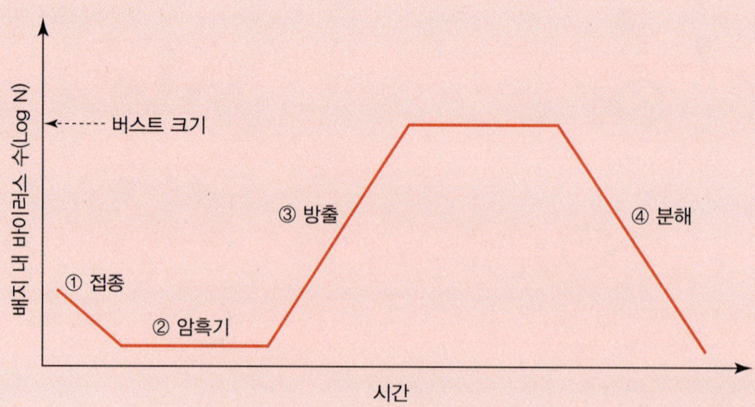

③ 용균성 및 용원성 주기의 재결정

특정 화합물 및 방사선에 의해 주위 환경이 변하면 박테리오파지는 용균성 및 용원성 주기를 다시 결정할 수 있다. 이 경우 프로파지에서 다시 숙주세포의 DNA로부터 박테리오파지 유전자가 분리되어 고리형 구조를 회복하며 특정한 인자에 의하여 부착 및 침투 과정에서처럼 용균성 주기를 거칠지, 아니면 용원성 주기를 계속 진행할지 다시 한번 결정하게 된다.

4. 식중독 바이러스

식중독은 일반적으로 오염되거나 상한 음식을 섭취하면 발병하며, 메스꺼움, 구토, 설사와 같은 증상이 나타난다. 식중독의 대표적인 원인이 세균 및 기생충으로 알려져 있지만 일부 바이러스도 식중독을 유발한다. 바이러스로 인한 식중독도 다른 식중독들과 유사한 증상을 나타내며, 노로바이러스, 아데노바이러스, 사포바이러스, 아스트로바이러스 등 다양한 바이러스가 식중독 질병을 일으키는 것으로 알려져 있다.

1) 노로바이러스

노로바이러스(norovirus, Norwalk virus)는 1968년 발병지인 오하이오주 노워크 시의 지명에서 이름이 유래됐다. 노로바이러스로 인해 매년 전 세계적으로 약 6억 8,500만 건의 질병이 발생하고 20만 명이 사망한다. 개발 도상국과 선

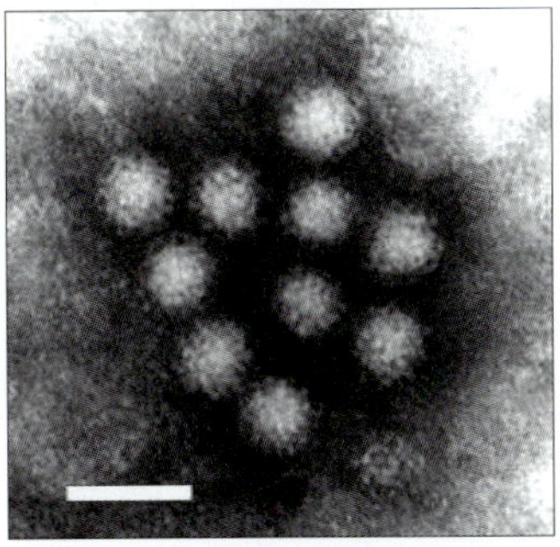

그림 7-7 전자현미경으로 관찰한 노로바이러스

진국 모두에서 발생하고 있으며, 노로바이러스 감염은 특히 겨울철에 더 많이 발생한다 **그림 7-7**.

(1) 증상

노로바이러스에 감염되면 무혈성 설사, 구토 및 복통이 주된 증상으로 발생한다. 이 외에도 열이나 두통이 발생할 수 있으며, 합병증은 드물지만 탈수현상이 있을 수 있다. 증상은 일반적으로 노출 후 12~48시간에 발생하며, 1~3일 이내에 회복된다.

(2) 감염 경로

노로바이러스는 분변 및 구강 경로를 통해 감염된다. 오염된 음식이나 물 또는 사람과 사람 사이의 접촉을 통해서도 발생할 수 있으며, 오염된 표면이나 감염된 사람의 구토물에서 나오는 공기를 통해서도 전파될 수 있으니 주의해야 한다.

(3) 예방 방법

노로바이러스 예방을 위해서는 적절한 손 씻기와 오염된 표면의 소독이 필수적이다. 노로바이러스는 외피가 없는 바이러스이므로 알코올 기반 손 소독제는 효과적이지 못하다. 노로바이러스에 대한 백신이나 특정 치료법은 없으므로, 치료를 위해서는 충분한 수액 또는 정맥 내 수액을 맞는 것과 같은 대증치료가 일반적이다.

2) 로타바이러스

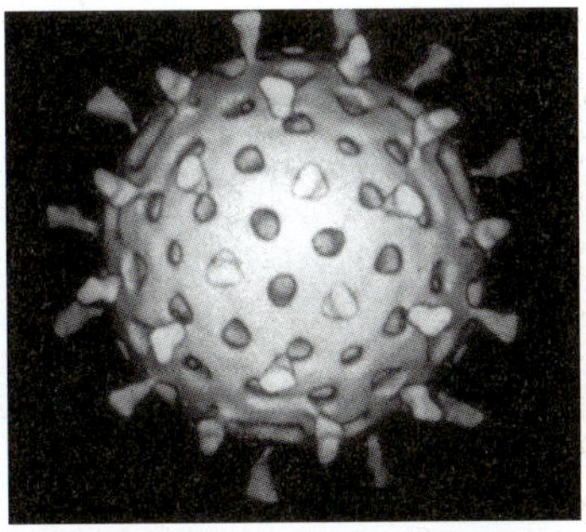

그림 7-8 로타바이러스의 구조

로타바이러스(rotavirus)는 1973년 전자현미경으로 발견된 이중 가닥 RNA 바이러스이며 A, B, C, D, F, G, H, I 및 J로 불리는 9종이 있다. 이 중 로타바이러스 A는 인간의 로타바이러스 감염의 90% 이상을 유발한다. 로타바이러스는 인간의 건강에 미치는 영향 외에도 다른 동물도 감염시키며 가축의 병원체 중 하나이다. 2013년에 로타바이러스는 어린이 설사로 인한 사망 37%와 전 세계적으로 21만 5,000명의 사망을 기록했다 그림 7-8.

(1) 증상

로타바이러스는 영유아 설사병의 가장 흔한 원인이다. 전 세계 대부분의 어린이는 5세가 될 때까지 로타바이러스에 적어도 한 번은 감염된다고 한다. 영유아 시기에 감염 후 면역이 발달하므로 성인은 거의 영향을 받지 않는다. 결과적으로, 증상 감염률은 2세 미만의 어린이에게서 가장 높고 45세까지 점진적으로 감소한다. 가장 심한 증상은 생후 6개월에서 2세의 영유아, 노인, 면역 결핍증 환자에게서 발생하는 경향이 있다. 다만, 성인의 무증상 감염은 지역사회 감염의 전파를 유지할 수 있으므로 주의해야 한다. 감염 시 소장에 있는 세포를 훼손하며 위장염을 유발한다. 로타바이러스 장염은 메스꺼움, 구토, 수양성 설사 및 미열을 특징으로 하는 경증에서 중증의 질병이다. 어린이가 바이러스에 감염되면 증상이 나타나기까지 약 2일의 잠복기가 있다. 증상은 종종 구토로 시작하여 4~8일 동안 심한 설사를 하며, 이때 발생하는 탈수 증상이 로타바이러스 감염과 관련된 가장 흔한 사망 원인이다.

(2) 감염 경로

로타바이러스는 배설물 및 구강 경로, 오염된 손, 표면 및 물체와의 접촉을 통해, 특히 호흡기로 전염된다. 감염된 사람의 대변에는 그램당 10조 개 이상의 감염성 입자가 포함되어 있으며, 이 중 100개 미만만 다른 사람에게 감염을 전염시키는 데 필요하므로 전염성이 강하다. 로타바이러스는 환경에서 안정적이며, 하수도 샘플에서 9~19일간 생존 가능하다. 따라서 세균과 기생충을 대상으로 한 위생 조치는 로타바이러스 통제에 효과가 없는 것으로 보고된다.

(3) 예방 방법

미국에서 2000년대에 로타바이러스 백신 프로그램이 시작되었으며, 백신이 도입된 후 영유아의 입원율이 크게 낮아졌다. 로타바이러스 예방을 위한 공중 보건 캠페인은 대부분 감염된 어린이에게 구강 수분 공급 요법을 제공하고 질병을 예방하기 위한 예방 접종에 중점을 두고 있다.

3) 아데노바이러스

아데노바이러스(adenovirus)는 1953년에 인간 아데노이드에서 처음 분리된 것에서 유래한 이중 가닥 DNA 바이러스로 정이십면체형 구조의 캡시드를 가지며 외피는 없다 그림 7-9. 아데노바이러스는 광범위한 척추동물들을 숙주세포로 하며, 인간의 경우는 50가지 이상의 서로 다른 아데노바이러스가 어린아이의 가벼운 호흡기 감염에서부터, 면역 체계가 약한 사람들의 생명을 위협하는 여러 장기 질환에 이르기까지 광범위한 질병을 일으킨다. 또한 말, 소, 돼지, 양 및 염소와 같은 가축에서도 호흡기 감염을 유발한다.

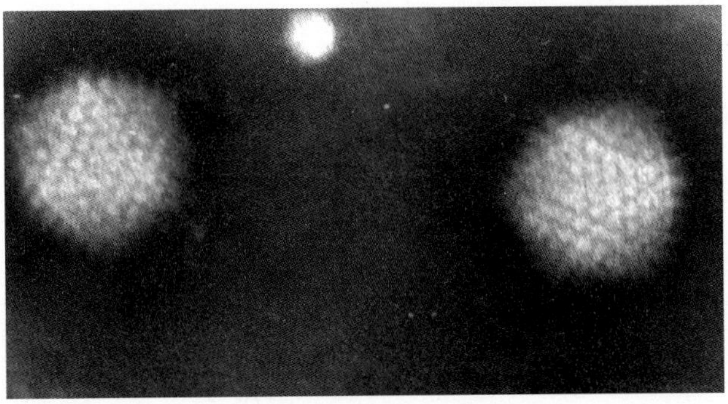

그림 7-9 아데노바이러스의 구조

(1) 증상

대부분의 아데노바이러스 감염은 상기도 감염을 유발한다. 결막염, 편도선염, 귀 감염 등을 동반하며, 특히 결막염과 편도선염의 조합은 아데노바이러스 감염에서 흔하다. 그 외에도 바이러스성 뇌수막염이나 뇌염이 발생할 수 있으며, 드물게 출혈성 방광염을 유발한다. 일반인의 경우 스스로 아데노바이러스 감염에서 회복되지만 면역 결핍이 있는 사람들은 아데노바이러스 감염으로 사망할 수도 있다.

(2) 감염 경로

아데노바이러스는 주로 호흡기 비말을 통해 전파된다. 다만, 아데노바이러스 위장염이 있는 일부 사람들은 증상을 극복한 후 몇 달 동안 대변에서 바이러스를 배출할 수 있고, 배출된 아데노바이러스는 화학적·물리적 인자 및 불리한 pH 조건에 비정상적으로 안정하여 신체 및 물 밖에서 장기간 생존할 수 있으므로 배설물을 통해서도 전파될 수 있다. 또한 감염된 사람과의 접촉이나 수건 및 수도꼭지 손잡이와 같은 물건에 남아 있는 바이러스 입자, 충분히 염소 처리되지 않은 수영장의 물에 의해 전염될 수도 있다.

(3) 예방 방법

아데노바이러스와 같은 호흡기 질환의 예방에는 20초 이상 손을 자주 씻을 것, 씻지 않은 손으로 눈, 얼굴, 코 만지지 않기, 아데노바이러스 증상이 있는 사람과의 긴밀한 접촉 피하기 등이 있다. 추가로 아데노바이러스에 감염된 사람은 재채기나 기침을 손 대신 팔이나 팔꿈치에 대고, 컵과 식기를 공유하지 않는 것이 좋다. 특히, 수영장의 염소 처리는 아데노바이러스에 의한 결막염의 발병을 예방할 수 있다. 또한 아데노바이러스는 복제 불능 유형과 같은 유전적으로 변형된 아데노바이러스 입자를 활용한 다양한 백신이 개발되고 있다. 하지만 아데노바이러스 감염을 치료하기 위해 입증된 항바이러스제가 없으므로 치료는 주로 증상에 따라 간접적으로 이루어진다.

4) A형 간염 바이러스

A형 간염의 원인인 A형 간염 바이러스(hepatitis A virus)는 알려진 간염 바이러스 5가지(A, B, C, D, E) 중 하나로 단일 가닥 RNA 바이러스이다. 전 세계적으로 매년 약 140만 건의 증상 사례가 보고되며, 약 1억 1,400만 건의 감염이 발생한다. 열악한 위생시설과 안전한 물이 충분히 없는 세계의 지역에서 주로 발생하며, 어린이가 어릴 때 노출되지 않고 예방 접종이 널리 보급되지 않은 선진국에서 발병하는 경우가 많아지고 있다. 모든 급성 바이러스 간염의 약 40%가 A형 간염 바이러스에 의해 유발되지만, 한 번 A형 간염 바이러스에 감염되면 이후 평생 면역이 되는 특징이 있다.

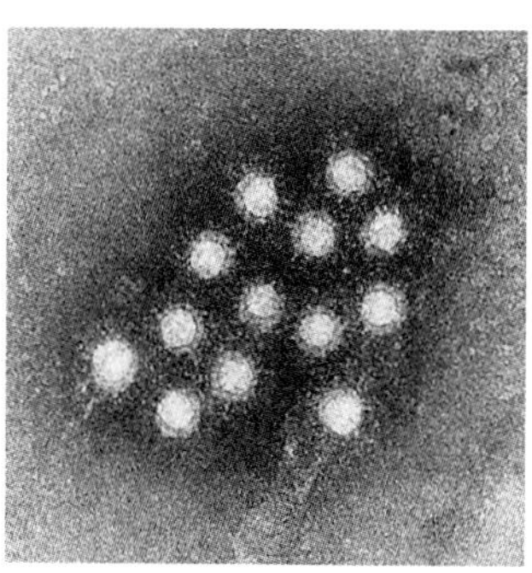

그림 7-10 A형 간염 바이러스의 구조

(1) 증상

A형 간염 바이러스는 간의 감염성 질환인 바이러스성 간염을 유발한다. 발병 후 감염과 증상 사이의 기간은 2~6주이며, 증상이 발생하면 일반적으로 8주 동안 지속된다. 증상에 메스꺼움, 구토, 설사, 황달, 발열 및 복통이 포함될 수 있다. 젊은 사람들의 많은 경우는 무증상이지만, 약 10~15%의 사람들이 초기 감염 후 6개월 동안 증상의 재발을 경험한다. 노인층에서는 드물게 급성 간부전이 발생한다.

(2) 감염 경로

A형 간염 바이러스는 분변 및 구강 경로를 통해 전파되며, 종종 열악한 위생환경과 인구 과밀 상태에서 발생한다. 비경구 경로로 전염될 수 있지만 혈액 및 혈액 제제에 의해 전염되는 경우는 매우 드물다. 또한 세제, 산, 용매, 건조 및 최대 60℃의 온도에 내성이 있으며, 민물과 소금물에서 몇 달 동안 생존할 수 있다. 일반적으로 감염된 대변에 오염된 음식이나 물을 섭취함으로써 전염된다. 덜 익히거나 생으로 섭취하는 조개류가 비교적 흔한 공급원이다. 또한 감염자와의 긴밀한 접촉을 통해서도 전파될 수 있다. 특히 소아는 감염 시 증상이 없는 경우가 많아 다른 사람을 쉽게 감염시킨다. 인간은 이 바이러스의 유일한 천연 저장소이며, 곤충이나 다른 동물 매개체는 바이러스를 옮길 수 없다.

(3) 예방 방법

A형 간염 백신은 1992년에 도입되었으며, 비활성화되거나 살아 있지만 약독화된 바이러스가 포함된 것으로 감염 예방에 효과적이다. 백신은 주사로 투여되며, 초기 용량은 예방 접종 후 2~4주에 시작하여 1년 동안 지속되는 보호를 제공하고, 6~12개월 후에 두 번째 추가 접종을 하면 20년 이상 동안 보호할 수 있다. 일부 국가에서는 예방 접종을 받지 않은 어린이와 고위험군에 대해

일상적으로 백신 접종을 권장하고 있다. 다른 예방 조치로는 손 씻기와 음식의 적절한 조리가 있다. 특정 치료법은 없으며 필요에 따라 메스꺼움이나 설사에 대한 약물 및 휴식을 권장한다.

5) E형 간염 바이러스

E형 간염을 유발하는 E형 간염 바이러스(hepatitis E virus)는 단일 가닥 RNA 바이러스이다 그림 7-11. E형 간염은 2017년 1,900만 명 이상의 사람들에게 영향을 미친 것으로 추정된다. 간염 바이러스 중 특히 임산부와 면역 체계가 약화된 사람들에게 더 심하게 나타나며 사망률도 훨씬 높다. E형 간염 바이러스 감염의 위험이 가장 흔한 사람들은 15세에서 35세 사이의 남성이다.

(1) 증상

E형 간염 바이러스는 A형 간염 바이러스와 마찬가지로 바이러스성 간의 염증을 유발한다. E형 간염의 평균 잠복기는 2주에서 8주 사이의 40일이다. 대부분은 무증상이지만, 짧은 전구기 이후 증상에는 황달, 피로 및 메스꺼움이 포함

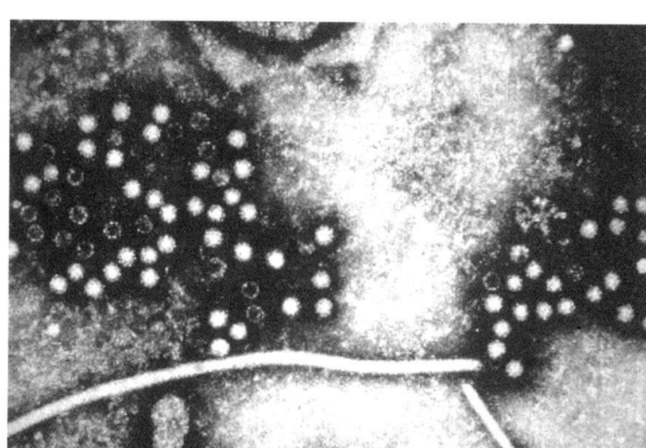

그림 7-11 E형 간염 바이러스의 구조

될 수 있다. 일반적으로 몇 주 동안 지속되다가 해결되지만 면역 체계가 약화된 사람, 특히 장기 이식을 받은 사람의 경우 E형 간염은 간부전이나 간경화와 같은 만성 질환을 유발할 수 있다. 또한 간염뿐만 아니라 근골격계 또는 면역 매개 증상도 나타난다.

(2) 감염 경로

E형 간염 바이러스는 A형 간염 바이러스와 구조 및 특성은 다르지만 유사한 전파 경로를 가진다. 주로 대변이나 구강으로 전파되는데, 특히 오염된 물이나 음식을 섭취하면 감염되며, 직접 사람 간 전파는 드물다. 영국의 연구에 따르면 E형 간염은 사슴과 돼지와 같은 동물이 1차 저장고로 생각된다는 점에서 식품 매개 인수공통전염병이다.

(3) 예방 방법

E형 간염 바이러스의 예방에서 가장 중요한 조치는 위생이다. 인간 폐기물의 적절한 처리, 공공 물 공급에 대한 더 높은 기준, 개선된 개인 위생 절차 및 위생적인 음식 준비가 대표적이다. 일부 연구에서는 E형 간염 바이러스의 위험을 없애기 위해 식품이 20분 동안 70℃의 온도에 도달해야 한다고 제안한다. E형 간염 바이러스의 백신은 1990년대에 개발되었고 2001년에 고위험군에서 적용되었으나, 아직까지는 백신의 일상적인 사용에 대한 권장 사항을 제시하지 않고 있다. 또한 E형 간염에 대한 안전성과 유효성이 확립된 약물은 없다.

알아두기 7-3 식품산업과 바이러스

최근 발효식품이 건강에 미치는 영향에 관한 연구가 활발히 이루어지면서, 발효 제품의 품질을 결정하는 가장 중요한 요인인 발효 미생물에 관한 관심이 높다. 하지만 발효 미생물에 잡균 오염, 점질화, 균주 변이, 항균 물질 등 다양한 원인으로 균주 문제가 유발되어 발효에 이상이 발생하는 경우가 많다. 특히, 유제품 발효에 있어서 박테리오파지에 의한 오염은 유산균의 용균을 유발하여 발효되지 않게 하므로 다수의 유제품 관련 회사들에 많은 경제적인 손실을 유발하고 있다.

유제품 발효를 위한 물, 원유 등의 원재료 또는 가공재료에 약 9~37%의 박테리오파지가 오염되어 있는 것으로 보고되며, 작업장의 기기 또는 공기 중으로부터 박테리오파지가 오염되어 있을 때도 발효에 문제가 발생한다.

이처럼, 오염된 박테리오파지의 제어가 유제품 발효에 있어서는 매우 중요한 요소이므로 박테리오파지의 제어를 위한 물리적·화학적 위생처리를 하거나 각각의 방법을 혼합하여 유제품 발효를 보다 성공적으로 수행하도록 하고 있다. 박테리오파지 제어를 위한 물리적 방법으로는 가장 간단하고 조작이 쉬운 열처리 제어를 포함하여 고압 처리 제어, 광촉매 제어, 자외선 제어, 여과 제어 방법이 있으며, 화학적 방법으로는 에탄올, 이소프로판올 등을 사용하고 있다.

M E M O

F O O D M I C R O B I O L O G Y

CHAPTER
8
식품성분의 미생물 대사

식품성분의 미생물 대사

CHAPTER 8

1. 호흡과 발효

미생물은 식품에서 증식하는 동안 에너지와 세포물질을 합성한다. 발효(fermentation)와 호흡(respiration)은 화학유기영양체에서 에너지 보존을 위한 두 가지 주요 전략이다. 발효는 혐기성 이화작용의 형태로서 유기화합물이 전자공여체이자 전자수용체가 된다. 호흡은 전자공여체가 최종 전자수용체인 산소(O_2)나 O_2 대체물로 산화되는 호기성 혹은 혐기성 이화작용의 형태이다. 발효와 호흡은 대체 가능한 대사적 선택으로 볼 수 있다. O_2가 이용 가능하면 호흡이 일어나는데, 이는 발효보다는 호흡에서 훨씬 더 많은 ATP가 생산되기 때문이다. 그러나 호흡을 지지하는 조건이 아닐 때는 발효가 생명체가 사는 데 필요한 충분한 에너지를 제공할 수 있다.

1) 호흡

발효는 혐기적 과정이며, 적은 양의 에너지를 방출한다. 그에 반해 피루브산이 어떤 발효산물로 환원되지 않고 산소가 존재하여 CO_2로 완전히 산화된다면 훨씬 더 높은 ATP 생산이 가능하다. 해당 경로를 구연산 회로(citric acid cycle)라고 하며, 최초로 연구한 학자의 이름을 인용하여 크렙스 회로(Krebs cycle) 또는 TCA 회로(tricarboxylic acid cycle)라고 한다 **그림 8-1**. 구연산 회로는 에너지를 생성하는 이화작용뿐만 아니라 동화작용의 역할을 한다. 즉, 탄소 수가 4, 5개짜리인 구연산 회로의 중간대사물이 아미노산, 핵산 등의 생합성 전구체로 이용된다.

진핵생물체의 경우 구연산 회로에 필요한 효소와 조효소, 전자전달계와 산화적 인산화에 필요한 요소들 모두 미토콘드리아에 존재한다. 따라서 광합성을 하지 않는 진핵세포에서는 미토콘드리아가 대부분의 에너지를 생성하는 산화과정과 이에 의해 짝 지어지는 ATP 합성이 일어나는 장소이다. 에너지 효율 면을 살펴보면 산소가 필요 없는 혐기적 과정인 해당과정으로 젖산이 생성될 때 2 ATP를 생성하여 자유에너지 변화는 −47kcal/mol이다. 이와 달리 포도당 1몰이 완전히 산화하여 CO_2와 H_2O로 될 때 2 ATP, 10 NADH, 1 $FADH_2$, 2 GTP를 생성하고, 이 중 NADH와 $FADH_2$는 미토콘드리아에서 산화되어 약 34

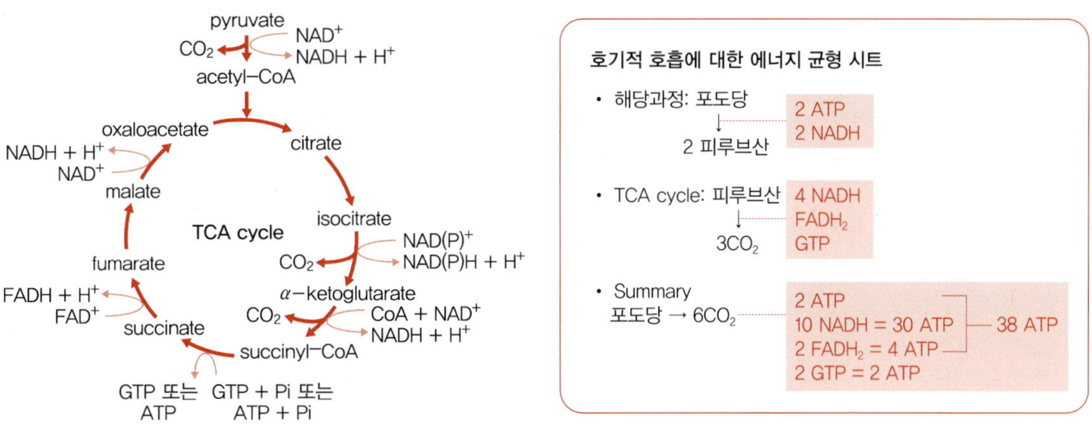

그림 8-1 구연산 회로

ATP를 생성한다 그림 2-11. 결과적으로 호흡을 통해 38 ATP를 생성하고 자유에너지는 −686kcal/mol이다.

2) 발효: 해당과정

포도당의 이화작용(catabolism)을 위한 경로는 포도당을 피루브산으로 분해하는 해당과정(glycolysis)이다. 대표적인 해당과정은 EMP(Embden-Meyerhof-Parnas) 경로로 포도당이 발효 또는 호흡하며 피루브산을 생성한다. 발효에서 ATP는 기질수준 인산화(substrate-level phosphorylation)에 의해 생산된다. 이 과정에서 ATP는 발효 기질의 이화과정 동안 고에너지 매개물로부터 직접 합성된다. 이것은 ATP가 양성자 동력(proteon motive force)을 소모하여 생산되는 산화

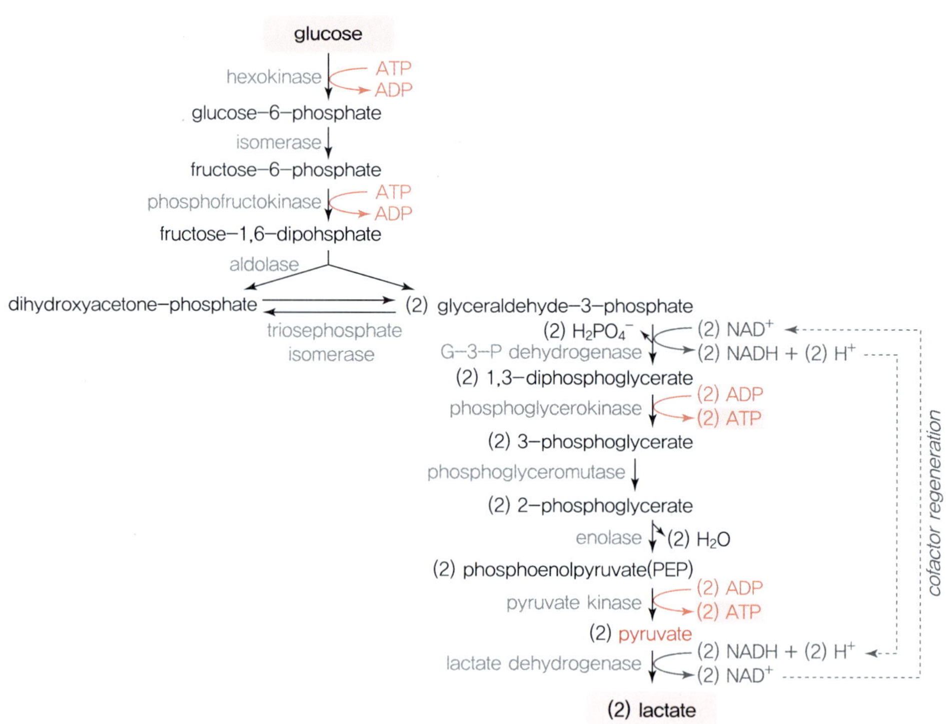

그림 8-2 EMP 경로

적 인산화(oxidative phosphorylation)에 대조적이다. 해당과정 경로를 통한 포도당의 발효는 1) 포도당에서 glyceraldehyde-3-phosphate의 인산화 단계, 2) glyceraldehyde-3-phosphate에서 피루브산까지 산화-환원 반응 단계, 3) 발효산물 생산단계를 거친다 그림 8-2.

포도당의 인산화 단계는 작용기전달수송 그림 2-7 에 의해 세포 내로 수송되면서 인산화되어 glucose-6-phosphate를 생산하고 다시 fructose-6-phosphate로 이성질화되고, 두 번째 인산화로 fructose-1,6-dipohsphate가 생산된다. 알돌라아제(aldolase)는 fructose-1,6-dipohsphate를 glyceraldehyde-3-phosphate와 그 이성질체인 dihydroxyacetone-phosphate를 생성하고, dihydroxyacetone-phosphate는 glyceraldehyde-3-phosphate로 전환된다. 여기까지 ATP 소모를 포함해 모든 반응이 산화-환원 변화 없이 진행된다.

해당과정의 첫 번째 산화-환원 반응은 glyceraldehyde-3-phosphate가 1,3-diphosphoglycerate로 산화되는 동안 발생한다. 이 반응에서 효소 glyceraldehyde-3-phosphate dehydrogenase는 NAD^+를 NADH로 환원한다. 생성 후 환원된 NADH는 NAD^+로 재산화되어 사용되며, 재산화되는 과정에서 ATP 3분자를 생산한다. 동시에 각 glyceraldehyde-3-phosphate 분자는 무기인산 1분자를 추가함으로써 인산화된다. 무기인산이 유기적 형태로 전환되는 이 반응은 에너지 보존을 위한 단계가 된다. 1,3-diphosphoglycerate가 고에너지 화합물이기 때문에 ATP 형성이 가능하다. ATP 합성은 1,3-diphosphoglycerate 분자가 3-phosphoglycerate로 전환될 때와 phosphoenolpyruvate이 피루브산으로 전환될 때 일어난다. 따라서 지금까지 해당과정에서 ATP 2분자 소비와 ATP 4분자, NADH 2분자가 합성됨에 따라 순 에너지 생산은 발효된 포도당 1분자, ATP 8분자이다.

2. 미생물의 물질대사

미생물 세포가 세포물질의 합성 또는 환경으로 방출하기 위해 사용하는 많은 대사산물은 에너지 생산 대사경로에서 당과 같은 기질로부터 생성된다. 식품 요소 중 탄수화물, 단백질, 지방은 미생물의 물질대사에서 아주 중요하다. 미생물은 물질대사의 에너지원으로 단백질과 지방보다 탄수화물을 먼저 사용한다. 따라서 미생물은 물질대사가 가능한 탄수화물이 있는 식품에서 탄수화물을 이용하여 증식한다. 물질대사가 가능한 탄수화물이 적고 대사 가능한 단백질이 많은 식품에서는 단백질을 이용한 물질대사를 하며, 탄수화물과 단백질이 모두 많은 식품에서는 탄수화물을 먼저 사용하고 연속적으로 단백질을 이용한다. 일반적으로 탄수화물을 먼저 이용하여 물질대사를 할 경우 산을 생성하고, 그 결과 pH를 감소시킨 미생물의 단백질 분해를 저해할 수 있다.

1) 탄수화물 대사

탄수화물 식품은 단당류, 이당류, 올리고당 및 다당류를 포함하는 화합물로 구성된다. 탄수화물은 미생물이 선호하는 에너지 생산 자원이다. 미생물마다 탄수화물에 대한 분해 능력에 차이가 있다. 탄수화물은 미생물 세포 밖에서 단당류, 이당류 및 3당류로 쪼개어지고 이것들이 세포 내로 유입된 후 추가적으로 분해되기 전에 단당류로 가수분해된다. 다당류는 세포 내 수송이 용이하도록 다당을 분해하는 알파-아밀라아제와 같은 효소를 세포 외로 분비하여 단당이나, 이당으로 분해시킨다 그림 8-3.

분해되어 생산된 단당과 이당류를 세포 내로 흡수하는 것은 미생물마다 다르다. 그림 8-4에서 보는 것처럼 단당과 이당의 종류에 따라 세포 내로 흡수해서 들어오는 특이적 수송체가 존재하기 때문에 이들이 흡수될 때 어떤 수송체를 보유하고 있는지에 따라 당의 이용 여부가 결정된다.

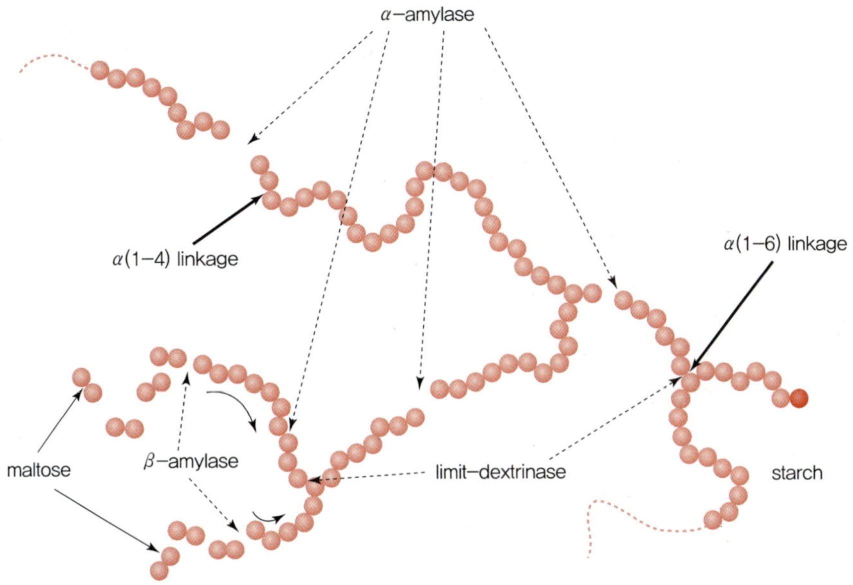

그림 8-3 탄수화물 분해 효소 및 분해 위치

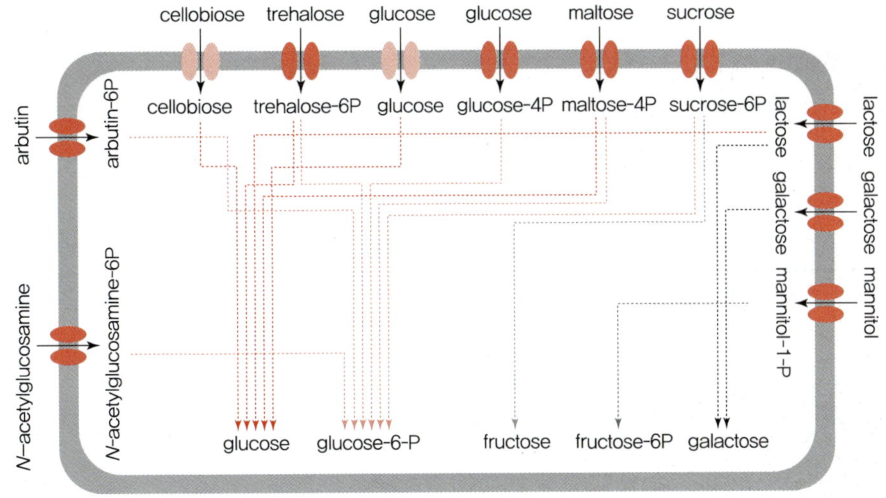

그림 8-4 탄수화물 수송체

(1) 단당류의 분해

단당류는 최종산물과 중간산물의 형태로 호기성, 혐기성 및 편성혐기성 세균에 의해서 여러 경로로 분해(이화, catabolism)된다. 물질대사의 경로는 미생물의 산화-환원력, 단당류의 양과 유형, 미생물의 유형에 따라 달라진다 표 8-1. 식품에서 중요한 대부분의 미생물은 포도당을 물질대사로 변화시킬 수 있지만, 과당, 갈락토스 및 오탄당을 이용하는 미생물도 있다. 발효성 단당류는 4가지 주요 대사경로[EMP 경로, PK(Phosphoketolase) 경로, 6탄당 인산경로, ED(Entner-Doudoroff) 경로]를 통해 물질대사로 변화되고, 많은 미생물종은 1개 이상의 경로를 갖고 있다.

EMP 경로 그림 8-2는 혐기적 조건에서 포도당 1분자로부터 2분자의 젖산을 생산하는 경로이다. 젖산만 생성하는 경로이므로 동형젖산 발효(homolactic fermentation)라고도 한다. 젖산을 생성하는 또 다른 경로로 PK(Phosphoketolase) 경로가 있는데, 이형젖산 발효(heterolactic fermentation) 중 하나이다 그림 8-5. PK 경로는 알돌라아제가 없으며, 이에 fructose-1,6-diphosphate를 triose phosphate로 나눌 수 없다. 따라서 glucose-6-phosphate를 6-phosphogluconate로 산화시키고 다음으로 카르복실기를 제거하여 pentose phosphate인 ribulose-5-phosphate, xylulose-5-phosphate를 차례로 생성 후 phosphoketlase에 의해 triose phosphate인 gluceraldehyde-3-phosphate와 acetyl phosphate로 전환시킨다. triose phosphate는 ATP를 생산하면서 젖산으로 전환되고, 산화-환

표 8-1 미생물에 의한 단당 분해 경로 및 최종 생산물

미생물 유형	발효 경로	주요한 최종 생산물
효모	EMP 경로, 알코올 발효	에탄올, 이산화탄소
유산균	EMP 경로, 동형젖산 발효	젖산
	PK 경로, HMP 경로, 이형젖산 발효	젖산, 에탄올, 이산화탄소, 아세테이트
Enterobacteriaceae	EMP 경로, 혼합산 발효	젖산, 아세트산, 포름산, 숙신산, 이산화탄소, H_2
Bacillus	EMP 경로, 부탄디올 발효	젖산, 아세트산, 포름산, 숙신산, 2,3-부탄디올, 이산화탄소, H_2

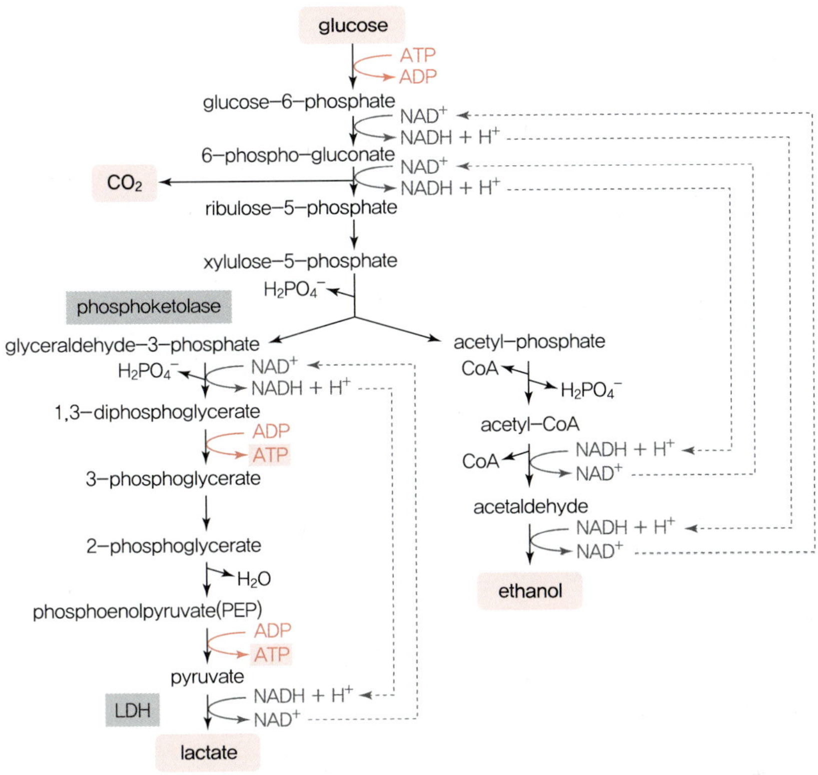

그림 8-5 PK 경로

원 균형을 이루기 위해서 생산된 acetyl phosphate는 전자수용체로 사용되며 NADH에 의해 에탄올로 환원된다. 이 반응은 ATP 합성 없이 진행된다. 이 때문에 PK 경로는 포도당 하나에 ATP 1분자, NADH 3분자, CO_2 1분자, 젖산 1분자, 에탄올 1분자를 생산한다.

오랫동안 미생물의 당대사는 혐기적 분해에 의해 생성되는 EMP 경로와 PK 경로로 알려져 왔으나, 동식물과 더불어 미생물에서도 포도당의 호기적 분해 경로가 알려지게 되었다. 6탄당 인산경로(hexose monophosphate pathway, HMP pathway)는 오탄당 발효(pentose fermentation)라고도 하며 이형젖산 발효 중 하나이다 그림 8-6. HMP 경로는 PK 경로와 유사하나 glucose-6-phosphate를 6-phosphogluconate로 산화시키는 전자수용체 NAD^+가 acetyl-phosphate에서 에탄올을 형성할 때 생성된 것이 아니라, 산소가 물로 환원되면서 생성된

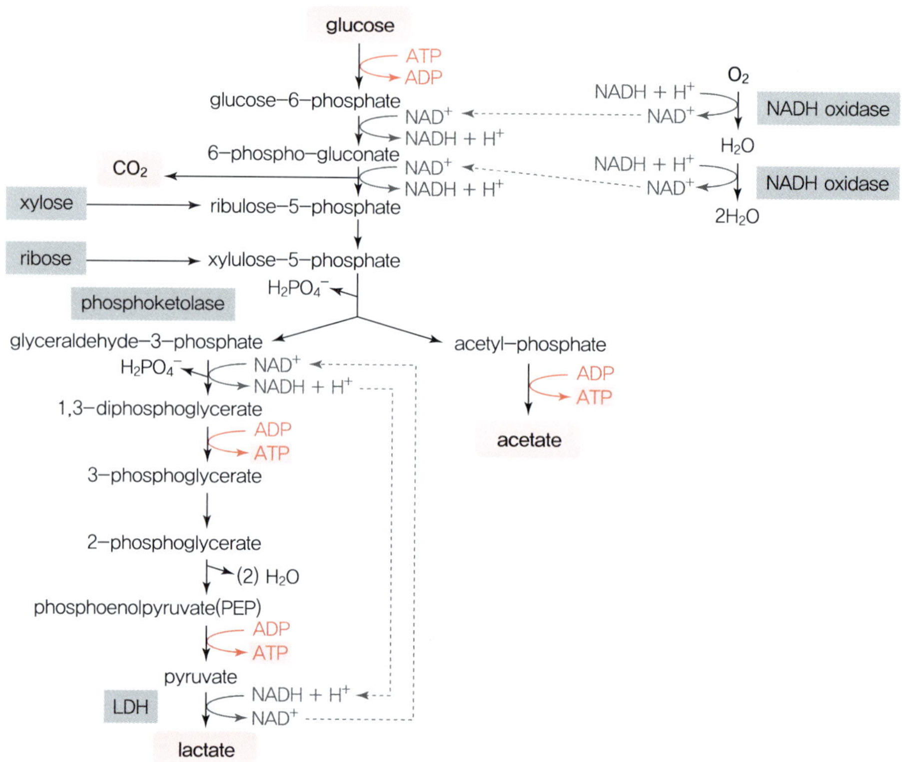

그림 **8-6** HMP 경로

분자를 이용한다. HMP 경로 중 생성되는 중간산물인 ribulose-5-phosphate와 xylulose-5-phosphate는 포도당에서 생성되는 기작 외에도 ribiose와 xylose와 같은 오탄당에서 생성되어 에너지를 생성한다.

해당 경로의 변형인 ED 경로의 경우 glucose-6-phosphate는 6-phospho gluconate와 NADPH로 산화되며, 6-phosphogluconic acid는 탈수반응을 거쳐 피루브산과 glyceraldehyde-3-phosphate로 나뉜다 **그림 8-7**. 최종적으로 ED 경로는 glucose 한 분자에서 1분자의 ATP, NADH 2분자, H_2O 1분자, 피루브산 2분자를 생성한다.

장내세균의 특성인 혼합산 발효는 포도당으로부터 세 가지 서로 다른 산, 아세트산, 젖산, 숙신산을 생산한다. 일반적으로 에탄올, CO_2, H_2도 발효 산물로 생성된다 **그림 8-8**. 몇몇 장내세균은 더 적은 양의 산성 산물을 생산하며, 발효

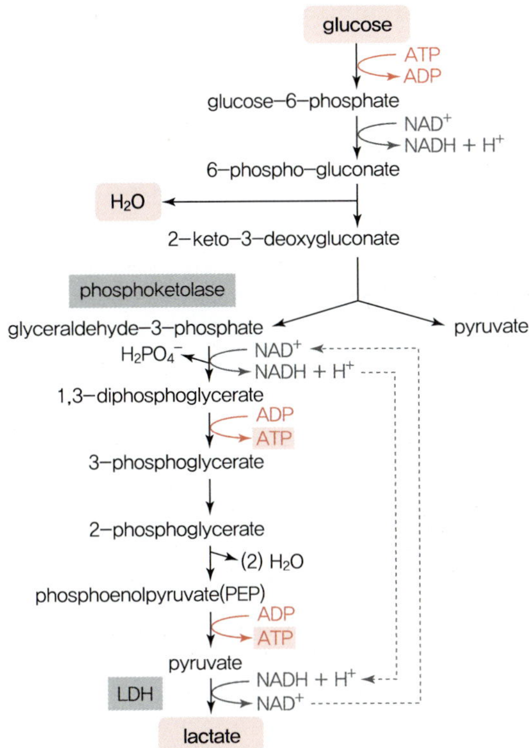

그림 8-7 ED 경로

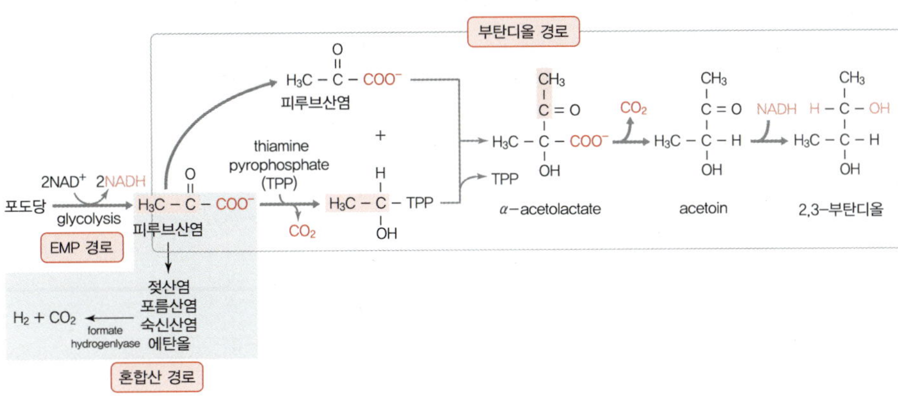

그림 8-8 부탄디올 생산과 혼합산 발효

에서의 산화-환원 균형을 맞추기 위해 더 많은 양의 중성 산물을 생산한다. 핵심 중성 산물의 하나로 탄소 4개로 구성된 알코올인 부탄디올(butanediol)이 있다. 이러한 혼합산 발효의 변형된 발효에서는 부탄디올, 에탄올, CO_2, H_2이 주요 산물이다.

많은 미생물들은 포도당 외에 말토오스(maltose), 갈락토스(galactose)와 같은 단당도 발효할 수 있다. 일반적으로 과당과 갈락토스는 이성화효소(isomerase)에 의해 포도당으로 전환되어 해당과정에 의해 발효되기도 하나, 유산균과 같이 갈락토스를 분해효소를 지닌 경우에는 대사과정에서 갈락토스를 이용하여 에너지를 생산한다 그림 8-9. 갈락토스를 이용하는 대사과정은 크게 르루아르(Leloir) 경로와 타가토스(tagatose) 경로로 나누며, 르루아르 경로는 갈락토스 특이 단순수송체에 의해서 화학적 변화 없이 세포 내로 흡수되어 갈락토스에서 이성화효소에 의해 포도당으로 다시 glucose-6-phosphate로 전환되고 해당분자는 EMP 경로, HMP 경로, 또는 혼합산 발효에 의해서 물질대사를 할 수 있다. 타가토스 경로는 갈락토스 특이 작용기 전달수송체를 통해서 세포 내로 유입되면서 인산기가 붙은 galactose-6-phosphate가 되고 이후 tagatose-6-phosphate로 전환된 후 glyceraldehyde-3-phosphate로 전환되어 EMP 경로 또는 혼합산 발효에 의해 물질대사를 한다.

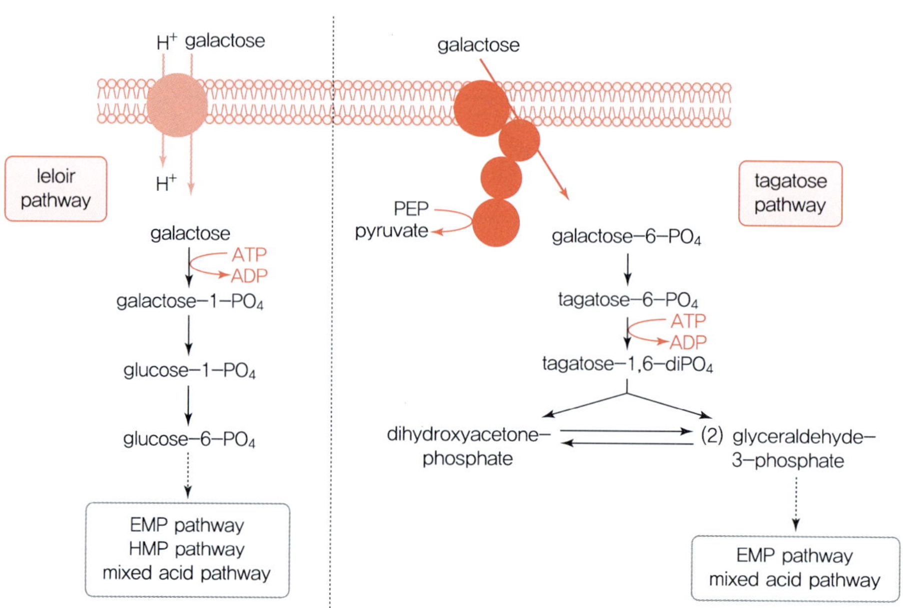

그림 8-9 갈락토스 이화과정

(2) 이당류의 분해

식품의 이당류 분해는 세포 밖에서 단당으로 분해되어 세포 내로 흡수 후 단당류의 분해로 이어지거나, 이당의 종류에 따른 특이적 수송체계가 있어 이당으로 세포 내로 흡수되어 세포 내에서 단당으로 분해되어 물질대사가 일어나는 경우가 있다. 유산균의 경우 젖당을 세포 내로 흡수할 수 있는 특이 수송체가 있으며 **그림 8-4**, β-galactosidase라는 젖당을 포도당과 갈락토스가 분해하는 효소를 세포 밖으로 분비하므로 젖당의 이용률이 높다. 설탕은 수크레이즈에 의해 포도당과 프록토스로 분해할 수 있으며, 말타아제는 포도당 2분자로 가수분해된다.

(3) 다당류의 분해

다당류는 그 자체로 세포 내로 수송되지는 못하므로 미생물이 생산한 α-amylase와 같은 분비효소(secreted enzyme)를 통해 이당이나 단당으로 분해되어 세포 내로 흡수한 후 단당의 분해로 이어진다. 곰팡이, *Bacillus* 속, *Clostridium* 속 및 몇몇 세균종은 분비 효소를 생산하여 전분, 글리코겐, 셀룰로오스, 펙틴, 다른 다당류를 분해할 수 있다. 단당류와 이당류는 세포 내로 수송되고 물질대사에 의해 변화된다. 과일과 채소에서 미생물에 의한 다당류의 분해는 특히 펙틴과 셀룰로오스는 질감에 영향을 미치고 식품의 질을 떨어뜨릴 수 있다.

2) 단백질 대사

단백질의 구성 단위인 아미노산은 미생물뿐 아니라 모든 생물의 세포 성분으로서 중요한 역할을 한다. 생체 내에서 거의 모든 아미노산은 단백질 형태로 존재하는데, 이것이 단독 또는 펩타이드형이 되면 대사가 활발해진다. 아미노산은 에너지원으로는 중요하다고 볼 수 없으나, 거의 모든 미생물은 아미노산을 분해하거나 단백질 합성에 이용된다. 미생물은 아미노산과 작은 펩타이드(대략 8~10 아미노산)를 세포 내로 수송할 수 있다. 식품에 있는 단백질 그리고 큰 펩타이드는 미생물의 세포 외 단백질 가수분해효소 및 펩타이드 가수분해효소에 의해 아미노산과 작은 펩타이드로 가수분해된다 그림 8-10.

가수분해된 펩타이드와 아미노산은 세포막의 수송체를 통해 세포 내로 유입되고 유입된 아미노산은 핵산, 단백질, 세포막, 효소의 구성성분으로 사용된다. 그리고 아미노전이효소(aminotransferases)와 같은 여러 효소의 작용으로 알코올, 에스테르, 황화합물과 같은 휘발성 성분을 생산한다.

아미노산의 미생물 분해산물은 미생물과 아미노산의 유형 및 식품의 산화환원 잠재력에 따라 다양하게 변화한다. 분해산물에는 케토산, 수소, 이산화탄소, 암모니아, 황화수소, 아민이 있다. 몇몇 아미노산의 대사산물은 식품에서

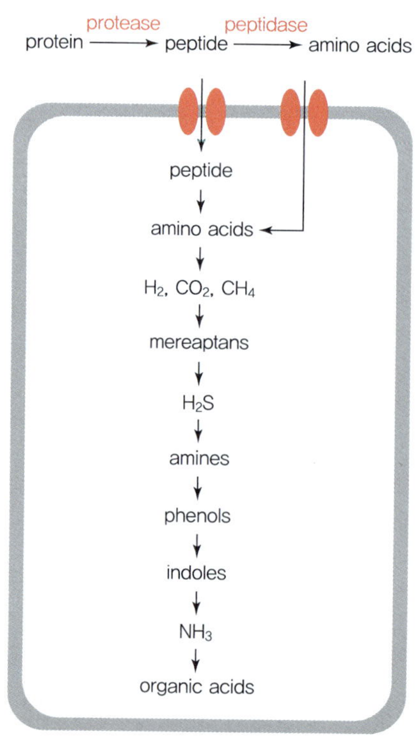

그림 8-10 펩타이드와 아미노산 대사

대부분 악취와 건강과 연관되기 때문에 특히 중요하다. 예를 들면, 트립토판에서 인돌(indole)과 스카톨, 리신과 아르기닌에서 푸트레신(putrescine)과 카다베린(cadaverine), 히스티딘에서 히스타민(histamine), 타이로신에서 티라민(tyramine) 그리고 시스테인과 메티오닌에서 황화합물[황화수소, 메르갑탄(mercaptane)]과 같이 아미노산으로부터 생성된다.

3) 지질 대사

식품에 있는 주요 지질에는 모노 또는 디글리세라이드, 트리글리세라이드, 포화지방산, 불포화지방산, 인지질, 스테롤, 글리세라이드를 포함하는 왁스가 있다. 미생물은 물질대사를 위해서 지질을 선호하지는 않는다. 지질은 소수성으로 많이 존재할 때 분해하기가 매우 어렵다. 그럼에도 불구하고 에멀션 상태의 지질은 미생물에 의해서 물과 기름 사이에서 물질대사가 가능하다. 글리세라디드는 체외 효소인 지질분해효소에 의해서 글리세롤과 지방산으로 가수분해된다. 그 후에 지방산은 세포 안으로 수송되고, 산화에 의해 초기에 아세틸-CoA를 만들어 물질대사로 변화될 수 있다. 지방산은 빠른 속도로 생성하는 경우 식품에 축적된다. 불포화지방산은 초기에 미생물 산화효소에 의하여 하이드로퍼옥사이드(hydroperoxide)를 생산한 다음 카르보닐기 화합물(알데히드와 케톤)로 산화될 수 있다.

Enterobacter, *Micrococcus*, *Pseudomonas*, *Serratia*, *Staphylococcus*, *Aspergillus*, *Penicillium*과 같은 미생물은 리파제를 분비하여 식품의 지질에서 글리세롤(glycerol)과 지방산으로 분해하고 해당 물질들은 당대사에 이용되거나, 향기성분 생산에 관여한다.

FOOD MICROBIOLOGY

CHAPTER

9

미생물 제어법

1. 물리적 제어법
2. 화학적 제어법
3. 생물학적 제어법

미생물 제어법

CHAPTER 9

식품의 안전 확보와 장기보존을 위해서는 식품 가공, 저장, 운반 시 적절한 방법을 통해 식중독 및 식품 부패 관련 미생물의 생육을 억제하거나 제거할 필요가 있다. 인류는 불을 사용하기 시작한 이래로 열을 이용한 방법을 식품 가공에 사용해 왔다. 특히 1809년 프랑스 요리사인 니콜라 아페르는 가공된 식품을 유리병에 넣어 유리병과 함께 가열·멸균 처리하는 병조림 제조법을 발명하였다. 이는 오늘날 통조림 및 레토르트 식품 멸균에 사용되고 있다. 또한 1864년 프랑스 과학자인 루이스 파스퇴르는 포도주의 산패가 효모와 초산균에 의한 것임을 밝혀내며 포도주의 장기보존을 위해 살균(pasteurization)법을 발명하여 현재 액체식품 살균에 널리 사용되고 있다.

이와 같이 가열에 의한 살균 및 멸균기술은 식품공정에 가장 많이 사용되고 있지만, 식품의 품질을 저하시킬 수 있다. 최근에는 자외선 및 방사선 조사,

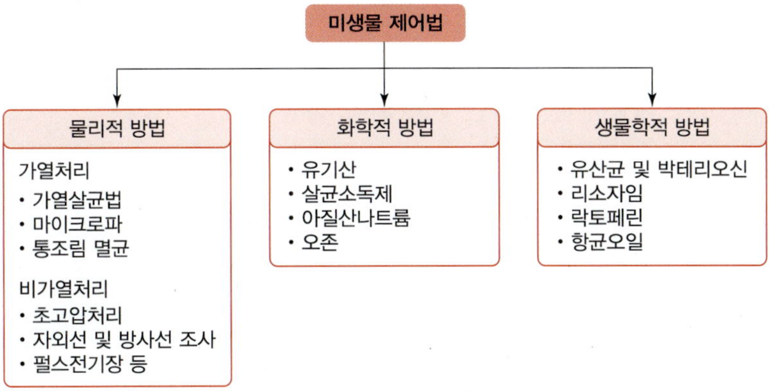

그림 9-1 식품 가공에 사용되는 미생물 제어법 종류 및 분류

초고압처리기술 및 펄스전기장 등 가열하지 않고 살균할 수 있는 비가열기술(non-thermal technology)이 개발되어 점차 상업적으로 이용되고 있다. 또한 유기산 및 염소계 살균제 같은 화학적인 방법과 유산균이나 리소자임 같은 생물학적 방법 등을 이용하여 식품의 보존성을 향상시킬 수 있는 방법들이 개발되고 있다.

1. 물리적 제어법

식품에 존재하는 미생물을 제거하는 데 가장 광범위하게 사용되는 방법은 식품을 가열하여 미생물을 살균하는 것이다. 하지만 최근에는 마이크로파를 이용한 가열살균법이 개발되어 식품 가공에 사용되고 있다. 또한 열에 의한 식품의 품질 변화를 방지하기 위해 열을 사용하지 않는 비가열기술들이 각광받고 있다. 비가열기술에는 자외선 및 방사선 조사를 이용하는 기술, 초고압을 이용하는 기술, 펄스전기장을 이용하는 기술 등이 있다.

1) 가열살균법

열을 이용하여 식품에 존재하는 미생물을 사멸시키는 기술은 가장 오래되고 가장 광범위하게 사용되는 방법이다. 미생물 세포에 열을 가하면 지질로 이루어진 세포막이 녹고, 세포 내부의 단백질 변성뿐만 아니라 수소결합으로 이루어진 DNA의 이중나선구조도 파괴되어 결국 미생물 세포가 사멸하게 된다.

열을 이용하는 방법 중 가장 대표적인 기술은 살균(pasteurization)으로 주로 포자를 생성하지 않는 부패 세균과 식중독 세균을 사멸시킬 수 있으며, 효소를 불활성화시켜 식품의 효소적 변질을 줄일 수 있다. 하지만 살균은 열에 내성이 있는 세균이나 포자를 생성하는 세균 및 진균류에 대해서는 효과가 없거나 극히 미비하기 때문에, 살균된 식품이라도 유통이나 보관 중 미생물이 증식하여 식품을 부패시킬 수 있다. 따라서 살균된 식품이라도 장기 보존을 위해서는 냉장유통 및 냉장보관이 필수적이다. 살균법을 주로 적용하는 식품에는 우유가 대표적이며, 그 외 주스나 액란 같은 액체류의 식품에도 많이 사용된다.

살균법은 가열온도와 가열시간에 따라 저온 장시간 살균(low temperature long time, LTLT), 고온 단시간 살균(high temperature short time, HTST), 초고온 살균(ultra-high temperature, UHT)으로 분류된다. 루이스 파스퇴르가 고안한 방법이 바로 LTLT법으로 63~65℃에서 30분간 살균시키는 방법이다. 이 방법은 저온에서 살균하기 때문에 식품의 품질 변화를 최소화할 수 있지만, 처리시간이 길어 생산비용이 많이 든다.

LTLT법의 단점을 보완하기 위해서 HTST법이 개발되었으며, 이 방법은 72~75℃에서 12~15초간 식품을 살균한다. HTST법은 식품의 품질 변화를 최소화하면서 짧은 시간 내에 살균할 수 있어 처리시간이 빠르고 연속공정 또한 용이하기 때문에 생산효율이 높다.

LTLT법과 HTST법 모두 영양세포 살균에는 용이하지만, 포자 살균에는 부적합하기 때문에 이를 보완하기 위해 개발된 방법이 UHT법이다. UHT법은 120~130℃ 이상에서 2~3초간 짧게 살균하는 방법으로 영양세포뿐만 아니라 포자도 살균할 수 있는 장점이 있는 반면 고온에 의해 식품의 품질 변화를 초래하는 단점이 있다. UHT법으로 살균한 식품은 상대적으로 보존성이 높아 현재 대부분의 상업용 우유 가공에 UHT법이 이용되고 있다. 같은 살균법을 사용하더라도 식품의 내적 인자인 pH와 수분활성도에 따라 보존 및 유통방법이 달라질 수 있다. 과일주스, 잼과 같이 pH나 수분활성도가 낮은 식품은 살균 후 상온에서도 미생물이 증식하기 어려운 환경이기 때문에 상온 보존 및 상온 유통을 하더라도 장기간 보존이 가능하다. 반면 우유와 같이 pH가 상대적으로 높고 영양성분이 풍부한 식품은 냉장 보관 및 냉장 유통이 필수적이다.

살균과 달리 멸균(sterilization)은 포자 및 곰팡이와 효모 같은 진균류를 모두 제거할 수 있어 완전 무균 상태의 식품을 생산할 수 있다. UHT보다 좀 더 높은 온도인 140~145℃에서 2초간 처리한 우유를 멸균우유라고 한다. 멸균우유는 미생물이 대부분 제거되어 상온 유통 및 상온 보관이 가능하고 유통기한 또한 살균 우유에 비해 길어 보통 3~6개월 정도 상온에서 보관할 수 있다. 일반적으로 멸균이라 함은 미생물 실험실에서 사용하는 고압멸균기의 온도와 시간인 121℃, 15분을 기준으로 하는데, 우유에 사용하는 멸균을 고압멸균기에서의 멸균과 구별하기 위해 상업적 멸균(commercial sterility)이라는 용어를 사용한다. 우유 외에 통조림과 레토르트 식품도 이러한 상업적 멸균방식으로 가공된다.

식품의 pH 4.6을 기준으로 그보다 높으면 저산성(low acid) 식품, 그보다 낮으면 산성(acid) 식품으로 분류하는데, 통조림 멸균 시 온도와 시간의 조합은 이 pH에 따라 달라질 수 있다. 이는 내열성 포자 생성 세균인 *Bacillus* 속이나 *Clostridium* 속 세균의 포자를 완전히 제거할 수 있는 온도와 시간으로 통조림 멸균에 사용하기 위함이다. 특히 *Clostridium* 속은 pH 4.6 이하에서는 생육이 불가능하여 독소를 생성하지 못하기 때문에 산성 식품에서는 100℃ 이하에서도 멸균이 가능하다.

반면에 저산성 식품은 멸균공정에서 *Clostridium* 속을 완전히 제거하지 못하면 상온 유통 시 증식하여 독소를 생성하기 때문에 100℃ 이상에서 장시간

멸균하여야 한다. 우리나라 식품공전에 따르면 저산성 식품의 멸균은 중심온도가 120℃ 이상에서 4분 이상 열처리하거나 또는 이와 같은 효력이 있는 방법으로 열처리하도록 규정하고 있다. 이는 *Clostridium botulinum*균의 포자를 사멸할 수 있는 조건이다.

가열에 의한 전통적인 살균 또는 멸균기술은 식품 외부로부터 서서히 열을 가해 주어 중심온도가 일정한 온도에 도달한 뒤 일정 시간 동안 살균 또는 멸균하는 방법으로 식품의 중심보다는 식품의 바깥 부분이 열에 의한 손상을 많이 입는 편이다. 최근 이러한 단점을 보완하기 위해 저항열처리(ohmic heating)나

알아두기 9-1 **전쟁 중에 탄생한 통조림**

통조림의 원조는 나폴레옹 시대에 프랑스군이 사용하던 병조림이었다. 그 당시 프랑스군은 전 세계에서 전쟁 중이었는데, 보급선이 따라주지 못해 병사들이 굶주리거나, 신선한 음식을 먹지 못해 괴혈병에 걸리는 등 영양 부족으로 인해 전쟁을 원활하게 수행하지 못하고 있었다.
이러한 문제를 해결하기 위해 1804년 프랑스 식품장려협회에서 12,000프랑의 상금을 내걸고 식품을 장기보관할 수 있는 아이디어를 공모했다. 그중 니콜라 아페르(Nicolas Appert, 1749~1841)의 아이디어가 채택되었는데, 그의 아이디어는 조리한 식품을 병에 담아 가열한 후 밀봉하는 것이었다. 니콜라 아페르에 의해 식품의 멸균과 밀봉 방법이 최초로 등장하게 되었다.
프랑스와 전쟁을 벌이던 영국도 유사한 기술 개발에 매달렸으나, 그 당시 기술로는 가열을 견디는 유리병 개발이 힘들었다. 또 유리병은 무겁고 깨지기 쉬워 병사들이 가지고 다니기 불편한 단점이 있었다.
이에 새로운 기술을 개발하던 중 1810년에 피터 듀란드(Peter Durand, 1766~1822)가 납땜으로 밀봉한 양철 깡통을 선보이며 바야흐로 통조림의 시대가 열렸다. 양철은 철에 주석을 도금한 것으로 녹이 스는 것을 방지해 식품의 위생을 유지할 수 있었다.

니콜라 아페르와 병조림

피터 듀란드와 양철 깡통

마이크로파(microwave)를 이용한 살균법이 개발되었다. 저항열처리법은 식품에 전기를 흘려 전기저항열을 발생시켜 가열하는 원리로 식품을 살균할 수 있다. 식품 전체에 전기를 흘려주기 때문에 식품의 내·외부 상관없이 균일하게 열이 발생하며 가열된다. 하지만 전기가 흐를 수 있는 전도성이 있는 식품에만 적용할 수 있는 단점이 있다.

마이크로파는 전자기파 스펙트럼 중 300MHz에서 300GHz의 주파수 범위의 전자기파로, 식품 내의 대표적인 쌍극자인 물 분자를 빠르게 회전시키거나 진동시킴으로써 발생하는 마찰로부터 열을 발생시켜 식품을 가열한다. 따라서 식품에 존재하는 수분함량에 따라 가열 시간이 달라질 수 있다. 미국의 경우 식품에 사용할 수 있는 주파수 기준은 2,450MHz와 915MHz이다. 마이크로파도 저항열처리법처럼 빠른 시간 내에 가열할 수 있어 열에 의한 식품의 품질 변화를 최소화할 수 있다. 또한 파장이 길어 식품을 포장하고 있는 포장재나 골판지를 투과할 수 있기 때문에 식품을 포장한 후에도 사용할 수 있다. 따라서 포장단계에서 발생할 수 있는 미생물의 교차오염에 의한 식품의 부패 및 병원성 세균을 제어하는 데 효과적이다. 하지만 식품 내부에 쌍극자의 분포가 균일하게 분포되어 있지 않으면 열처리가 균일하게 되지 않는 단점이 있다.

2) 가열처리에 의한 미생물 사멸 효과 평가

식품의 살균 및 멸균 처리를 위한 온도와 시간을 설정하려면 각 가열 처리에 대한 미생물 사멸 효과를 평가해야 한다. 살균 및 멸균 처리에 대한 미생물 사멸 효과를 정량적으로 분석하기 위해서 도입된 개념이 D값(decimal reduction time, D-value)과 z값(z-value)이다. D값은 주어진 온도에서 가열처리하였을 때 살아 있는 미생물 또는 포자의 수를 90%(1Log) 감소시키는 데 필요한 시간으로 정의되며, 단위는 시간의 단위를 사용한다 **그림 9-2**.

즉, 특정 식품에 존재하는 *Salmonella*균의 초기 수가 5Log이고 이 식품을

70℃에서 가열처리한 결과, 10분 후 4Log로 감소했다면, 70℃에서 이 식품에 존재하는 *Salmonella*균의 D값은 10분이 된다. D값은 그 정의에 따라 주어진 온도에서 특정 미생물의 열에 대한 내성(heat resistance)을 상호비교할 수도 있다.

예를 들어, 과일주스(pH 4.5)에 존재하는 *Salmonella*균과 일반 배지(pH 7.3)에서 증식한 *Salmonella*균을 70℃에서 가열처리하면, 같은 *Salmonella*균이라 할지라도 D값이 달라질 수 있다. 이를 통해 *Salmonella*균이 존재하는 또는 증식한 장소에 따라 열에 대한 내성이 변화된다는 것을 쉽게 알 수 있다. 만약 두 종 이상의 미생물을 같은 온도에서 가열처리하여 D값을 각각 산출했다면 각 미생물의 주어진 온도에 대한 열에 따른 내성의 차이 또한 쉽게 알 수 있다. 즉, 주어진 온도에서 D값이 상대적으로 높다는 것은 미생물 1Log를 감소시키는 데 많은 시간이 필요하다는 뜻이며, 그 온도에 대한 내성이 상대적으로 높다는 것을 의미한다.

가열온도를 높일수록 미생물의 D값은 점점 더 낮아진다. 즉, 온도가 증가할수록 미생물의 열에 대한 내성이 감소하므로 D값은 더 낮아지게 된다. 따라서 특정 미생물에 대한 여러 가열온도에서의 D값도 각각 산출할 수 있으며, 이러한 그래프를 가열사멸시간곡선[thermal death time (TDT) curve]이라 한다 그림 9-3. TDT 곡선을 통해 특정 미생물의 각 온도별 D값을 산출하면, 이 D값들을 조합하여 z값을 계산할 수 있다. z값은 D값을 90%(1Log) 감소시키는 데 필요한 온도의 차이로 정의되며, 단위는 온도의 단위를 사용한다 그림 9-4. z값은 특정 미생물의 살균 또는 멸균 온도에 대한 의존성을 나타내는 지표로 z값만큼 가열온도를 증가시키면, D값은 10배가 감소된다.

예를 들면, *Clostridium botulinum*의 z값이 10℃고 121℃에서 D값이 5분이라면, z값만큼 가열온도를 증가시켜 131℃에서 처리할 경우 이 균의 D값은 0.5분이 된다는 의미이다. 반대로 z값만큼 가열온도를 감소시켜 111℃에서 처리하면 D값은 10배 증가하여 50분이 된다. 즉, z값을 알면, 가열온도의 변화에 따라 특정 미생물의 D값을 쉽게 계산할 수 있다. 각 미생물의 D값과 z값은 식품의 내적 인자인 pH, 수분활성도, 영양성분의 조성 등에 의해 영향을 받게 된다.

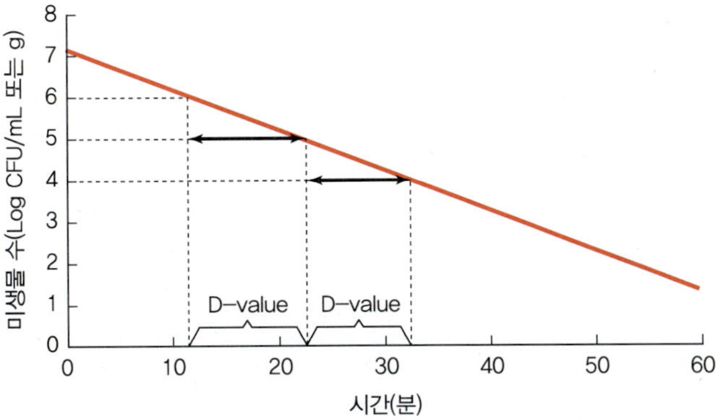

그림 **9-2** 주어진 온도에서 특정 미생물의 D값 산출

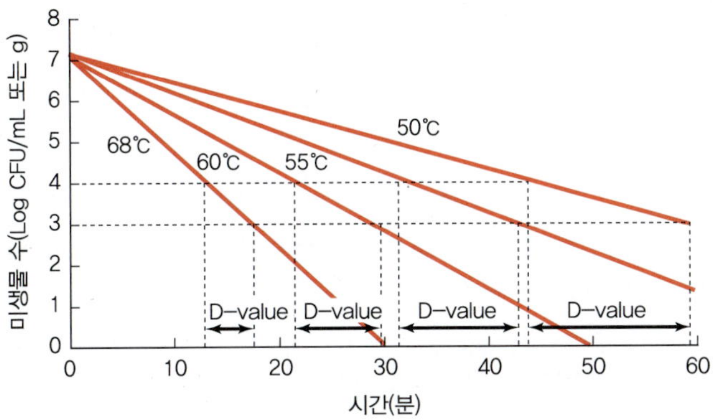

그림 **9-3** 각 온도별 특정 미생물의 가열사멸시간곡선과 D값 산출

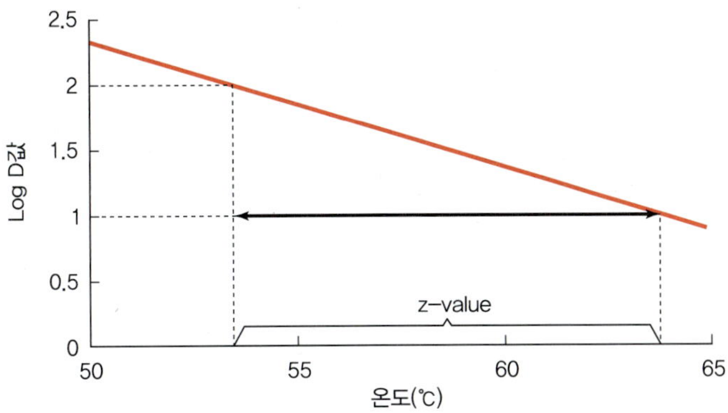

그림 **9-4** 특정 미생물의 z값 산출

알아두기 9-2 엑셀을 이용한 D값 계산

엑셀은 수식 계산 및 그래프 작성에 가장 많이 사용되는 소프트웨어이다. 특정 온도에서 세균의 D값도 엑셀로 그래프를 작성하여 쉽게 산출할 수 있다. 다음 절차에 따라 엑셀을 이용하여 D값을 계산해 보자.

1. 우선 측정시간과 시간별로 측정된 로그 집락수를 각각 A열과 B열에 입력
2. 시간과 로그 집락수 데이터 전체를 마우스로 블록 지정하고 삽입 메뉴의 차트 메뉴에서 '직선 및 표식이 있는 분산형'을 선택
3. 만들어진 그래프를 마우스 왼쪽 버튼을 클릭하여 지정하고 마우스 오른쪽 버튼을 다시 클릭하면 '추세선 추가' 메뉴를 볼 수 있는데, 이 메뉴를 클릭하여 추세선을 추가
4. 만들어진 추세선에 마우스를 대고 마우스 오른쪽 버튼을 클릭한 후 '추세선 서식' 선택
5. 오른쪽 추세선 서식에서 아래쪽에 있는 '수식을 차트에 표시' 선택
6. 그래프에 나타난 수식은 Y = aX + b라는 1차 방정식으로 나타나는데, 여기서 X는 시간, Y는 로그 집락수 그리고 a는 X절편, b는 Y절편을 나타냄
7. D값은 1Log 감소하는 데 필요한 시간이므로 수식에 실제 실험에서 측정된 로그 집락수 범위에서 임의의 1Log 차이가 나는 로그 집락수 두 개를 선택하여 각각의 X값을 계산하면 그 차이가 D값이 됨

예 ***Salmonella*균을 60℃에서 25분간 노출시키면서 5분 간격으로 시료를 취하여 로그 집락수를 측정하였다. 60℃에서 살모넬라균의 D값은?**

시간(분)	로그 집락수(Log CFU/mL)	시간(분)	로그 집락수(Log CFU/mL)
0	6.5	15	5.1
5	6.2	20	4.5
10	5.8	25	3.9

위의 방법대로 엑셀을 이용하여 그래프를 그려 추세선을 삽입하면 추세선 서식이 Y=−0.1074X + 6.6762로 나온다. 실제 데이터의 로그 집락수 범위가 6.5~3.9이므로 이 범위 내에 있는 임의의 로그 집락수인 5.0과 4.0(1Log 차이)을 선택하여 수식의 Y에 각각 대입 후 X값을 계산하면 5.0Log에서는 15.6분으로 계산되고 4.0Log에서는 24.9분으로 계산된다. 이 차이는 9.3분이기 때문에 60℃에서 살모넬라균의 D값은 9.3분이 된다.

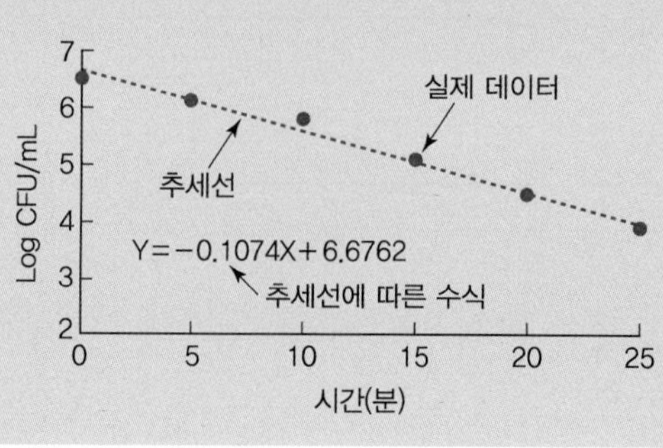

같은 미생물이라도 어떤 식품에 존재하는지 그리고 그 식품 내 생육 여부에 따라 D값과 z값이 달라질 수 있기 때문에, 각 식품 유형별 미생물의 D값과 z값은 실제 실험을 통해 산출해야 한다.

3) 비가열 처리기술

(1) 자외선 조사

자외선[ultraviolet (UV) radiation]은 10~400nm의 파장을 가지는 전자기파로 가시광선보다 짧은 파장을 가진다. 파장 영역에 따라 100~280nm 영역을 UV-C, 280~315nm 영역을 UV-B, 315~400nm 영역을 UV-A라 한다. UV-C 영역의 파장 중 254nm가 오존의 발생 없이 미생물의 사멸에 효과적이기 때문에 식품 살균에 일반적으로 사용된다.

미생물에 자외선을 쪼이면 미생물의 DNA 염기서열 중 티민(thymine)이 자외선을 흡수하여 이웃한 티민과 결합하여 중합반응이 발생한다 그림 9-5. 이러한 현상을 통해 티민 이량체(dimer)가 형성되면 DNA의 복제가 불가능하기 때문에 미생물의 생육이 정지된다. 유사한 종류의 미생물이라 할지라도 자외선에 대한

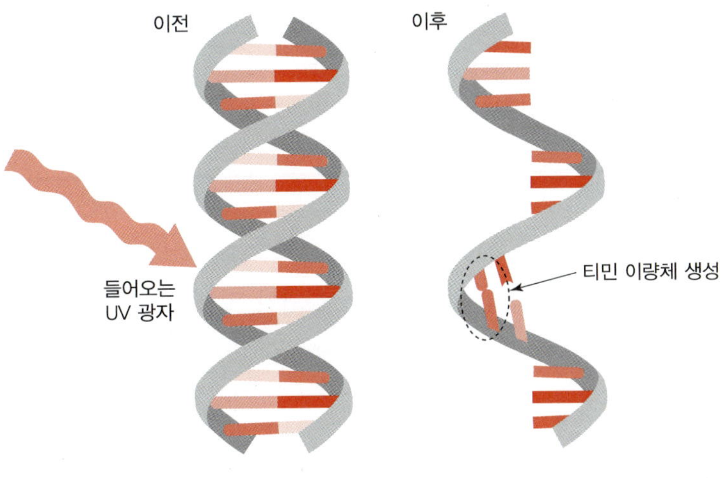

그림 9-5 자외선 조사에 의한 티민 이량체 생성

그림 9-6 달걀 표면을 살균하는 자외선 조사 처리작업

민감도가 다르게 나타나는데, 이는 티민의 함량이 다르기 때문이다.

일반적으로 그람음성균이 그람양성균보다 자외선에 대한 민감도가 큰 것으로 알려져 있는데, 이는 그람음성균과 그람양성균의 세포벽 구조가 다르기 때문이다. 또한 일부 그람양성균이 생성하는 내생포자는 자외선에 저항성을 가지는데, 이는 내생포자의 두꺼운 외벽을 통과하지 못해 자외선이 내생포자 내부에 존재하는 DNA까지 진자기파를 진달하지 못하기 때문이다.

자외선은 파장이 짧기 때문에 투과율이 낮아 식품 내부까지 살균이 불가능하며, 식품 표면 살균에만 효과적이다. 식품산업 현장에서는 주로 액체식품을 용기에 충전할 때 교차오염을 줄이기 위해 자외선램프하에서 충전하며, 치즈나 소시지 숙성실 내부 공기 살균 및 표면 살균 그리고 달걀 표면 살균 그림 9-6 을 위해 자외선을 사용한다. 또한 단체급식실에서는 도마나 식칼 등의 조리기구 및 물컵을 살균할 때 자외선을 이용한다.

사람이 자외선에 장시간 노출될 경우 피부암을 일으킬 수 있기 때문에 식품이나 기구 살균 시 작업자가 자외선에 노출되지 않도록 한다. 식품 또한 자외선에 장시간 노출되면 식품의 변색 등 이화학적 변화가 발생하므로 짧은 시간 내 살균을 마치는 것이 바람직하다.

(2) 방사선 조사

방사선 조사(irradiation) 기술은 1896년 방사능 물질이 발견된 후 1921년 미국에서 육류에 존재하는 기생충을 사멸시키기 위해 최초로 사용되었으며, 그 후 2차 세계대전 동안 구호물자의 안전한 저장을 위해 널리 사용되었다. 방사선 조사에 의한 식품살균법은 세계보건기구 등 국제기구에서 장기간 동안 안전성 평가를 거쳐 인체에 무해한 것으로 판정받았으며, 방사능에 오염된 식품과는 구분된다.

방사선 동위원소로부터 방출되는 방사선은 알파(α), 베타(β), 감마(γ)선으로 구분되며, 이 중 감마선이 가장 높은 투과력을 갖고 있어 완전 포장된 식품의 살균에도 효과적이기 때문에 식품의 방사선 조사 처리에 널리 사용되고 있다 **그림 9-7**. 세계적으로 식품의 방사선 조사 처리를 위해 사용하는 동위원소로는 코발트-60(^{60}Co)과 세슘-137(^{137}Cs)이 있으며, 우리나라 식품공전에서는 감마선을 방출하는 선원으로 코발트-60을 사용하도록 규정하고 있다.

방사선 조사에 의한 미생물의 살균 원리는 직접효과(direct effect)와 간접효과(indirect effect)로 설명할 수 있다. 직접효과란 미생물의 DNA가 감마선 에너지를 흡수하여 화학적 결합구조가 파괴됨으로써 구조적인 손상을 유발하여 미생물을 사멸시키는 원리이다. 반면에 간접효과는 미생물 세포질 내부 혹은 미생물 주위 환경에 존재하는 물과 산소 같은 분자가 감마선을 흡수하여 자유라

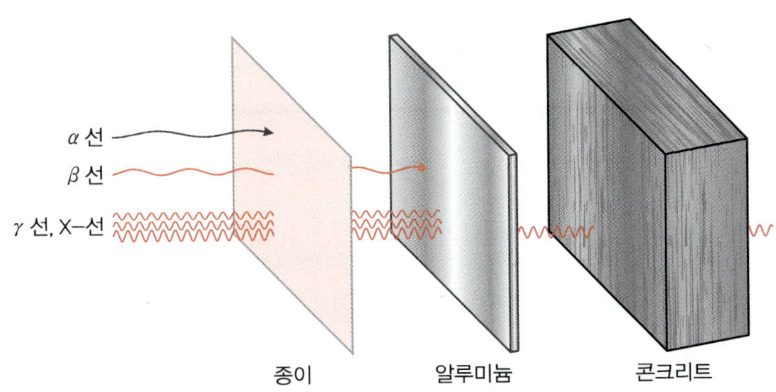

그림 9-7 방사선의 종류와 투과력

표 9-1 방사선 조사에 의한 미생물 살균에 영향을 미치는 인자

인자	영향
식품 조성	식품의 조성이 복잡할수록 방사선 조사로 생성된 자유라디칼과 식품 조성 간의 반응이 발생하여 살균효과가 낮아짐
수분활성도	수분활성도가 낮은 식품일수록 자유라디칼을 생성시킬 수 있는 수분함량이 낮아 살균효과가 낮아짐
열	아치사량(sublethal) 정도의 가열은 방사선 조사에 의한 살균효과를 증가시킴
냉동	냉동식품은 방사선 조사에 의해 생성된 자유라디칼의 반응성이 낮기 때문에 살균효과가 낮아짐
산소	방사선 조사의 간접효과로 산소에서 생성되는 자유라디칼의 양이 증가하여 살균효과가 증가됨

출처: Montville · Matthews(2008)

디칼(free radical)을 방출하고, 이 라디칼에 의해 DNA, 단백질, 세포막 지질 성분의 산화가 발생하여 사멸시키는 원리이다.

방사선 조사에 의한 미생물의 사멸은 직접효과와 간접효과가 연쇄적으로 반응하여 이루어진다. 따라서 방사선 조사에 의한 미생물의 살균효과는 식품의 조성, 수분활성도, 산소의 존재 유무 등 식품의 내적·외적 인자의 영향을 받는다 표 9-1.

방사선에 노출된 식품은 에너지를 흡수하게 되는데 이렇게 흡수된 에너지의 양을 방사선량 또는 흡수선량이라고 하며, 그레이(Gray, Gy)라는 단위로 표시한다. 1Gy는 1kg의 식품이 조사될 때 1줄(joule, J)의 에너지가 흡수되는 것과 같은 양의 에너지이다. 방사선량이 1.0kGy보다 적은 저선량이면 'Radicidation'이며, 1.0~10kGy의 중선량이면 'Radurization'으로 가열에 의한 살균(pasteurization)과 유사한 살균력을 보이며, 10kGy보다 높은 고선량은 'Radappertization'으로 가열에 의한 멸균(sterilization)과 유사한 방사선량이 된다. 1980년 세계식량기구(FAO)/국제원자력안전기구(IAEA)/세계보건기구(WHO) 합동조사식품 안전성 전문가 위원회는 평균선량 10kGy 이하의 방사선을 조사한 어떤 식품에도 독성학적 문제가 없어 별도의 독성시험을 할 필요가 없으며, 특별히 영양학적이나 미생물학적인 문제가 없다고 결론지었다.

알아두기 9-3 **방사선과 방사능의 차이 & 방사선 조사 식품의 안전성**

- **방사선(radiation):** 에너지가 높아 들뜬 상태에 있는 원자가 바닥상태로 가면서 방출하는 에너지의 흐름으로 우라늄과 플루토늄과 같은 원자량이 매우 큰 원소들은 핵이 너무 무겁기 때문에 상태가 불안정해서 스스로 붕괴를 일으킨다. 이 원소들이 붕괴하며 다른 원소로 바뀔 때 방출하는 입자나 전자기파를 방사선이라 하며, 이러한 방사선은 물질을 투과하는 성질이 있다. 방사선의 에너지는 그레이(Gray, Gy)라는 단위를 사용하며, 1Gy는 식품 1kg당 흡수한 방사선의 에너지량을 말한다. 따라서 1Gy는 J/kg을 뜻한다.
- **방사능(radioactivity):** 단위시간당 원자핵 붕괴 수를 가리킨다. 베크렐(Becquerel, Bq) 단위를 사용하며 1초간 1개의 원자핵이 분열해 방사선을 내는 방사능의 강도를 말한다. 이러한 방사능을 가진 물질을 방사성 물질이라 한다.
- **방사선 조사 식품의 안전성:** 식품에 방사선을 쪼이면 식품을 그대로 투과하기 때문에 방사성 물질이 식품에 전혀 남아 있지 않는다. 따라서 방사선 조사 식품은 큰 위험이 없는 반면에 원전사고 등으로 방사능을 가진 물질이 토양이나 해수에 잔류하여 농수산물을 오염시키고, 이러한 방사성 물질에 오염된 식품을 섭취하면 우리 몸 안에서 방사선을 방출하기 때문에 매우 위험하다.

우리나라 식품공전에서는 허용된 품목별 흡수선량을 초과하지 않도록 규정하며, 발아 억제, 살균, 살충 또는 숙도조절 이외의 목적으로는 방사선 조사 처리를 하지 않도록 하고 있다 표 9-2. 한 번 방사선 조사 처리된 식품은 다시 조사해서는 안 되며, 조사된 식품을 원료로 사용하여 제조·가공한 식품도 다시 조사해서는 안 된다. 또한 방사선 조사 처리된 식품은 식품포장에 반드시 표시해야 한다.

방사선 조사 기술은 식품에 존재하는 다양한 미생물을 사멸시킴으로써 식중독 사고와 부패 발생을 줄여 식품의 유통기한을 늘릴 수 있다. 그뿐만 아니라 식품의 색, 향미, 조직감 같은 물리적인 특성 및 영양적인 면에도 거의 영향을 주지 않는 장점이 있다. 하지만 방사선 사용에 대한 소비자의 거부감이 커 식품 살균 목적의 사용에 어려움이 있으며, 세계 각국의 식품안전 규제당국이 식품의 방사선 조사에 대한 엄격한 관리를 실시하고 있어 식품에 대한 광범위한 사용에 제한이 있다.

표 9-2 우리나라 허용대상 식품별 흡수선량 및 조사 목적

품목	조사 목적	선량(kGy)
감자	발아 억제	0.15 이하
양파		
마늘		
밤	살충 · 발아 억제	0.25 이하
버섯(건조 포함)	살충 · 숙도 조절	1 이하
난분	살균	5 이하
곡류(분말 포함), 두류(분말 포함)	살균 · 살충	
전분	살균	
건조식육	살균	7 이하
어류분말, 패류분말, 갑각류분말		
된장분말, 고추장분말, 간장분말		
건조채소류(분말 포함)		
효모식품, 효소식품		
조류식품		
알로에분말		
인삼(홍삼 포함) 제품류		
조미건어포류		
건조향신료 및 이들 조제품	살균	10 이하
복합조미식품		
소스		
침출차		
분말차		
특수의료용도등식품		

출처: 식품의약품안전처 식품공전

(3) 초고압 가공 기술

초고압 가공(high-pressure processing, HPP) 기술은 용어 그대로 높은 압력을 이용하여 식품을 살균하는 기술이다. 약 100~1,000MPa 정도의 압력을 가하면 미생물의 세포막이나 세포벽 구조가 파괴되어 세포 내 물질들이 유출되고 세포 주요 효소를 포함한 단백질을 변형시켜 살균하는 원리이다. 식품 살균을 위해서는 균일한 압력을 가하는 것이 중요한데, 이를 위해 초고압 처리 장치 내부에 물이 들어가고 물에 의해 식품 전체에 균일하게 압력을 가하는 등정압(isostatic pressure) 원리를 따른다 그림 9-8.

19세기 말부터 초고압 처리는 미생물의 생육에 영향을 준다는 보고가 있었고, 우유에 처리했을 때 저장성이 향상된다는 사실을 밝혀내기도 했다. 1990년대에 이르러 일본에서 잼이나 주스 등의 살균에 상업적으로 이용했고, 2000년대에는 굴과 같은 해산물에 존재하는 바이러스와 식중독 세균을 제거하기 위해 상업적으로 사용하기 시작했다. 현재는 육가공품과 소스 가공에도 사용되는 등 상업적 적용 범위가 점점 넓어지고 있다. 초고압 가공 기술은 살균뿐만 아니라 식품의 물성 변화도 유발하기 때문에 식품의 가공 목적으로도 사용할 수 있다. 또한 열을 처리하지 않고 미생물을 사멸시킬 수 있어 식품의 화학적 및 영양학적 품질을 잘 유지할 수 있다. 비록 일부 단백질이 많은 식품의 경우,

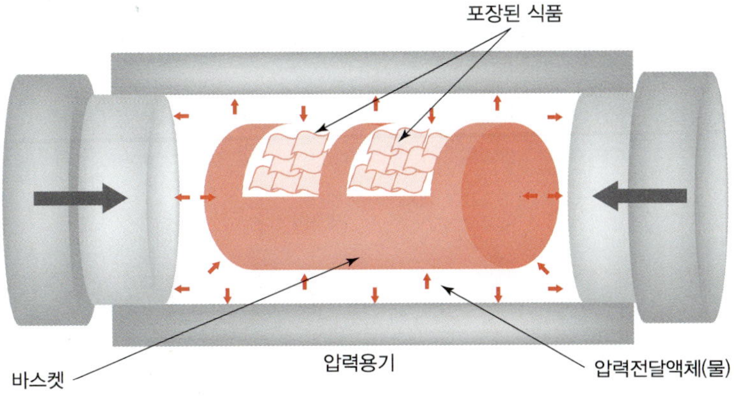

그림 9-8 식품 살균을 위한 초고압 가공 기술
출처: Balakrishna et al.(2020)

초고압 처리로 단백질이 변성되기도 하지만 가열처리에 비해 그 영향은 적은 편이다. 또한 완전 포장된 식품에도 적용이 가능하기 때문에 가공 후에 발생할 수 있는 교차오염도 방지할 수 있다. 하지만 1,000MPa 이하의 압력으로는 세균 포자까지 파괴하지 못하고, 반대로 너무 높은 압력은 식품의 관능적인 품질에도 영향을 미친다. 1,000MPa 이하에서 포자를 파괴시키기 위해서는 열이나 다른 항균물질과 함께 처리하여 살균효과를 증대시키는 방법을 사용하기도 한다. 초고압 가공 장비는 가격이 비싸기 때문에 초기 설비 투자에 비용이 많이 들어 식품산업 전반에 적용하기에는 한계점이 있다.

일반적으로 영양세포는 약 200~800MPa 정도의 압력으로 사멸시킬 수 있으며, 세균 포자를 파괴하기 위해서는 1,000MPa 이상의 압력이 필요하다. 또한 그람양성균이 그람음성균에 비해 압력에 대한 저항성이 강한 편이다.

(4) 펄스전기장

펄스전기장(pulsed electric field, PEF)은 식품을 약 20~80kV/cm^2 정도의 높은 전압으로 처리하면 미생물 세포 사이에 양극과 음극을 가지는 전기장이 형성된다. 따라서 세포막을 사이에 두고 양극쪽은 음전하로 더 많이 하전된 물질들이 이동하고 반대로 음극쪽은 양전하로 더 많이 하전된 물질들이 이동하게 된다. 이렇게 세포막 주위로 이동된 물질들과 각 극에 형성된 전기적 인력이 임계점을 넘어서게 되면 세포막이 더 이상 견디지 못하고 세포막에 구멍이 생기며 파괴되는 원리로 미생물을 사멸시킬 수 있다 **그림 9-9**.

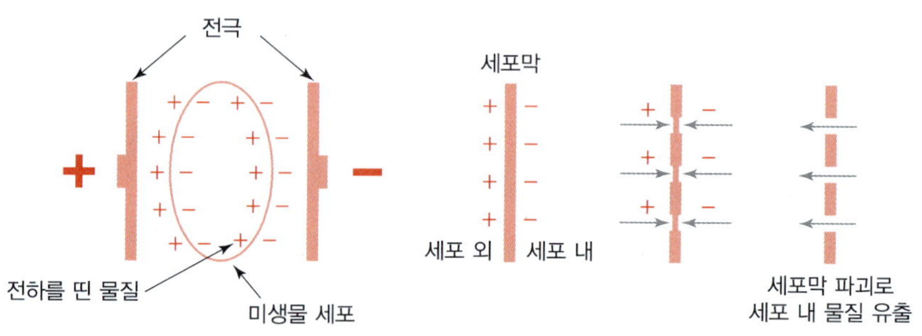

그림 9-9 펄스전기장에 의한 미생물 세포막 파괴 모식도

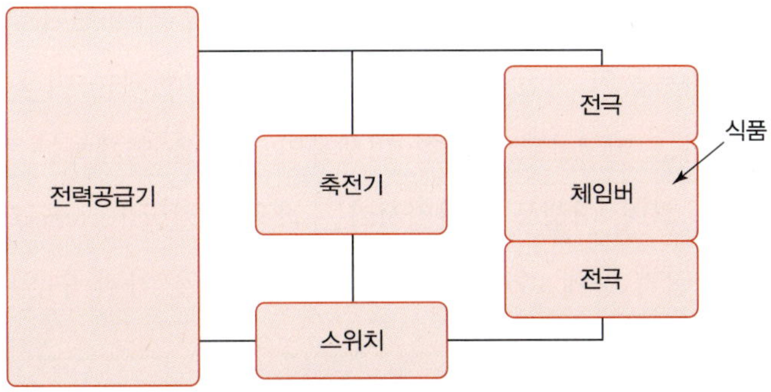

그림 9-10 펄스전기장 장치 모식도

펄스전기장은 고전압을 이용하기 때문에 전력공급기(power supply), 축전기(capacitor), 스위치(switch), 식품을 처리하는 공간으로 전극(electrode)이 들어 있는 체임버(chamber)로 구성되며, 안전한 구역에 설치되어 있어야 한다 **그림 9-10**. 우유, 발효유, 오렌지주스, 액상 난황에 펄스전기장을 적용했을 때 효모와 곰팡이가 약 5Log 정도 사멸된다는 보고가 있다. 펄스전기장 처리는 짧은 시간 내에 이루어지기 때문에 식품의 품질에는 거의 영향을 주지 않으면서 미생물을 사멸시키는 장점이 있다. 반면에 전기장이 잘 흐르지 않는 고체식품에는 적용하지 못하고 액체식품에만 적용할 수 있는 한계가 있다.

2. 화학적 제어법

화학적 제어법은 식품에 직접 첨가하여 식품 내 미생물의 생육을 억제 혹은 사멸시키는 방법과 식품 표면이나 식품이 직접 닿는 표면에 존재하는 미생물을 사멸시키는 방법으로 나눌 수 있다. 식품에 직접 첨가하는 항균물질에는 주로 보존제나 유기산 등이 있으며, 식품에 어느 정도 잔류하고 있어도 큰 문제가 없다. 식품 표면 살균용으로는 식품에 잔류하지 않고 처리 후 바로 분해되는 차아염소산나트륨이나 오존과 같은 살균소독제가 사용된다. 화학적 제어법에 사용되는 대부분의 항균제 또는 소독제의 대상이 되는 미생물은 식중독과 부패를 일으키는 미생물로 이러한 미생물의 생육을 억제하는 작용을 정균(bacteriostatic)이라 하며, 미생물을 사멸시키는 작용을 살균(bactericidal)이라 한다. 사용되는 항균물질과 양에 따라 정균 또는 살균작용을 가질 수 있다.

1) 유기산

유기산(organic acid)은 과일에 많이 존재하며 발효식품에서도 흔히 발견되는 미생물의 대사산물로 사람에게 안전한 물질로 알려져 있다. 미국 식품의약품안전청(Food and Drug Administration, FDA)에서 GRAS(generally recognized as safe) 목록에 등재되어 있기 때문에 목적과 사용량에 일부 제한이 있지만, 식품에 자유롭게 사용할 수 있다. 우리나라 식품첨가물공전에도 다양한 유기산이 보존료로 등재되어 있으며, 사용기준을 따르도록 권고하고 있다. 안식향산, 소르브산, 데히드로초산, 프로피온산 등이 대표적인 식품보존제로 사용되는 유기산들이며, 나트륨이나 칼륨 등이 유기산에 결합된 유기산염의 형태로도 사용될 수 있다 표 9-3.

유기산에 의한 정균 혹은 살균작용은 유기산의 미생물 세포막 투과능력에 좌우된다. 미생물 세포막은 인지질의 인산기에 의해 전기적으로 음전하로 하

표 9-3 보존제로 사용되는 대표적인 유기산 및 허용식품의 예

유기산	pKa값	미생물	허용식품	허용농도(g/kg)
안식향산	4.19	곰팡이, 효모	과일 · 채소음료, 탄산음료, 간장, 마요네즈, 잼류, 마가린 등	0.25~1.0
소르브산	4.76	곰팡이, 효모, 일부 세균	치즈류, 농축과일즙, 탄산음료, 잼류, 마요네즈 등	0.2~3.0
데히드로초산	5.12	세균, 효모	치즈류, 버터류, 마가린	0.5 이하
프로피온산	4.88	곰팡이, 효모, 일부 세균	빵류, 치즈류, 잼류	1.0~3.0

출처: 식품의약품안전처 식품첨가물공전

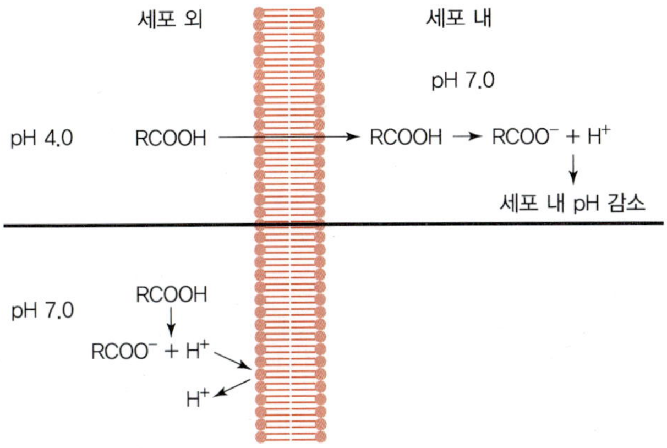

그림 9-11 유기산의 항균 원리

전된 상태로 존재하기 때문에 해리된 분자(-COO⁻ 또는 H⁺)는 투과하지 못하는 반면 비해리된 분자(-COOH)는 쉽게 투과할 수 있다 그림 9-11. 비해리된 분자가 세포막을 투과하여 pH 7.0의 세포질 내부로 들어가면 그 비해리된 분자에서 수소이온(H⁺)이 해리된다. 이는 일반적으로 유기산의 산도계수(pKa)값이 4.0~4.9 정도이기 때문에 세포질의 중성 pH에 노출되면 해리가 발생한다. 해리된 수소이온으로 인해 세포질 pH가 감소하게 되어 미생물 세포의 대사와 관련된 다양한 효소 작용이 억제되어 생육이 불가능하게 된다. 또한 세포 내부에 축적된 수소이온을 바깥으로 내보내기 위해 미생물 세포는 에너지를 사용하게 되는데, 이때 에너지를 과도하게 사용하면 에너지가 고갈되어 미생물의 생육이 억제된다. 따라서 식품의 pH가 낮을수록 비해리된 분자가 많이 존재할 수 있기 때문에 유기산의 정균 혹은 살균효과가 증가하며, 반대로 식품의 pH가 높을수록 그 효과는 감소한다. 유기산은 안전하고 쉽게 이용할 수 있다는 장점이 있는 반면에 유기산의 산도계수값 이하의 pH 조건에서만 효과가 나타나기 때문에 제한이 있으며 과도한 사용은 식품의 풍미에도 영향을 미치는 단점이 있다.

2) 아질산나트륨

아질산나트륨(sodium nitrite)은 식품첨가물로 우리나라에서 발색제와 보존료의 용도로 식육가공품, 기타동물성가공식품, 어육소시지, 명란젓, 연어알젓에 0.005~0.07g/kg의 농도에 한해 첨가할 수 있다. 특히 육가공 산업에서 아질산염은 식육을 염지(curing)할 때 첨가하는 물질로 육제품의 육색을 고정시키거나 풍미를 향상시킬 뿐만 아니라 항산화작용도 가지고 있어 널리 사용되고 있다. 이러한 기능에 더해 식육가공품에서 문제가 되고 있는 *Clostridium botulinum*의 생육을 억제하는 항균기능도 있다. 아질산염은 식육 내에서 질산염(nitrate), 질산(nitric acid) 및 일산화질소(nitric oxide)로 전환되며, 일산화질소는 미생물의 산화적 호흡에 중요한 역할을 하는 철-황단백질과 결합하여 에너지 생산을 막아 미생물의 생육을 억제한다. 하지만 아질산염은 육류에 존재하는 아민류와 반응하여 니트로사민(nitrosamine)이라는 발암성 물질을 만든다고 알려져 있어 여전히 위해성 논란이 있는 첨가물이다.

3) 살균소독제

살균소독제는 식품의 표면이나 식품이 접촉하는 식품가공 기기 등에 존재하는 미생물을 사멸시키기 위해 사용하는 식품첨가물로 우리나라 식품첨가물공전에 등재된 제품만 사용기준에 따라 제한적으로 사용할 수 있다. 현재까지 과산화수소(hydrogen peroxide, H_2O_2), 오존수(ozone, O_3), 이산화염소(수)(chlorine, ClO_2), 차아염소산나트륨(sodium hypochlorite, NaClO), 차아염소산수(hypochlorous acid water, HOCl), 차아염소산칼슘[calcium hypochlorite, $Ca(ClO)_2$], 과산화초산(peroxyacetic acid, CH_3COOOH)의 7개 품목에 대해 식품의 살균 목적으로 사용할 수 있도록 식품첨가물로 허가되어 있으며, 이러한 살균소독제는 최종식품이 완성되기 전에 분해되거나 제거되어야 한다. 우리나라에서 허용된 식품 살균용 소독제의 종류와 사용기준에 대해서는 표 9-4를 참고하면 된다.

차아염소산나트륨을 비롯한 대부분의 살균소독제는 강력한 산화제로 미생물 세포막지질, 단백질, DNA 등을 산화시켜 미생물 세포를 사멸시킬 수 있다. 차아염소산나트륨(락스의 주성분)은 알칼리성으로 산성의 pH에서 살균효과가 증가하기 때문에 pH를 조절하여 사용하는 것이 바람직하다. 일반적으로 차아염소산나트륨을 식품 살균용으로 사용할 때는 유효염소 80~130ppm을 함유하는 용액에 식품을 침지하여 흐르는 물에 2~3회 헹구어주는 것이 바람직하다. 살균소독제 중 가격이 저렴하고 살균효과가 뛰어나 가장 보편적으로 사용된다. 하지만 금속성 물질을 부식시키거나 유기물질이 존재할 때 쉽게 효과를 상실하고, 과도한 양을 사용할 경우 유기물질과 반응하여 트리할로메탄(trihalomethanes, THM)이라는 발암물질을 생성하여 이산화염소, 차아염소산수, 과산화초산을 대체제로 사용하기도 한다.

표 9-4 국내에 허용된 식품 살균용 살균소독제 종류 및 사용기준

종류	사용기준	적정 사용농도
과산화수소	최종식품의 완성 전에 분해되거나 제거되어야 한다.	400~1,200ppm
오존수	과실류, 채소류 등 식품의 살균 목적에 한하여 사용하여야 하며, 최종식품이 완성되기 전에 제거되어야 한다.	0.3~3ppm
이산화염소(수)	과실류, 채소류 등 식품의 살균 목적에 한하여 사용하여야 하며, 최종식품이 완성되기 전에 제거되어야 한다.	10ppm
차아염소산나트륨	과실류, 채소류 등 식품의 살균 목적에 한하여 사용하여야 하며, 최종식품이 완성되기 전에 제거되어야 한다(참깨에 사용해서는 안 된다).	80~130ppm(유효염소)
차아염소산수	과실류, 채소류 등 식품의 살균 목적에 한하여 사용하여야 하며, 최종식품이 완성되기 전에 제거되어야 한다.	20~70ppm(유효염소)
차아염소산칼슘	과실류, 채소류 등 식품의 살균 목적에 한하여 사용하여야 하며, 최종식품이 완성되기 전에 제거되어야 한다.	적정 농도
과산화초산	과실류, 채소류, 포유류, 가금류의 살균 목적에 한하여 사용하여야 하며, 최종식품이 완성되기 전에 식품 표면으로부터 침지액 또는 분무액을 털어내거나 흘러내리도록 하여야 한다.	• 과일 · 채소류: 0.080g/kg • 포유류: 1.8g/kg • 가금류: 2.0g/kg

출처: 식품의약품안전처(2019)

3. 생물학적 제어법

최근 들어 화학 보존제나 살균소독제에 대한 소비자의 거부감이 증가함에 따라 자연유래의 항균물질에 대한 관심이 증가하고 있다. 자연유래의 항균물질이란 자연에 존재하는 다양한 동식물성 원료에서 추출된 물질로서 천연항균물질이라고도 한다. 오랫동안 사람들이 먹어 왔던 원료에서 추출되었기 때문에 일반적으로 인체에 무해하다고 인식되고 있다. 일부 천연항균물질은 원료에 함유되어 있는 양이 너무 적기 때문에 그 자체로서는 전혀 항균물질로서의 역할을 하지 못하고 고농도로 농축해서 사용해야만 항균 특성을 나타내기도 한다. 하지만 너무 높은 농도를 사용하면 식품의 이화학적 및 관능적인 특성에 영향을 미치기 때문에 적절한 농도를 적용하는 것이 중요하다.

천연항균물질은 그 유래에 따라 미생물성, 식물성, 동물성 유래로 구분할 수 있다. 이러한 천연항균물질을 적용하여 식품에 존재하는 미생물을 제어하는 기술을 생물학적 제어법이라 한다. 미생물을 비롯한 동식물은 외부의 병원체에 대한 보호 작용으로 천연항균물질을 내재하고 있다.

1) 박테리오신

박테리오신(bacteriocin)은 미생물 유래의 대표적인 천연항균물질로, 아미노산으로 이루어진 펩타이드 형태이다. 미생물이 이러한 박테리오신을 만드는 이유는 자신이 존재하는 곳(식품이나 환경)에서 생존하기 위해서는 영양분을 독점적으로 차지할 필요가 있는데, 이를 위해 자신과 유사한 미생물 종을 죽이는 데 사용하기 위해서이다. 즉, 자기방어를 위해 박테리오신을 생산한다고 볼 수 있다. 박테리오신을 생산하는 미생물 균주가 그람양성균이라면 주로 그람양성균을 죽일 수가 있는데, 이는 세포벽 구조가 유사하기 때문이다. 많은 유산균이 박테

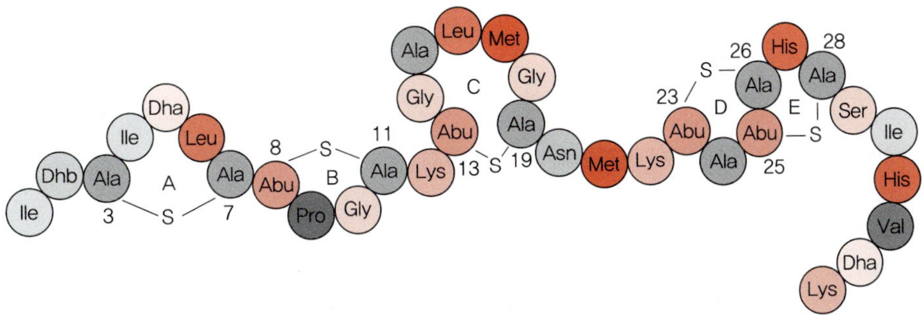

그림 9-12 니신의 구조

리오신을 생산하며, 이외에도 대장균이나 *Bacillus* 계통의 미생물도 박테리오신을 생산한다고 알려져 있다.

박테리오신의 대표적인 예로 니신(nisin)이 있다. 독특한 고리구조(lanthionine)를 가지고 있는 펩타이드로 그람양성의 유산균인 *Lactococcus lactis*가 생산하며, 항균제로서 많은 국가에서 사용되고 있다 그림 9-12 . 니신은 경쟁 미생물의 펩티도글리칸층 형성에 관여하는 세포막 단백질에 결합하여 펩티도글리칸층 형성을 방해하고 세포막에 구멍을 내어 세포 내 물질을 유출시키는 방법으로 항균작용을 나타낸다. 니신은 부패나 식중독과 관련된 세균인 *Bacillus* 속, *Clostridium* 속, *Listeria monocytogenes*에 대해 항균 활성이 높은 것으로 알려져 있어 이러한 세균을 제어하는 데 사용되고 있다. 또한 그람음성균이나 내생포자 제어를 위해 비가열처리법이나 다른 항균물질과 병용하는 연구도 많이 보고되고 있다. 니신 외에도 페디오신(pediocin), 사카신(sakacin), 엔테로신(enterocin) 등 다양한 미생물로부터 박테리오신이 생산된다. 박테리오신은 펩타이드성 천연항균물질로 소화효소 중 단백질 분해효소에 의해 쉽게 분해되어 인체에 무해하며, 다양한 균종에 항균효과가 있어 항균 스펙트럼이 넓고, 유전자 조작에 의해 박테리오신의 항균활성과 안정성을 높일 수 있는 장점이 있다.

2) 유산균

유산균(lactic acid bacteria)은 프로바이오틱스(probiotics)로 사용되는 미생물로 세계식량기구(FAO)와 세계보건기구(WHO)에서는 프로바이오틱스를 '적당량을 섭취했을 때 인체에 이로움을 주는 살아 있는 미생물'로 정의하고 있다.

여러 이로운 점 중에 하나는 해로운 미생물인 병원성 세균의 생육을 저해하는 기능이 있다는 점이다. 유산균의 항균 특성에서 대표적인 것은 앞서 살펴본 바와 같이 박테리오신의 생산이다. 또한 유산균은 생육하면서 젖산을 생산하기 때문에 주위 환경의 pH를 낮출 뿐만 아니라 낮은 pH 환경에서 생육이 가능함에 따라 그 환경에서 우점균으로서 영양분을 고갈시켜 병원성 세균의 생육을 저해할 수 있다.

이 외에도 일부 유산균종은 항균물질인 과산화수소를 생산할 수 있다. 유산균의 이러한 항균 특성을 이용하여 식품에 직접 첨가함으로써 병원성 세균의 생육을 저해하거나 혹은 사멸시킬 수 있으며, 가축의 사육 시에는 사료에 첨가하여 가축의 장내 병원성 세균을 제어할 수 있다. 박테리오신을 정제해서 사용하는 것보다 유산균을 직접 식품에 적용하는 것이 가격적인 면에서 저렴하며, 대부분의 유산균이 발효식품 유래이기 때문에 안전성이 확보되어 있고 또한 장내 건강을 향상시킨다는 점에서 다양한 장점이 있다.

3) 박테리오파지

박테리오파지(bacteriophage)는 세균(bacteria)만을 숙주세포로 해서 감염시키는 바이러스(virus)를 통칭하는 용어로 일반적으로 파지(phage)라고도 한다. 박테리오파지에 의한 식중독 세균의 사멸은 다른 바이러스와 마찬가지로 용균성 생활사(lytic cycle)에 기인한다. 박테리오파지가 숙주세균의 표면에 부착한 후 박테리오파지의 유전물질인 DNA 또는 RNA를 숙주세균 내부로 주입한다. 숙주세균에 주입된 박테리오파지의 유전물질은 숙주세균의 유전자 복제 시스템을 이용하여 내부에서 복제되며 증식한다. 일정한 수까지 증식하면 숙주세균의 세포막을 파괴하는 효소가 생산되고 세포막이 파괴되면서 숙주세균의 세포가 터지게 된다. 박테리오파지의 생활사는 그림 7-5를 참고하면 된다.

미국의 경우, 특정 식중독 세균을 제어하기 위한 박테리오파지 사용이 가능하기 때문에 다양한 상업용 제품군이 출시되고 있으나, 우리나라에서는 가축 사료에 국한해서 첨가할 수 있으며, 아직 식품에는 식품첨가물로 허가되지 않아 사용할 수 없다.

박테리오파지는 숙주세포 속에서 자가 증식 능력이 있기 때문에 재생산될 수 있어 경제적이고, 숙주에 대한 특이성이 매우 높아 인체에 무해하며, 식품 내에서 매우 안정적으로 존재할 수 있고, 식품의 품질에 영향을 미치지 않는 장점이 있다. 단점은 숙주세균의 범위가 한정적이며, 식품에 살아 있는 바이러스를 사용한다는 점에서 소비자의 거부감이 있다는 것이다.

4) 항균오일

정유(essential oil, EO)는 향신료로 사용되는 식물이나 허브에 존재하는 성분으로 항균 특성을 가지고 있어 항균오일이라고도 불린다. 식물의 정유 성분들은 주로 소수성의 방향족 구조(terpene)를 가지고 있기 때문에 물로는 잘 추출되지 않고 에탄올과 같은 유기용매를 사용해서 추출할 수 있다.

대표적인 항균오일 성분으로는 클로브(clove)의 유게놀(eugenol), 계피(cinnamon)의 시나몬알데하이드(cinnamon aldehyde), 오레가노(oregano)의 카바크롤(carvacrol), 타임(thyme)의 티몰(thymol) 등이 있다 표 9-5.

항균오일은 소수성 성질로 인해 주로 미생물의 세포막 기능을 방해하거나 세포막의 파괴를 통해 항균작용을 나타내는 것으로 알려져 있다. 이러한 이유 때문에 항균오일은 외막과 내막을 가지고 있는 그람음성균보다 세포질막만 가지

표 9-5 항균오일 성분의 종류 및 대상 미생물

식물	항균오일 성분	대상 미생물
클로브	eugenol	*E. coli*, *Salmonella*, *L. monocytogenes*, *S. aureus*
계피	cinnamon aldehyde	
오레가노	carvacrol	*E. coli*, *Salmonella*, *L. monocytogenes*, *S. aureus*, *B. cereus*, 일부 효모 및 곰팡이
타임	thymol	
세이지, 로즈마리	terpenes, borneol, camphor, thujone	*B. cereus*, *Salmonella*, *L. monocytogenes*를 비롯한 대부분의 그람양성균
바닐린	4-hydroxy-3-methoxy-benzaldehyde	곰팡이 및 그람양성균

출처: Montville · Matthews(2008)

고 있는 그람양성균에 더 효과적이다. 하지만 정유 성분에 따라 항균작용이 다르고 미생물에 따라 정유성분에 대한 민감도가 다르기 때문에 항균효과는 차이가 날 수 있다.

마늘에 있는 알리신(allicin)이라는 성분은 효소가 작용하여 생성되는데, 흔히 마늘을 으깨거나 절단하면 나는 매운 냄새의 주성분이다. 알리신은 미생물 효소의 티올기(thiol, R-SH)와 반응해서 효소의 기능을 억제한다. 양파와 겨자도 마늘과 유사한 항균작용이 있다. 식물에는 정유 성분뿐만 아니라 항산화 작용을 가지는 페놀성화합물(phenolic compound)도 많이 존재하는데, 주로 미생물 효소나 단백질에 무작위로 결합하여 미생물의 대사를 저해하는 항균작용을 가지고 있다. 항균오일은 식물에서 유래한 천연물질이라 식품에 사용하는 데 큰 제약은 없지만, 특유의 향과 색이 있어 식품의 품질에 영향을 미칠 수 있고, 식품에 적용할 때는 항균작용이 감소된다는 단점이 있다.

5) 동물 유래의 항균물질

리소자임(lysozyme)은 달걀, 우유, 사람의 눈물에 존재하는 항균물질로 낮은 pH(<pH 5.3)에서는 100℃에서도 안정한 효소이다. 리소자임은 미생물 세포벽의

펩티도글리칸층을 분해함으로써 항균작용을 나타낸다. 따라서 리소자임은 펩티도글리칸층이 외부에 존재하는 그람양성균에 더 효과적이다. 그람음성균의 경우, 펩티도글리칸층이 외막과 내막 사이에 존재하기 때문에 리소자임의 항균효과가 잘 나타나지 않는다. 그람음성균에 대해 리소자임의 항균효과를 증가시키려면 리소자임이 펩티도글리칸층까지 도달할 수 있도록 외막을 불안정하게 만들어야 한다. 이를 위해 EDTA와 같은 킬레이트 물질이나 pH, 열, 삼투압 충격법을 이용한다.

락토페린(lactoferrin)은 우유에 존재하는 구형의 당단백질로 철분자와 결합할 수 있는 부위 두 곳을 가지고 있다. 구조적인 특징으로 유리된 철분과 쉽게 결합할 수 있으며, 결과적으로 미생물 생육에 반드시 필요한 철분을 제거하는 방법으로 항균작용을 나타낸다. 달걀에도 락토페린과 같은 항균작용을 하는 오보트랜스페린(ovotransferrin)이라는 단백질이 있다.

달걀 속 에비딘(avidin)이라는 단백질은 4분자의 비오틴(biotin) 분자와 결합할 수 있다. 이런 구조적인 특징으로 미생물 생육에 필요한 비오틴을 환경에서 제거함으로써 미생물의 생육을 억제한다.

우유와 같은 포유류의 원유에 존재하는 락토퍼옥시데이즈(lactoperoxidase)는 자체만으로는 항균작용을 나타내지 않지만, 과산화수소(hydrogen peroxide)나 티오시안(thiocyanate, SCN-)과 같이 존재할 경우 항균작용을 나타낸다. 락토퍼옥시데이즈는 과산화수소를 분해하여 산소를 유리시키는데, 유리된 산소는 다른 물질을 산화시킬 수 있다. 이렇게 산화된 물질은 반응성이 뛰어나 미생물에 존재하는 다른 물질의 산화를 촉진하며 항균작용을 나타낸다. 또한 락토퍼옥시데이즈는 시안화합물을 산화시켜 하이포티오시안(hypothiocyanite, -OSCN)이라는 중간산화물을 생성시키는데, 이러한 중간산화물은 미생물 에너지 대사에 필요한 효소들의 활성을 억제시켜 항균작용을 나타낸다.

키틴(chitin)은 갑각류나 진균류의 세포벽에 널리 분포하는 고분자 다당류로 키틴을 탈아세틸화하여 제조한 것이 키토산(chitosan)이다. 키토산은 무색, 무독, 생분해성의 특징이 있어 천연항균물질로 식품에 직접 첨가되거나 혹은 항균필

름을 제조하여 식품에 이용될 수 있다. 키토산의 항균작용에 대해서는 현재 연구 중이나, 일반적으로 키토산 2번 탄소에 존재하는 양이온성의 아민기가 음전하를 띠는 미생물의 세포막에 부착하여 물질의 이동을 제한함으로써 항균 특성을 나타낸다고 알려져 있다. 키토산은 물에 잘 용해되지 않아 낮은 pH에서 용해시켜야 하며, 점성이 있어 식품에 이용하기에는 아직 해결해야 될 문제점들이 많다.

M E M O

FOOD MICROBIOLOGY

CHAPTER

10

발효식품과 미생물

1. 발효식품
2. 발효과정
3. 발효식품의 종류
4. 발효에 관여하는 주요 미생물

발효식품과 미생물

CHAPTER 10

1. 발효식품

발효식품(fermented food)이란 농경사회가 시작된 메소포타미아와 인더스 문명지에서 잉여 농산물을 저장하는 한 형태로 생겼다고 추측한다. 발효식품은 미생물의 생리적 작용을 이용해서 제조한 식품을 말한다. 발효는 주로 세균, 효모, 곰팡이류의 미생물이 작용하여 이루어지며, 일반적으로는 단일 종류의 미생물이 관여하는 경우보다는 여러 종류의 미생물이 복합적으로 작용해서 만들어지는 경우가 많다. 이런 발효식품은 현재 3,500개 이상이 전 세계적으로 생산·소비되고 있다. 다양한 종류의 발효식품이 오랜 기간 소비되고 있었지만 대부분 소량생산이며 일부는 발효종균을 사용하여 상업적으로 생산하고 있다.

알아두기 10-1 **발효 vs. 부패**

발효(fermentation)와 부패(spoilage)는 식품을 구성하고 있는 단백질, 지방 및 탄수화물과 같은 영양성분이 미생물의 작용으로 분해되며 일어나는 과정이다. 이 중 사람에게 유익한 생산물로 변화한 현상을 발효라 하며, 식품성분이 분해되어 유해한 물질이 만들어지거나 가식성을 잃는 과정을 부패라 한다.

식품 발효에는 우유, 고기, 생선, 채소, 과일, 시리얼 곡물, 씨앗 그리고 콩 등의 다양한 원료를 사용할 수 있으며, 단일 또는 혼합된 형태로 발효한다. 많은 민족들은 그들만의 특유의 발효식품을 생산하고 소비한다. 현재 소비된 발효식품의 대부분은 수천 년 동안 인간에 의해 생산되고 소비되었다. BC 5000년 인더스 문명, 메소포타미아, 이집트 같은 고대 문명에서도 우유, 과일, 시리얼 곡물, 채소의 발효식품을 생산하였으며, 이는 식품의 보존기간을 연장하는 데 큰 도움이 되었다.

2. 발효과정

발효식품은 발효에 관여하는 미생물의 기원에 따라 1) 자연 발효(natural fermentation), 2) 백-슬로핑 발효(back slopping fermetation), 3) 종균 발효(controlled fermentation)로 나눈다.

1) 자연 발효

발효에 사용되는 많은 원료는 자연적으로 존재하는 미생물을 포함하고 있다. 미생물은 발효에 바람직한 미생물도 있으며, 부패와 관련된 미생물, 식중독을 일으키는 병원성균도 있다. 성공적인 발효는 바람직한 미생물 균총(microbial community)을 형성하고 부패균(putrefactive bacteria) 및 병원성균(pathogenic bacteria)의 생육이 억제된다. 그뿐만 아니라 형성된 미생물 균총의 미생물 대사로 인해 생성되는 대사체들로 발효식품의 향기성분 및 식품의 물성을 향상시킨다. 그러나 자연에 의존하는 미생물 균총은 온도, 기후, 지역과 같은 환경적인 영향을 받아 바람직하지 않은 미생물에 의해 원하지 않는 최종 발효식품을 생산하기도 하며, 대부분 발효기간이 길어 대량생산에는 적합하지 않다.

2) 백-슬로핑 발효

자연 발효의 단점을 보완한 방법이다. 성공적인 발효를 이끈 발효산물의 일부를 새로운 발효식품의 발효 초기에 첨가하여 발효시간을 단축시키고 바람직한 미생물 균총이 형성되도록 유도한다. 소규모 생산업체에서 주로 사용되며, 가정에서도 이용된다. 대표적인 발효방식은 케피르(kefir) 요구르트나, 다히(dahi)를 들 수 있다. 백-슬로핑에 사용되는 기 발효산물은 여러 미생물의 집합체로 미생물 균총이 특정되지 않아 부패균이나 위해균이 존재할 수 있다.

3) 종균 발효

발효를 성공적으로 이끈 미생물을 순수 분리하여 특성을 파악하고 해당 미생물을 발효의 종균(starter)으로 사용한다. 종균은 단일 및 혼합하여 높은 밀도(10^6 cells/ml or more)로 첨가하면 미생물 균총을 조절할 수 있다. 발효에 사용되는 종균은 발효에 첨가하기에 적당한 배지를 사용하여 적절한 농도로 키워 준비하는데, 이렇게 준비된 상태를 종균 배양(starter culture)이라고 한다. 종균을 사용한 발효는 발효산물이 재현되며, 부패 및 병원성균의 생육 가능성이 거의

알아두기 10-2 **종균의 안전성 평가시스템**

- 발효식품에 사용되는 종균은 오랜 사용 및 섭취 이력으로 안전성을 간주하였다. 그러나 항생제내성균의 증가와 병원성균에 대한 과학적 이해가 증가되면서 종균에 대한 안전성 평가를 진행하고 있다. 발효에 사용되는 미생물의 대표적인 안전성 평가시스템은 유럽 연합의 Qualified Presumption of Safety(QPS) 시스템이다.
- 2000년 초 식품이나 사료에 사용될 미생물의 안전성 평가를 위해 유럽 연합의 European Food Safety Authority(EFSA)에서 미생물 안전성 평가시스템인 QPS를 제안하였다. 전통적으로 사용되는 미생물 가운데 종 수준에서 사용되는 미생물을 대상으로 안전성 평가를 도입하여 QPS 목록을 2007년부터 게시하였다. 이후 매년 QPS 목록의 검증 및 신규 미생물에 대한 안전성 평가를 수행하다 2014년부터 3년마다 수행하기로 결정하였다.
- 우리나라도 종균으로 사용하기 위해서는 식품원료목록에 등재되어 있어야 하며, 신규 원료 목록을 등재하기 위해서는 한시적 식품원료로서 안전성 평가를 해야 한다.

없다. 발효산물의 재현 및 예측은 대량생산에 적합하여 상업적 발효에 사용된다. 그러나 자연 발효나 백-슬로핑 발효의 다양한 미생물 균총이 이끄는 발효산물의 풍부한 향기 성분과 같은 발효의 독특한 특징이 줄어들 수 있다.

3. 발효식품의 종류

발효식품은 발효산물에 따라 알코올 발효, 산 발효, 아미노산 발효, 당 발효 등으로 구분하며, 발효에 이용되는 원료에 따라 발효 유제품, 발효 육제품, 발효 채소 제품, 발효 콩제품, 발효 수산물 제품, 알코올 발효 제품 등으로 나뉜다.

1) 발효 유제품

우유를 유용한 유산균으로 발효시켜서 저장성과 기호성을 갖게 한 유제품이다. 발효과정에 사용된 우유의 구성과 질은 발효미생물의 성장에 영향을 미친다. 우유는 단백질 3.2%, 젖당 4.8%, 지방 3.9%, 미네랄 0.9% 그리고 소량의 비타민과 칼슘, 87.2%의 물로 구성되어 있다. 단백질 중에서 카제인이 알부민과 글로불린보다 높은 비율을 차지한다. 유당은 주요 탄수화물로 갈락토스와 글루코스로 이루어진 이당류이다.

(1) 유산음료

탈지유를 95~100℃에서 40~60분간 살균하거나 115℃에서 순간 살균하여 40℃로 급랭한 다음 *Lactobacillus bulgaricus*를 종균으로 2.0~2.5% 접종하고 37~40℃에서 20~24시간 발효시키면 1.0% 전후의 젖산이 생성되어 우유가 응고되며 커드가 된다. 커드를 풀어 균질화한 다음 동량의 설탕을 가하여 85℃로 냉각하고 향료를 적당히 넣은 뒤 잘 저어 병에 넣어 포장한다. 보통 칼피스 제품은 5~6배의 물로 희석하여 마신다.

(2) 요거트

플레인 요거트(plain yogurt)는 탈지유(또는 저지방)를 농축시킨 후 종균이 일으키는 응고로 생성된 반고체 제품이다. 호두맛과 비슷한 뚜렷한 신맛을 가지고 있고 식감이 부드럽다. 아세트알데히드(acetaldehyde), 젖산, 디아세틸(diacetyl) 그리고 아세트산(acetic acid)의 복합적 영향으로 맛이 만들어졌지만 풍미의 90%는 아세트알데히드 때문이다. 아세트알데히드가 너무 많은 제품은 덜 익은 맛이 나고, 디아세틸이 너무 많은 제품에서는 버터향이 난다. 요거트의 종균은 주로 *Lactobacillus bulgaricus*와 *Lactococcus lactis*의 순수 배양액을 1 : 4로 혼합한 혼합 종균을 사용한다.

(3) 치즈

치즈(cheese)는 우유를 레닛(rennet) 등으로 응고시킨 후 발효한 것으로 세계적으로 수백 가지 종류가 있다. 발효 숙성의 초기에는 유산구균이 급속히 번식하고 3~6개월까지는 유산간균이 번식한다. 숙성 후기에는 갈락토스(galactose)를 분해하는 세균이 많아진다. *Penicillium*이 번식하면 지방이 분해되고 독특한 풍미를 갖게 된다. 치즈는 숙성 및 경도에 따라 분류된다 그림 10-1.

코티지(cottage) 치즈는 산 생성을 위해 *Lactococcus lactis* ssp. *cremoris*와 *Lactococcus lactis* ssp. *lactis*를 사용하고 버터향을 부여하는 디아세틸을 위해서 *Leuconostoc mesenteroides* ssp. *cremoris*를 주로 첨가한다. 스위스(swiss) 치즈는 커드 형성 후 소금물에 침지하는 과정을 거치게 되며, 이 과정에서 많은 세균이 성장을 멈춘다. 스위스 치즈의 종균으로는 *Streptococcus thermophilus*와 *Propioinibacterium* 등이 사용되는데, *Propioinibacterium*은 젖산을 소비하여 프로피온산, 아세트산, CO_2를 생성하며 치즈공을 형성한다. 치즈공 크기와 분포는 CO_2 생산 속도에 따라 달라진다. 그리고 *Propioinibacterium*이 생산하는 단백질 분해효소는 향기와 단맛을 주는 작은 펩타이드와 아미노산으로 분해된다. 블루(blue) 치즈는 반경질 숙성 치즈로 얼룩덜룩한 푸른색이며 자극적인 지질분해성 맛을 가진다. *Lactococcus lactis* ssp. *cremoris*와 *Lactococcus lactis* ssp. *lactis*가 주된 종균이다. *Penicillium roquefortii*의 포자는 이차적인 종균의 역할을 한다. 유산균은 염지될 때까지

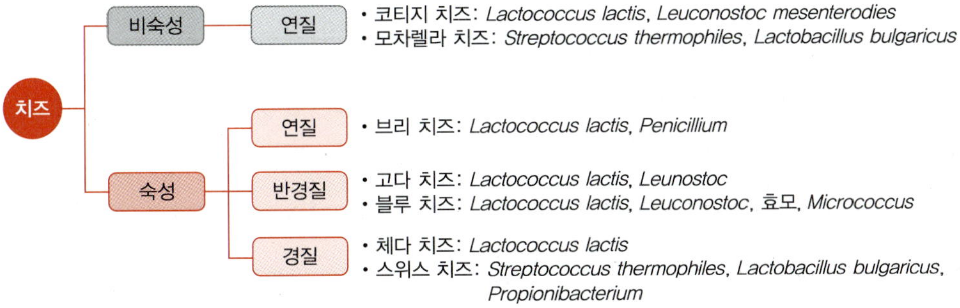

그림 10-1 치즈의 분류

자라며 유당으로부터 유산, 디아세틸, 아세트산, CO_2 그리고 아세트알데히드를 생산한다. 푸른색을 지닌 곰팡이 포자의 성장은 염지 동안 계속 유지되며, 블루 치즈의 얼룩덜룩한 초록색 외관을 제공한다. 곰팡이는 단백질 분해효소와 지질분해효소를 생산하여 숙성기간 동안 아미노산과 휘발성 성분들을 생산하여 블루 치즈의 자극적인 맛에 기여한다.

2) 발효 육제품

낙농산업이 발달한 유럽의 발효식품이다. 발효 육제품은 고기에 소금, 설탕, 경화제 그리고 향신료를 첨가하여 혼합하고 포장한 다음 자연적으로 또는 종균을 첨가하여 발효시킨다. 발효 동안 종균에 의해 생산된 산과 경화제는 병원성 세균과 부패세균의 성장을 제어하는 데 도움을 준다.

발효 육제품의 종류에 따라 수분활성도를 줄이기 위하여 말리거나, 제품의 안전성과 저장성을 높이기 위하여 훈연 또는 가열할 수도 있다. 고기의 발효는 지중해지역에서 유래되어 유럽과 북아메리카로 전파되었을 것이다. 미국에서는 마른 소시지도 생산하지만 반건조 소시지가 가장 인기 있다. 발효에 따라 반건조 소시지는 먹기 전에 가열 또는 훈연한다.

건조나 반건조 소시지는 페파로니, 제노아 살라미, 단단한 살라미, 여름 소시지, 소고기 스틱 등과 같은 많은 제품을 포함한다. 대부분 소나 돼지고기를 이용해서 만들지만 최근에는 닭이나 칠면조 고기를 이용하기도 한다.

날고기를 사용할 경우 부패세균과 병원성 세균이 포함될 수 있으므로 종균의 빠른 성장과 부패세균 및 병원성 세균의 성장을 신속히 지연시켜야 한다. 이를 위해서 초기 pH를 5.7에서 5.3까지 줄이기 위한 많은 양의 산 생성이 중요하다. 이것은 많은 양의 종균을 첨가하여 얻을 수 있으며, 반건조 소시지에 사용되는 종균은 젖산발효를 통해 산을 생성할 수 있는 유산균을 이용한다 그림 10-2. 발효 육제품의 연구를 통해 우점종으로 작용하는 유

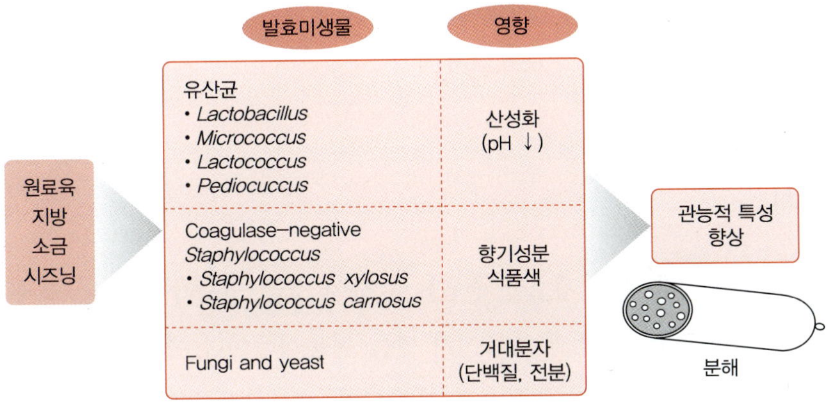

그림 10-2 발효 육제품의 미생물 역할

산균은 *Lactococcus* 속, *Lactobacillus* 속, *Pediococcus* 속, *Micrococcus* 속이다. 육류의 발효에 *Staphylococcus carnosus*와 같은 coagulase-negative *Staphylococcus*는 nitrate의 환원작용으로 인한 아질산염(nitrite)을 생산하여 발효육 색상에 미치는 유익한 효과와 더불어 향기성분을 생산한다. *Aspergillus*, *Mucor*, *Rhizopus*와 같은 곰팡이와 *Debaryomyces hansenii*와 같은 효모는 거대분자를 분해하는 효소를 생산하여 발효와 숙성(Ripening)에 기여한다. 발효가 진행됨에 따라 발효육 내부는 산소가 제한적이므로 호기성을 보이는 곰팡이와 효모는 소시지 바깥쪽에 존재하며 고염으로 인해 생육이 제한적이다. 발효육에 관여하는 미생물들은 결과적으로 발효육의 향기성분, 질감, 색 등에 관여하게 되며, 발효과정 중 생성된 산으로 인한 pH와 낮은 수분활성도 및 요리에 의하여 사멸 또는 성장을 멈춘다(Kumar et al., 2015).

3) 발효 채소 제품

채소는 다양한 유산균을 가지고 있기 때문에 자연적 작용에 의해 발효될 수 있다. 채소의 발효작용은 인간 문명의 초기에서 비롯하였으며, 아직도 많은 문화권에서 사용한다. 발효에 사용되는 채소에는 김치의 재료인 배추, 사우어크라우트(sauerkraut)의 재료인 양배추를 대표적으로 들 수 있으며, 이외에도 당근, 셀러리, 콩, 올리브, 무 등도 사용된다.

(1) 김치

김치는 배추, 무, 파 등의 채소를 주원료로 하여 소금, 고춧가루, 마늘, 부추, 생강 등 다양한 조미료와 함께 발효시켜 만든 전통식품이다. 주원료와 제조방법에 따라 김치는 수백 가지 품목으로 분류되며, 생화학적·영양적·관능적 특성에서 고유한 성격을 지니고 있다. 대표적인 김치는 배추를 주원료로 하여 만든 배추김치이며, 발효과정 중 젖산을 포함한 유기산, 이산화탄소, 에탄올, 비타민, 박테리오신, 프리바이오틱스와 같은 산물들을 생산한다.

Leuconostoc 속, *Lactobacillus* 속, *Weissella* 속의 김치발효에 관여한다고 알려져 있다. 발효 초기에는 이형젖산(Heterolactic) 발효균인 *Leuconostoc* 속의 *Leuconostoc mesenteroides*와 *Leuconostoc citreum*이 발효에 관여하며, 발효기간 동안 산소 소비를 통해 제한적인 산소조건과 젖산 생성을 통한 낮은 pH 조건은 동형젖산(Homolactic) 발효균인 *Latilactobacillus*, *Lactiplantibacillus plantarum*(*Lactobacillus plantarum*), *Weissella koreensis*의 생장을 촉진시킨다.

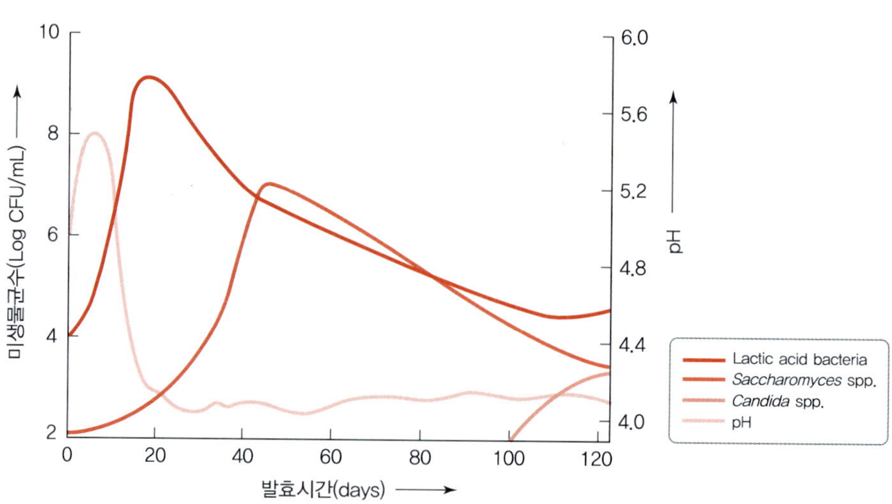

그림 10-3 김치 발효 시 미생물 균총의 변화

김치가 숙성하는 시기로서 이형젖산균이 우세한 시기를 김치의 적숙기라 하고, 동형젖산균이 우세한 시기를 과숙기라 한다. 이 시기를 지나 *Saccharomyces* 나 *Candida*와 같은 효모의 생성은 김치발효 후기에 자주 관찰되며 부패를 유발한다고 알려졌다 그림 10-3.

(2) 사우어크라우트

양배추를 절단하여 발효한 제품으로 독일의 발효식품이다. 양배추를 손질하여 공기가 빠지도록 용기에 눌러 담은 뒤 층층이 소금을 전체의 2.25%가 되도록 넣어준다. 뚜껑을 덮은 후 18℃에서 2개월 동안 발효한다. 절단된 양배추에서 당분이 빠져나와 유산균의 이용을 용이하게 하였고, 단단히 눌러 담음으로써 혐기적 상태를 만들어 호기성 성장을 막는다. 소금은 유산균의 성장을 촉진하며, 불필요한 세균의 성장과 단백질 가수분해효소의 작용을 막는다. 유산균은 발효 중 순차적으로 성장하게 되고, *Leuconostoc mesenteroides* 는 발효 초기에 성장이 촉진된다. 젖산의 농도가 1%에 도달하면 생육이 낮아지고 *Levilactobacillus brevis*(*Lactobacillus brevis*)와 *Lactiplantibacillus plantarum*(*Lactobacillus plantarum*)의 성장 속도가 증가하며 산도가 각각 1.5%, 2%에 도달할 때까지 촉진된다 그림 10-4. 최종 제품의 pH는 약 3.5로 저장성을 높인다.

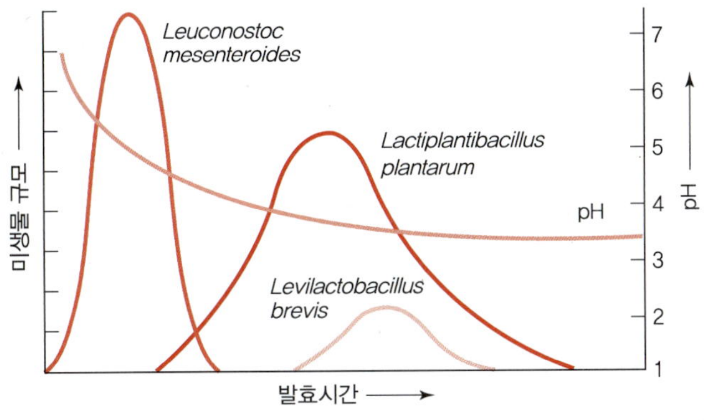

그림 10-4 사우어크라우트의 미생물 천이

발효기간 동안 수크로오스(sucrose), 헥소스(hexose) 그리고 펜토스(pentose)를 이용하여 *Leuconostoc mesenteroides*는 유산, 아세트산, 에탄올, CO_2 그리고 디아세틸을 생성한다. 생성된 물질의 적절한 조합은 사우어크라우트의 독특한 풍미를 부여한다.

4) 발효 콩제품

한국, 중국, 일본을 두장(豆醬) 문화권이라고 하며, 예로부터 콩을 이용한 발효제품을 생산하고 소비한다. 발효콩은 대두를 주원료로 해서 만든 것으로 간장을 포함한 소이 소스(soy sauce), 된장을 포함한 소이 페이스트(soy paste)가 있고, 그 외로 청국장과 고추장 등이 있다. 대두의 성분인 단백질은 발효과정에서 분해되어 펩타이드나 아미노산 형태가 되어 소화 흡수가 용이하며 영양학적 성분도 우수하다. 장류를 제조할 때 첨가되는 염분 때문에 저장성이 뛰어나 대두를 저장하는 형태로 장류가 발달했다는 학설도 있다. 발효 콩제품의 간략하고 일반적인 제조방법은 대두를 충분히 수침한 다음 증숙하여 길아서 성형 한 후 1, 2개월 그늘에 매달아 발효한다. 이 과정을 통해 생산되는 산물을 메주라고

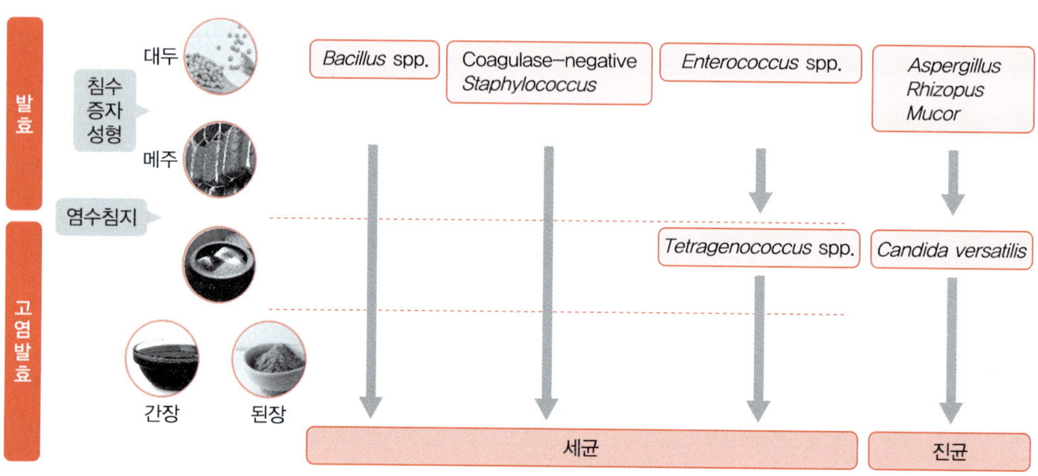

그림 10-5 발효 콩제품 제조공정

하며, 이후 염수에 침지시켜 2개월 이상 고염 발효과정을 거친다. 발효과정을 거친 산물은 고형분은 된장으로 이용하고 즙액은 달여서 간장으로 완성한다 그림 10-5.

염수침지에서 중요한 것은 염수의 농도를 조절하는 일이다. 염수가 너무 묽으면 간장이 부패할 염려가 있고 산막 효모의 증식이 심해져 품질이 저하된다. 반대로 염도가 너무 높으면 효소 작용의 저해로 메주 분해에 지장을 받는다. 가장 알맞은 염분 농도는 약 20%로 염도를 맞춘 간장에 메주를 띄운다.

(1) 된장

된장은 크게 자연 발효에 기반을 둔 재래식 된장과 종균을 이용한 개량식 된장으로 나눌 수 있다.

① 재래식 된장

자연 발효에 제조공정을 둔 재래식 된장은 콩을 주원료로 하고 쌀이나 보리 등을 부원료로 해서 제조한다. 기본 재료는 그림 10-5에 제시된 공정처럼 메주이며 고염제품이다.

된장에 이용되는 메주는 환경이나 원료에서 유래된 곰팡이, 효모, 세균 등의 상호작용으로 발효가 일어난다. 곰팡이는 주로 *Aspergillus* 속, *Rhizopus* 속, *Mucor* 속 등이, 세균의 경우 *Bacillus* 속 등이 생육한다. 이들이 생산하는 단백질 분해효소와 지방 분해효소는 단백질 분해 및 지방 분해를 통해 아미노산과 휘발성 지방산을 생성한다.

메주에서 형성된 미생물 균총과 이들이 생산한 효소는 염수 첨가 후 된장 발효에 천이되어 된장 발효 및 숙성에 큰 영향을 미친다. 그러나 소금 농도의 상승은 효소의 작용을 억제하며, 비호염성 미생물인 *Aspergillus* 속, *Rhizopus* 속, *Mucor* 속의 성장을 저해한다. 이와 반대로 *Wickerhamiella versatilis*(*Candida versatilis*)와 같은 호염성(halophiles) 효모 및 *Tetragenococcus*

맛이 있으나 증류주에 비해서 알코올 함량이 낮아 쉽게 변질된다. 증류주는 양조주를 증류한 술로 알코올 농도가 높으며 증류방법에 따라 불순물을 제거할 수 있고 독특한 풍미를 가지는 제품을 만들 수 있다. 혼성주는 양조주나 증류주에 과실, 향료, 감미료, 약초 등을 첨가하여 침출하거나 증주하여 제조한 술이다.

발효형식에 따라 단발효주, 단행복발효주, 병행복발효주 등으로 분류하기도 한다. 단발효주는 포도주와 같이 당화를 하지 않고 발효만 하여 제조한 것이고, 단행복발효주는 맥주와 같이 맥아로 당화하고 그 당화액을 발효하여 제조한 것으로 유럽지역의 주류 제조에 많이 이용되는 방법이다. 병행복발효주는 약주나 막걸리처럼 누룩으로 전분을 당화시키면서 발효하여 제조하는 것으로 아시아지역에서 많이 이용된다.

(1) 포도주

포도주는 포도과즙을 효모로 알코올 발효시켜 만든 단발효주다. 종류에는 적색 또는 흑색포도의 과즙과 과피를 함께 발효하여 안토시아닌(anthocyanine) 색소를 용출시켜 만든 적포도주, 청포도의 과즙을 발효시킨 백포도주 그리고 발효과정에서 생성되는 이산화탄소를 포도주에 용해시켜 마개를 열면 거품이 발생하도록 만든 발포성 포도주(sparkling wine) 등이 있다. 적포도주는 발효 도중에 종자에서 탄닌(tannin)이 용출됨에 따라 떫은 맛이 강한 것이 특징이다. 포도주 발효 효모는 *Saccharomyces cerevisiae*로 일반적으로 포도 과피에 부착되어 있다.

(2) 맥주

맥주는 맥아(malt)의 당화력을 이용해서 원료가 되는 보리의 전분질을 당화시킨 다음 홉과 효모를 투입해서 발효시키는 단행복발효주이다.

포도주에 사용되는 포도와 달리 맥주의 원료가 되는 보리는 전분으로 구성된 거대분자이다. 따라서 알코올 발효를 위해 효모에게 유리한 단당으로 바꿔주는 당화과정이 필요하다. 당화과정에 필요한 효소는 보리가 발아하는 과정에서 생성되며, 발아된 보리는 맥아라고 부른다. 맥아 제조 목적은 강력한 당화 효소인 아밀라아제(amylase)와 단백질 분해효소인 프로테아제(protease)를 생성하는 데 있다. 맥아의 아밀라아제에 의해 전분이 당화되어 생성된 단당류는 효모의 활동으로 발효된다.

맥주 발효에 사용되는 효모 종류는 상면발효 효모와 하면발효 효모로 나뉜다. 상면발효 효모의 대표적인 미생물은 *Saccharomyces cerevisiae*로, 보통 상온에서 발효되며 에일 맥주라고 한다. 하면발효 효모의 대표적인 미생물은 *Saccharomycess pastorianus*(*Saccharomyces calsbergensis*)로, 발효 시 바닥으로 가라앉아 하면발효라 한다. 저온에서 발효하며 라거 맥주라고 부른다.

(3) 탁주와 약주

식품공전에 따르면 탁주는 전분질 원료와 국을 주원료로 하여 발효시킨 술덧을 혼탁하게 제성한 것을 말하며, 약주는 탁주를 여과하여 제성한 것을 말한다. 탁주는 맥주에 사용되는 보리를 포함하여 쌀, 옥수수 등과 같은 전분질을 이용한다. 따라서 전분질의 당화과정이 필요하며, 이때 맥아의 효소가 아닌 국에서 생성된 효소를 사용한다. 국은 종국이라고도 불리고 코지(koji)라는 용어로도 사용된다. 코지는 발효 콩제품에서 언급한 것처럼 *Aspergillus*와 같은 곰팡이를 곡류에 접종시켜 탄수화물 분해효소, 단백질 분해효소, 지방 분해효소를 많이 생산시킨 형태이다. 국 또는 코지에 의해서 당화과정이 일어나면 효모가 활동하며 알코올이 형성된다. 이때 맑게 제성하지 않은 형태를 탁주라고 한다. 일본의 청주는 우리나라 약주의 범주에 포함된다. 청주는 쌀을 원료로 하여 코지에 의한 당화과정과 효모에 의한 발효과정을 거친다.

4. 발효에 관여하는 주요 미생물

발효식품은 식품원료를 미생물이 이용하여 생산하는 식품으로 발효식품에는 미생물 균총을 형성한다. 형성된 미생물 균총 및 이들이 생산하는 젖산과 같은 유기산 그리고 박테리오신 등을 생산하여 오염미생물의 정착을 막아 부패를 방지하고, 병원성균의 생육을 저해하여 식중독의 위험을 줄인다. 그뿐만 아니라 발효 미생물이 생산하는 단백질 분해효소, 지방 분해효소, 탄수화물 분해효소에 의해서 식품원료로부터 유기산 및 맛성분을 생산하여 관능적 특성과 식품의 질감을 증가시킨다.

발효식품에 유익한 미생물은 여러 가지 형태로 존재한다. 예를 들어, 생장을 하는 생균, 대사 부산물과 세포벽과 같은 미생물의 세포 구성요소의 형태로 발효에 관여한다. 생장하는 미생물 세포의 사용 예로 요거트와 같은 낙농유제품이 있다. 젖산, 초산, 일부 필수 아미노산 그리고 다른 미생물에 의해 생산된 박테리오신 같은 부산물은 여러 식품에 사용된다. 단세포 단백질(single cell protein, SCP), 덱스트란, 셀룰로오스, 많은 효소와 같은 미생물 세포의 구성요소는 서로 다른 목적으로 식품에 사용된다. 여러 목적으로 사용되는 미생물, 부산물 및 세포 구성요소는 안전성과 식품 품질을 규제 기관의 승인을 받아야 한다. 식품에 포함되는 미생물과 부산물은 식품을 소비하는 소비자의 건강에 해로운 영향을 주지 않는 것이 매우 중요하다. 예를 들어, 미생물이 생산하는 아미노산이나 효소를 식품에 사용할 경우 규제 및 승인을 받아 안전성이 입증되어야 한다. 식품용 미생물이 유전자 변형되는 경우, 특히 사용된 유전형질이 다른 소스나 합성으로부터 얻어진 경우에는 식품에 사용하려면 반드시 승인을 받아야 한다.

1) 세균

(1) 젖산종균

탄수화물로부터 비교적 많은 양의 젖산을 생산하는 능력으로 젖산균(lactic starter cultures)이라 부른다. 해당 그룹에 속해 있는 주요한 속에는 *Lactococcus*, *Leuconostoc*, *Pediococcus*, *Streptococcus*, *Lactobacillus*, *Enterococcus*, *Aerococcus*, *Vagococcus*, *Tetragenococcus*, *Carnobacterium*, *Weissella*, *Oenococcus* 등이 있으며, 대부분은 하나 이상의 종을 포함한다.

① *Lactococcus*

이 속은 여러 종을 포함하지만, *Lactococcus lactis*가 유제품 발효에 널리 사용되었다. *Lactococcus lactis*는 *Lactococcus lactis* ssp. *lactis*, *Lactococcus lactis* ssp. *cremoris*, *Lactococcus lactis* ssp. *hordniae*라는 세 아종(subspecies)이 있고, 첫 번째와 두 번째만 유제품 발효에 사용된다. *Lactococcus*는 동형젖산 발효균으로 알려져 있어 1분자의 포도당으로부터 2분자의 젖산을 생성할 수 있으며, 해당 종들이 식품에 자랄 경우 생산한 젖산으로 인해 발효식품의 pH는 대략 4.5로 감소한다.

② *Streptococcus*

*Streptococcus thermophilus*만 유제품 발효에 사용되며, 사용량이 매우 높다. 유전적으로 *Str. salivarius*의 아종인 것으로 확인되어 *Str. salivarius* ssp. *thermophilus*로 명칭 변경이 제안되었지만, 바뀌지 않았다. 세포는 37~40℃에서 잘 성장하고 일부는 52℃에서도 성장할 수 있다. 통성혐기성균이자 glucose broth를 pH 4.0으로 낮출 수 있는 L(+)-젖산[L(+)-lactic acid]을 생성할 수 있다. 자연 서식지는 알 수 없지만, 우유에서 발견되었다.

③ *Leuconostoc*

이형젖산 발효균으로 포도당 한 분자에서 한 분자의 젖산과, CO_2, 알코올 또는 초산으로 발효되고, pH 4.5~5.0으로 감소된다. 우유에서 성장하지만, 응유로 굳어지지 않을 수 있다. 대부분은 수크로오스에서 성장하는 동안 덱스트란을 형성한다. *Leuconostoc*은 구연산(citrate)으로부터 디아세틸과 CO_2를 생산한다. *Leuconostoc*은 식물, 채소, 사일리지, 우유, 우유 제품, 원료 및 가공 육류에서 발견된다. *Leuconostoc mesentroides*, *Leuconostoc pseudomesenteroides*, *Leuconostoc lactis*, *Leuconostoc citreum* 종이 주로 발효에 관여하며, 현재 4종은 유럽연합의 안전하다고 추정되는 미생물 Qualified Presumption of Safety 리스트에 등록되어 있다. 국내의 경우 식품원료 목록에 *Leuconostoc mesentroides*, *Leuconostoc paramesenteroides*, *Leuconostoc citreum* 과 *Leuconostoc* kimchii, *Leuconostoc pseudomesenteroides*(육가공에 한함)가 등재되어 있다. *Leuconostoc*는 형태학상으로 이형적이고 불일치하며, 세균의 다양한 그룹에 유전적으로 포함될 수 있다. 최근에 두 개의 새로운 속은 *Weisella*와 *Oenococcus*로부터 만들어졌다. *Oenococcus oeni*는 와인과 관련된 서식지에서 발견되었고 와인의 말로락틱(malolactic) 발효에 사용된다.

④ *Pediococcus*

세포는 4연구균 형태나 쌍구균으로 존재할 수도 있다. 단일 세포나 연쇄상은 없다. 그람양성, 비운동성, 무포자, 통성혐기성이며 25~40℃ 사이에서 잘 번식하고, 일부 종은 50℃에서 성장한다. 글루코오스(glucose)를 L(+)- 또는 DL-젖산(DL-lactic acid)으로 발효시키고, 어떤 종은 pH 3.6으로 감소시킨다. 종에 따라 수크로오스, 아라비노오스, 리보스 그리고 자일로스를 발효시킬 수 있다. 특히 우유에서 유당은 일반적으로 발효시키지 못하고, 응고되지 않는다. 일부 종은 액체배지에서 락토스(lactose) 가수분해 능력을 약하게 가지고 있다.

종에 따라 식물, 채소, 사일리지, 맥주, 우유 및 발효 채소, 고기 및 생선에서 발견된다. 이 속은 7~8종을 가지고 있으며. *Pediococcus pentosaceis* 와 *Pediococcus acidilactici*는 채소, 고기, 시리얼 그리고 발효식품의 다른 유형에 사용된다. 또한 2차 배양과 같은 일부 치즈의 숙성과 맛 생산에 연관되어 있다. 이 두 종은 구별하기가 어렵지만, 말토오스(maltose)를 발효시켜 *Pedcococcus acidilactici*와 *Pedcococcus pentosaceus*를 비교하고, 50℃에서는 성장하지 않으며, 70℃에서 5분에 사멸된다. *Tetragenococcus halophilus*는 이전에 *Pedcococcus halophilus*로 분류되었으며, 해당 종은 소금 함량이 높은 제품의 발효에 사용되고 있다.

⑤ *Lactobacillus*

Lactobacillus 속은 이형젖산과 동형젖산 발효균이 동존하며, 종에 따라 포도당에서 성장하는 동안 젖산만 생산하거나 젖산, 에탄올, 초산, CO_2의 혼합물들을 생산한다. 종에 따라 탄수화물 대사에서 성장할 동안 pH는 3.5~5.0 사이에 감소될 수 있다. 식물, 채소, 곡물, 종자, 원료 및 가공우유와 우유제품, 처리 및 발효된 육류제품, 발효 채소 등에 광범위하게 분포한다. 일부는 인간, 동물의 소화기관에서 발견되었고 많은 식품의 변질과 관련되어 있다. 많은 종 중 몇몇은 종균 발효에 사용(유제품, 고기, 채소 및 시리얼)되고, 일부는 식품의 자연 발효와 관련된 것으로 알려져 있다. 장 건강에 유익한 효과를 미치기도 하고, 일부는 다른 식품에 바람직하지 않은 영향을 미친다.

*Lactobacillus delbrueckii*은 치즈와 요구르트 같은 유제품의 발효에 사용된다. *Lactobacillus acidophilus*와 *Lactobacillus reuteri*는 유익한 장내 미생물(프로바이오틱)로 소장에 존재한다. *Lactobacillus acidophilus*는 발효 유제품을 생산하는 데 사용되며 중저온 살균 우유에 추가 또는 프로바이오틱스와 같은 소비 정제와 캡슐로 구성되어 있다. *Lactobacillus acidophilus*에서 유당을 분해하는 포도당과 갈락토스로 분해하는 β-galactosidase는 효소를 생산하여 유당을 대사시키고 젖산을 생산한다. *Lactobacillus helveticus*는 치즈를 만드는 데 사용되고, *Lactobacillus casei* ssp. *casei*는 발효 유제품에서 사용된다. *Lactobacillus casei* ssp. *rhamnosus*와 *Lactobacillus johnsonii*는 프로바이오틱으로 사용된다. *Lactiplantibacillus plantarum*은 채소와 고기의 발효에 관여하며, *Latilactobacillus curvatus*와 *Latilactobacillus* *sakei*는 낮은 온도(2~4℃)에서 성장할 수 있고 채소와 고기 제품을 발효할 수 있다. *Latilactobacillus sakei*는 와인과 같은 술을 발효하는 데 사용된다. *Lactobacillus kefiranofaclens*는 케피르 및 산유의 발효에 중요하다. *Lactobacillus sanfranciscensis*(*Frutilactobacillus sanfranciscensis*)는 샌프란시스코 사워도우 빵을 발효시키는 다른 미생물과 관련 있다. *Weissella viridescens*, *Latilactobacillus curvatus*(*Lactobacillus curvatus*) 그리고 *Latilactobacillus sakei*는 냉장 육류 제품의 변질에 관여한다.

⑥ *Oenococcus*

이전에 *Leuconostoc oeni*로 표기되었던 *Oenococcus oeni*는 *Leuconostoc* spp.의 일반적인 특성을 지니고 있다. 포도주 양조장 환경에서 발견되며, 와인 말로락틱 발효를 촉진하는 데 사용된다. 세포는 와인에서 말레이트(malate)를 생산하고 젖산과 CO_2로 대사작용을 한다. 이 과정은 와인의 산도를 감소시킨다.

⑦ 기타 종균

Brevibacterium 속에는 치즈 생산 및 기타 산업적인 발효의 응용에 중요한 코리네형 세균 속의 혼합물이 포함되어 있다. 세포는 비운동성, 그람양성, 높은 소금량과 넓은 pH의 범위에서 성장할 수 있다.

Acetobacter 속에서 *Acetobacter aceti*는 알코올에서 초산을 생성하는 데 사용된다. 그들은 과일, 사케, 야자 와인, 사이다, 맥주, 사탕수수 주스에서 자연적으로 발견되었다. 일부 종은 많은 양의 셀룰로오스를 합성한다.

(2) Coagulase-negative *Staphylococcus* 종균

Coagulase-negative *Staphylococcus*(CNS)는 단백질이 많고, 소금 농도가 높은 식품인 발효 소시지, 치즈, 된장 등에서 우점종으로 확인되었다. CNS는 발효 소시지나 발효육의 색과 향미 증진 효과가 있어 육류 및 치즈 발효의 종균으로 사용된다. 주로 종균으로 사용되는 CNS는 *Staphylococcus carnosus*,

Staphylococcus succinus, *Staphylococcus xylosus* 등이다. 세포는 중온균이며, 염내성의 특징을 보인다. 통성혐기성균이나, pH 5.0 이하에서 생장이 거의 일어나지 않는다.

(3) *Bacillus subtilis*와 근연종

고초균으로도 알려진 *Bacillus subtilis*는 단백질이 풍부한 메주나, 된장과 같은 발효식품에서 우점종으로 확인된다. 미생물 분석기술의 발달로 현재 *Bacillus subtilis*는 *Bacillus amyloliquefaciens*, *Bacillus velezensis* 등으로 나눠졌다. *Bacillus subtilis*는 일본의 낫토를 생산할 때 종균으로 사용된다. *Bacillus subtilis*는 중온균이며, 포자 형성균이다. pH가 낮아지거나 염이 많은 상태에서는 포자 형태로 존재한다.

2) 효모와 곰팡이

음식에서 중요한 요소인 효모와 곰팡이는 대부분 음식의 부패와 진균 독소 생산(곰팡이에 의한)에도 관여한다. 그러나 몇 종류는 식품의 응용 생물학적 제법에 사용된다.

(1) 효모

효모 중 몇몇은 식품과 알코올의 발효, 식품의 사용을 위한 효소의 생산, SCPs의 생산과 일부 식품에 좋은 맛을 내는 첨가제와 관련 있다.

가장 중요한 속과 종은 *Saccharomyces cerevisiae*인데, 효모 빵과 맥주, 와인, 소주류, 산업 알코올, 인버테이스(invertase, 자당 효소) 생산과 일부 음식의 맛(수프)에 사용되고 있다. 세포는 둥근 타원형이거나 가늘고 길며, 다극출아 또는 분열법이나 포자의 형성으로 증식한다. 일반적으로 하면효모 또는 상면효모로 분류된다. 상면효모는 20℃에서 빠르게 자라며, 알코올과 CO_2를 생산한다. 또한 빠른 CO_2 생산 때문에 표면에 떠있는 집락을 형성한다. 하면효모는 10~15℃에서 잘 자라며, 천천히 CO_2를 생산하고(느린 성장), 집락은 바닥에 형성한다. 상면효모와 하면효모는 특정 발효과정의 필요에 따라 사용된다.

Cyberlindnera jadinii(*Candida utilis*)는 SCP를 생산하는 데 사용되며, 가늘고 긴 타원형으로 출아한 세포가 길게 연결된 균사를 다량형성한다. 또한 식품 부패에 관여한다.

*Kluyveromyces marxianus*와 다른 효모 및 젖산균과 마찬가지로 케피르와 같은 알코올 유제품의 자연 발효와 관련이 있다. 또한 일부 낙농 제품에 손상을 준다. 현재는 유당(lactose)을 가수분해하여 상업적으로 사용하기 위해 β-갈락토시다아제[β-galactosidase(lactase)] 생산을 위해 사용된다. 효소는 락토오스 함량을 낮춘 우유를 생산하는 데 사용된다.

(2) 곰팡이

비록 대부분의 곰팡이는 식품에서 성장하는 동안 식품부패와 마이코톡신(mycotoxin, 진균독소) 형성에 관련되지만, 몇몇 종은 식품의 처리와 첨가제 생산, 식품용 효소에 사용된다.

일반적으로, 곰팡이는 다세포성이며, 사상균이라 한다. 필라멘트(균사)는 격막 또는 비격막이며 핵을 가지고 있다. 그들은 균사(식물 복제) 끝에서의 신장(elongation)이나 무성포자와 유성포자에 의해 나뉜다.

많은 속 중에, *Aspergillus*와 *Penicillium* 속의 몇 종과 *Rhizopus*와 *Mucor*의 몇 종은 식품에 이로운 용도를 위해 사용되었다. 이로운 용도로 사용되는 종은 곰팡이 독소(mycotoxin)를 생산해서는 안 된다. 자연 발효의 경우 곰팡이 독소 비생산종을 파악하기가 어렵지만, 종균 발효에 사용하기 위한 종의 선택에 중요한 고려사항이어야 한다.

*Aspergillus oryzae*는 사케, 된장, 미소와 같은 다양한 동양 식품의 발효에 쓰이며, 일부 식품 효소의 소스로 사용된다. *Aspergillus niger*는 수크로오스로부터 시트르산(citric acid)과 글루콘산(gluconic acid)을 생산하는 데 사용되며, 펙티나아제와 같은 효소 생성에 사용된다.

*Penicillium roqueforti*는 로크포르 치즈, 고르곤졸라, 블루 치즈의 숙성에 사용된다. 일부 종은 로케포틴(roquefortin)의 신경독소를 생성할 수 있으므로 치즈로 이용할 경우 종의 선택과 개발에서 신중히 고려해야 한다. *Penicillium camembertii*는 카망베르 치즈, 브리 치즈에 사용된다. 또한 글루코오스 산화효소를 생산하는 데 사용된다.

FOOD MICROBIOLOGY

CHAPTER

11

식중독 미생물

1. 식중독의 정의

2. 세균성 식중독의 분류

식중독 미생물

CHAPTER 11

넓은 의미의 식중독은 발병 원인이 되는 매개물에 의해 생물학적 식중독, 화학적 식중독, 자연독 식중독으로 나눈다. 그중에서 생물학적 식중독은 일정한 수 이상으로 증식한 세균, 곰팡이, 효모, 바이러스 또는 이들의 대사과정에서 생성된 독소를 함유하는 식품을 섭취해 발병하는 것이며, 감염형과 독소형으로 구분한다.

화학적 식중독은 수은, 납, 비소 등 중금속류와 농약 등 주로 화학물질에 의해 발병한 식중독을 말한다. 자연독 식중독은 동물성 자연독(복어독, 마비성 패독 등)과 식물성 자연독(독버섯, 감자싹 등)에 의해 발생하는 식중독이다. 이 중에서 생물학적 식중독은 식품의 유해 미생물 오염과 직접적인 관련이 있으며, 미생물 오염에 의한 식품 매개 식중독은 식품미생물에 대한 이해를 하기 위해 매우 중요하다. 여기서는 식품미생물에 의해 발생할 수 있는 생물학적 식중독을 중심으로 학습하고 미생물 종류에 따른 각 식중독의 발병 특징을 살펴보기로 한다.

1. 식중독의 정의

좁은 의미의 식중독(food poisoning)은 물과 식품의 오염으로 발생하는 질병을 말한다. 보다 구체적인 식중독의 정의는 식품 섭취로 인체에 유해한 영향을 주는 미생물 또는 이들의 독성물질로 발생한 감염형과 독소형 질환이다.

식중독의 주된 매개 원인인 미생물은 세균, 효모, 곰팡이, 기생충, 바이러스 등을 포함한다. 식중독은 이들이 생산하는 2차 대사산물인 독소, 독성이 있는 화학물질, 식재료 내의 유해성분 발생 등에 의한 건강 장애를 포함한다. 그러므로 식중독은 식품의 변패 혹은 부패에서 유래하고 식품의 부패과정은 식품 자체 혹은 주변 환경에서 유래한 미생물이 관여한다.

식품에 존재하거나 식품과 관계되는 미생물인 식품미생물은 자연균총(natural microflora)으로 식품 내 이용할 수 있는 영양소가 존재하거나 영양분 한계에 의한 미생물군 간의 증식 경쟁이 유발될 때 이들의 대사작용으로 부패를 초래하고 식중독을 유발한다.

예를 들어, 가공식품 부패에 의한 식중독의 주된 요인은 세균이며 효모와 곰팡이도 가공식품 변질에 의한 식중독의 원인이 된다. 부패에 영향을 주는 요인은 오염 미생물의 구성, 미생물 간의 상호작용, 식품의 물리화학적 특성, 저장환경 등이며, 이들 요인 간의 상호작용에 의해 발생한다.

식품의 내적 요인(intrinsic factors)인 물리화학적 물성은 식품의 영양분 조성, 천연 항균물질, pH, 수분활성도, 산화-환원 전위, 미생물 침입에 대한 방어작용 등에 영향을 받는다. 식품의 외적 요인(extrinsic factors)인 저장온도, 저장시간, 상대습도 등도 미생물에 의한 부패에 영향을 주고 식중독을 유발한다. 이러한 식품의 내적·외적 요인과 부패 미생물 균총의 조성은 식품 내 환경을 변화시켜 다른 미생물 생육에도 영향을 미침으로써 식중독 발병의 직접적인 원인이 된다.

식중독을 일으키는 부패 미생물은 식품의 외형, 색, 조직감, 냄새 등을 변화

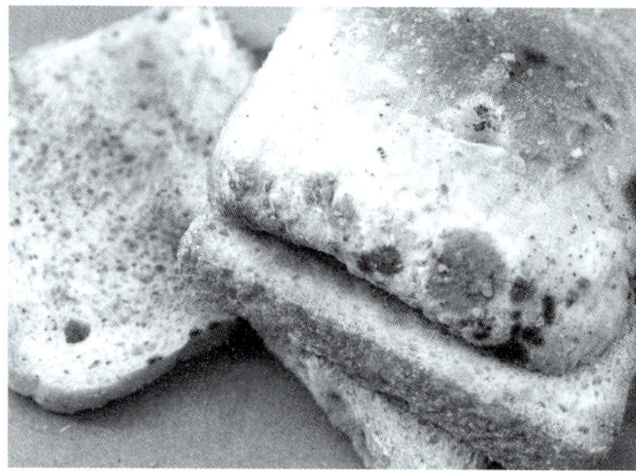

그림 11-1 미생물에 의한 식품의 오염

시키는데 세균에 의한 점질물, 곰팡이의 균사에 의한 식품 표면 증식, 효모에 의한 가스 형성 등이 관찰된다. 이러한 미생물 증식 및 생육은 펙틴 분해효소(pectinase)에 의한 조직 연화를 일으킨다. 따라서 식중독이 발생하기 위해서는 식품, 병원성 미생물(pathogenic microbes), 숙주(host)의 상호작용이 전제된다. 이들 세 가지 주요 요인이 어떤 조건인가에 의해 식중독 발생의 패턴이 달라지는데 식품의 오염을 시작으로 미생물의 병원성이 숙주의 면역성 등 생체 내 방어기전을 극복할 때 식중독이 발병한다 그림 11-1. 이 중 식품의 변패 및 부패에 의한 식중독 발병과 관련된 가장 흔한 미생물군은 세균(bacteria)으로, 여기에서는 병원성 세균과 바이러스를 중심으로 다루고자 한다.

2. 세균성 식중독의 분류

식품에 의한 세균성 식중독은 병원성을 가진 식중독을 일으키는 세균(food-poisoning bacteria)의 종류에 따라 구분한다 표 11-1. 세균성 식중독은 세균 자체에 의한 감염형, 세균의 생성 독소에 의한 독소형, 감염형과 독소형의 중간형인 생체 내 독소형으로 구분한다. 세균에 의한 감염형과 독소형 식중독의 발병 기작의 차이는 감염형 식중독의 경우 세균이 증식한 식품이 경구 섭취되어 발병하고, 독소형은 식품 내 식중독 세균의 증식과 대사과정에서 생성되는 독소 물질에 의한 것이다.

예를 들어, 감염형 식중독의 원인균인 장염비브리오균(*Vibrio parahaemolyticus*), *Campylobacter jejuni*, 쥐장티푸스균(*Salmonella* Typhimurium) 등이 식품 내 증

표 11-1 감염형, 독소형, 중간형(생체 내 독소형) 식중독 세균의 분류

분류	특징	대표 원인균	발병균량과 독소량 [cell/g(그램 세포당)]	잠복기 (시간)	포자 형성 여부
감염형 식중독	• 생균의 경구 섭취 • 긴 잠복기 • 가열조리 유효 • 위장염 증상 • 발열	장염비브리오균 (*Vibrio parahaemolyticus*)	10^4~10^7 : 인간에게 발병	8~20	무
		Listeria monocytogenes	수 개~많은 양	12	무
		Campylobacter jejuni	10^6 : 실험실 감염(인간)	72~124	무
		쥐장티푸스균 (*Salmonella* Typhimurium)	10^5~10^7 : 인간에게 발병	6~72시간(대부분 12~36시간)	무
		장염균 (*Salmonella* Enteritidis)	수십 : 신생아에게 발병		무
		장관병원성 대장균 (enteropathogenic *E. coli*, EPEC)	10^6~10^9	9~12	무
		장관출혈성 대장균 [enterohaemorragic *E. coli*, EHEC(*E. coli* O157:H7)]	10~10^2	24~72	무
		Yersinia enterocolitica	10^9	24~96	무
독소형 식중독	• 세균의 독소 생성 • 균체 외 독소 생성 • 짧은 잠복기 • 독소가 내열성이면 가열조리 효과 없음 • 발열 증세 없음	보툴리늄균 (*Clostridium botulinum*)		12~36	유
		황색포도상구균 (*Staphylococcus aureus*)	10^6~10^7: 식품 중 (0.1μg인)	0.5~6	무
		세레우스균 (*Bacillus cereus*, 구토형)	10^6~10^7: 식품 중	0.5~5	무
중간형 (생체 내 독소형)	• 장관에서 증식한 세균의 독소 생성 • 긴 잠복기 • 가열조리 유효	*Clostridium perfringens*, 시간	10^6~10^7 : 인간에게 발병	8~20	유
		세레우스균 (*Bacillus cereus*, 설사형, 시간)	10^6~10^7 : 인간에게 발병	8~16	유
		장관독소원성 대장균 (enterotoxigenic *E. coli*, ETEC)		12~72	유

식 후 식품과 함께 경구 섭취될 때 급성위장염, 발열, 설사 등의 임상 증후를 동반한다. 병원성 세균에 의한 감염형 식중독은 다른 감염병에 비하여 발병 빈도가 낮고 다량의 세균을 경구로 섭취할 때 식중독 증세가 나타난다. 그러나 독소형 식중독은 황색포도상구균(*Staphylococcus aureus*), 보툴리누스균(*Clostridium botulinum*), 세레우스균(*Bacillus cereus*, 구토형) 등의 병원성 세균이 경구로 섭취되면 세균의 2차 대사산물인 독성물질을 생성하여 장관에 흡수되면서 식중독이 발병한다. 독소형 식중독균이 살균이나 멸균과정을 거쳐 균주 자체가 병원성 미생물로 작용하지 않아도 식품 내 잔류 독성물질에 의한 식중독 발병은 가능하다. 독소형 식중독 세균의 생성 독소로는 황색포도상구균

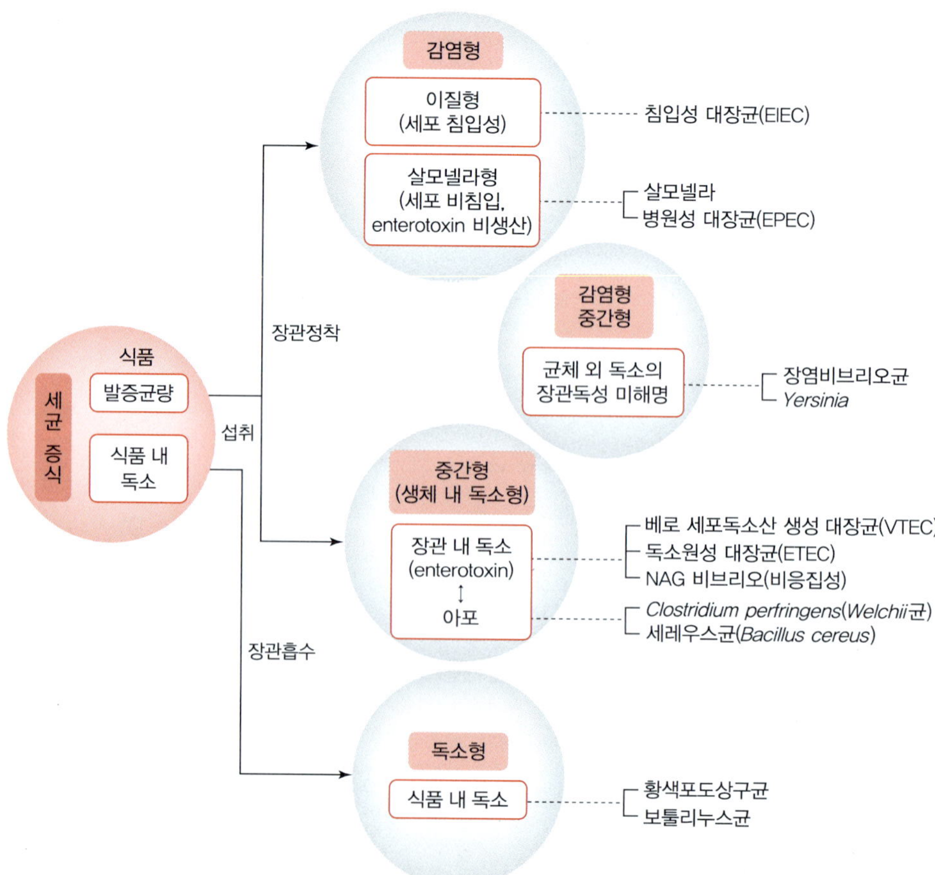

그림 11-2 발병 형태에 따른 세균성 식중독의 분류(감염형, 중간형, 독소형)

의 장독소(enterotoxin)와 보툴리누스균의 신경독소(neurotoxin) 등이 있으며, 이들 독소물질에 의한 식중독 증세가 나타난다. 중간형(생체 내 독소형) 식중독은 *Clostridium perfringens*, 세레우스균(*Bacillus cereus*, 설사형), 장관독소원성 대장균(enterotoxigenic *E. coli*, ETEC)에 의해 매개된다. 이 경우, 식품 형태로 경구 섭취한 생체 내 독소형 식중독 세균이 장관 내에서 증식하여 독소를 생성하거나 *Bacillus* 속 균과 *Clostridium* 속 균처럼 아포를 형성한 후 생성된 독소가 원인이 되어 설사 등의 식중독 증세가 관찰된다. 그러므로 세균성 식중독의 임상적 증후는 특정 병원성 세균의 수 혹은 독소의 양과 관련이 있다. 또한 식중독 세균에 오염된 식품을 경구로 어느 정도 섭취했는지와 함께 식중독 세균의 생리적 상태와 조건에 따라 개인차가 크게 관찰될 수 있다. 세균성 식중독의 발병 양식에 따른 각 병원성 세균을 그림 11-2에 분류하여 제시하였다.

1) 감염형 식중독 세균

감염형 식중독(infection-type food poisoning)은 병원성 세균이 식품을 매개로 증식하여 병원성이 증폭되어 발생한다. 감염형 식중독은 병원성 미생물이 일정 균수 이상 증식해야 병원성이 숙주에서 발현될 수 있다. 따라서 발병 형태에 따른 감염형 식중독 세균마다 서로 다른 일정 증식량이 포함된 오염식품을 경구 섭취하여 발병한다. 주된 원인균은 살모넬라, 장염비브리오, 병원성 대장균, *Listeria*, *Yersinia* 등이다. 감염형 식중독은 병원성 식중독 세균으로 오염된 식품의 섭취와 함께 미생물의 증식에 의한 일정 농도 이상의 균수가 있어야 식중독 증상이 나타나므로 잠복기가 비교적 긴 편이다.

(1) 살모넬라

자연계에도 널리 분포하고 있는 살모넬라는 포유동물과 조류 장내의 장내미생물로 크기는 0.5~1.0×1~5μm이며, 그람음성, 무아포성, 통성혐기성 간균으로 주모성 편모를 가진다. 살모넬라는 시토크롬 산화효소(cytochrome oxidase) 음성이며 포도당을 발효하여 산과 가스를 생산한다. 유당을 분해하지 않고 트립토판으로 인돌을 합성하지 못하며 황화수소(H_2S)를 생성한다. 식중독 세균으로 주로 동물에게 식중독을 일으키는 살모넬라는 현재까지 가장 널리 알려진 대표적인 병원성 원인 세균이다.

살모넬라균은 균체항원(O항원)과 편모항원(H항원)의 조합에 따라 2,000종 이상의 혈청학적 다양성에 의한 균형으로 분류되어 있고 대부분 병원성을 가진다. 일부 균형의 경우 사람에게만 병원성을 나타내는 숙주 특이성(host specificity)을 가진다. 우리나라는 장티푸스균(*S.* Typhi)이나 파라티푸스균(*S.* Paratyphi)의 경우 다른 살모넬라 식중독균과 구분하여 2급 감염병균으로 분류한다.

식중독을 유발하는 살모넬라균 종으로는 *S.* Enteritidis(장염균), *S.* Typhimurium(쥐장티푸스균), *S.* Choleraesuis(돼지콜레라균) 등이 대표적이다 **그림 11-3**. *S.* Thompson, *S.* Derby, *S.* Infantis 등도 살모넬로시스(salmonellosis)의 원인 세균이다. 살모넬라의 배양은 영양한천배지(nutrient agar), 맥콩키한천배지(NA medium, MacConkey's agar), 디옥시콜산시트르산 한천배지(DCA medium, desoxycholatecitrate agar medium)를 사용한다.

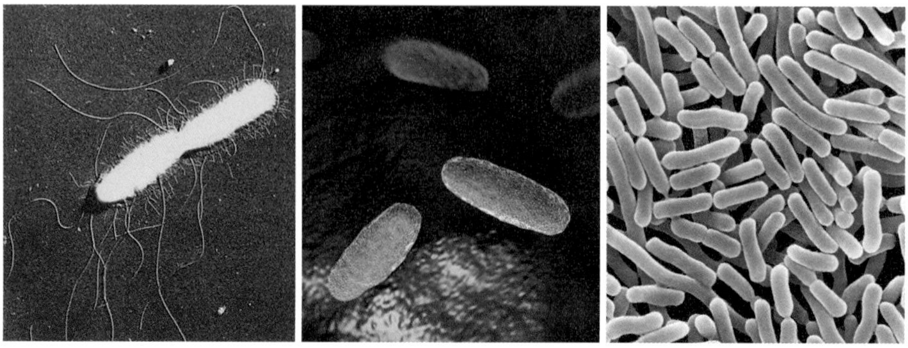

S. Enteritidis(장염균) *S.* Typhimurium(쥐장티푸스균) *S.* Choleraesuis(돼지콜레라균)

그림 11-3 살모넬라의 주사전자현미경(SEM) 사진(7,800배 확대)

살모넬라의 증식 특징은 열에 약하나 저온 및 건조 조건에서 저항성을 보인다. 최적 생육온도는 37℃이지만 10~43℃의 넓은 온도 스펙트럼의 증식 범위가 관찰되는데 62℃(145°F)에서 20분간 가열 시 거의 사멸된다. 잠복기는 12~24시간 혹은 6~48시간 정도이며 흔히 급성장염 증세를 보인다. 구역질, 구토, 복통, 설사, 두통, 발열 등의 식중독 증세도 수반한다. 경우에 따라서 38~40℃의 발열, 오한, 전율이 나타나기도 한다. 이질의 증세와 비슷한 수양성 설사가 1일 5~10회 정도 지속되거나 2~5일 정도 발열도 관찰된다. 살모넬라 식중독은 가을철인 6~9월에 높은 발병률을 보이며, 이 시기의 발병률이 75% 정도로 편중되어 있어 다른 식중독과 비교하여 높은 발병률을 나타내지만 치사율은 0.3~1% 정도로 낮다.

살모넬라는 생물학적 감염원으로 사람, 가축, 가금류, 야생 동물 등에서 흔하게 관찰되며 감염 경로가 비교적 잘 규명되어 있다. 가축, 개, 고양이 등이 살모넬라균에 이환되거나 보균된 가금류의 고기와 환자, 보균자, 가축 대소변에서 오염된 음식 등이 주된 오염 요인이다. 따라서 살모넬라에 오염된 식품은 식중독을 일으키는 직접적인 원인이 된다.

원인 식품으로 달걀, 가금류, 식육과 그 가공품, 2차 오염된 식품인 어육제품, 유제품, 샐러드 등 동물성 식품이 많으나 특정 식품에 한정되지 않는다. 가장 잘 알려진 감염원인 식품은 달걀로, 감염 경로는 수란관을 통해 항문으로 나오는 과정 후에, 달걀을 생것으로 섭취하는 행위와 오염된 달걀을 식재료로 가공한 샐러드와 마요네즈 섭취 등이 있다. 살모넬라균의 오염률은 소고기와 돼지고기가 5~10%, 닭고기는 10~30% 정도이다.

살모넬라균에 의한 식중독 예방법으로 도축장 및 축산물 위생검사가 정기적으로 이루어져야 하고 생식을 금해야 하며, 조리실과 부엌의 쥐와 파리 등 위생동물을 철저하게 구제해야 한다. 식육 도축 후 처리과정에서 2차로 오염되는 경우가 많은데, 특히 장염균과 쥐장티푸스균 등이 감염된 위생 곤충에 의해서도 식품이 오염되기 때문이다. 살모넬라균은 내열성이 약하므로 가열이 가능한 식품은 섭취 전 가열하는 것이 좋다. 식재료의 조리 후에는 바로 섭취하고 남은 음식은 살모넬라균이 증식하지 못하도록 10℃ 이하의 환경에서 저온저장법을 이용한다.

(2) 장염비브리오

장염비브리오균은 일본 오사카 남부지방에서 멸치포 섭취 후 식중독 증세를 보인 20여 명이 사망한 사례가 보도되면서 1950년에 처음 알려지게 되었다. 주된 장염비브리오 식중독의 원인균인 *Vibrio parahaemolyticus*는 그람음성의 무포자 간균으로 통성혐기성 세균이다. 생선회나 어패류 등 수산물 섭취로 인한 장염비브리오균 감염으로 식중독이 발생한다. *V. parahaemolyticus*는 액상 배지에서 극단모성 편모를, 고체배지에서는 극단모성 편모와 주모성 편모를 함께 형성하는 호염성균(halobacteria)이다. 장염비브리오균의 크기는 0.5~0.8×1.4~2.6μm 정도로 직선 혹은 구부러진 형태를 가진다 **그림 11-4**. 최적 생육온도는 37℃이나 30~37℃ 범위에서도 잘 증식하고 pH 7.5~8.5 정도의 산도에서 최적 생육곡선을 나타낸다. 장염비브리오균의 병원성 인자에는 내열성 용혈독(thermostable direct hemolysin, TDH)과 내열성 용혈독 관련 용혈독(TDH-related hemolysin, TRH) 등이 있다. 세균 배양에 이용하는 일반적인 한천배지와 동물 혈액을 혼합하여 붉은색의 혈액한천배지에서 배양 시, 생성된 균주 군락 주변 혈액이 용혈환을 형성함으로써 용혈성을 가진 가나가와 현상(Kanagawa

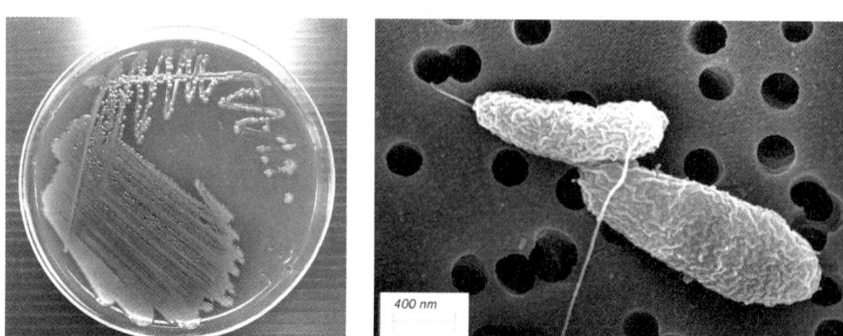

그림 11-4 혈액한천배지에서 관찰되는 군락(좌)과 주사전자현미경(SEM)으로 관찰한 *V. parahaemolyticus*(우)

phenomenon, KP)이 특징적으로 관찰된다. 장염비브리오균은 염분이 없는 수돗물과 증류수 등에 노출되면 쉽게 사멸된다. 산성 조건에서도 증식이 느리고, 특히 pH 4.5 이하에서는 급속히 사멸된다. 최적 조건에서 10분마다 분열하기 때문에 다른 세균보다 생육속도가 상대적으로 빠르므로 여름철에 주의가 각별히 요구된다. *V. parahaemolyticus*는 저온이나 고온에 적응하지 못하여 10℃ 이하나 45℃ 이상의 온도 조건에서는 생육이 거의 멈추고 60℃에서 10분간 열이 가해지면 곧 사멸한다. 3~5% 농도의 염도에서 생육이 활발하여, 0.5~10% 정도의 염도에서도 어느 정도 증식이 가능하나 10% 이상의 고염 농도에서는 생육이 멈추는 해수세균이다.

장염비브리오 세균에 의한 식중독의 잠복기는 4~48시간 정도이지만 12~24시간 내에 식중독 증세가 흔히 보인다. 주된 임상적 증후로는 복통과 1일 10회 이상의 심한 수양성 설사를 동반한다. 심한 경우 출혈성 설사와 37~39℃의 발열이 있으나 고열이 흔하게 관찰되지는 않는다.

장염비브리오균에 의한 식중독은 5~11월에 발병하지만 7~8월에 가장 높은 빈도로 발생한다. 해수, 흙, 플랑크톤 등이 주된 감염원으로 감염 경로는 오염된 해수에 서식하는 어패류와 이들 식재료를 사용한 초밥, 오염된 어패류를 다룬 손, 조리기구의 오염, 다른 식품으로의 전파 등이다. 도시락, 채소 샐러드 등의 2차 오염이 가능한 식품에서도 감염이 발생할 수 있다.

장염비브리오 식중독 예방법은 여름철 어패류의 생식 회피도 중요하지만 다른 식품과 구분하여 보관함으로써 2차 오염을 방지해야 한다. 또한 어패류의 냉장 유통과 보관이 철저히 지켜져야 하며 장염비브리오균에 감염된 환자와 보균자의 분변을 엄격히 차단해야 한다.

(3) 비브리오패혈증

비브리오패혈증은 감염 유발 호염성균으로 운동성을 보이는 그람음성 간균인 *Vibrio vulnificus*에 의해 발병되는 급성 질환이다. 패혈증 비브리오균(*V.*

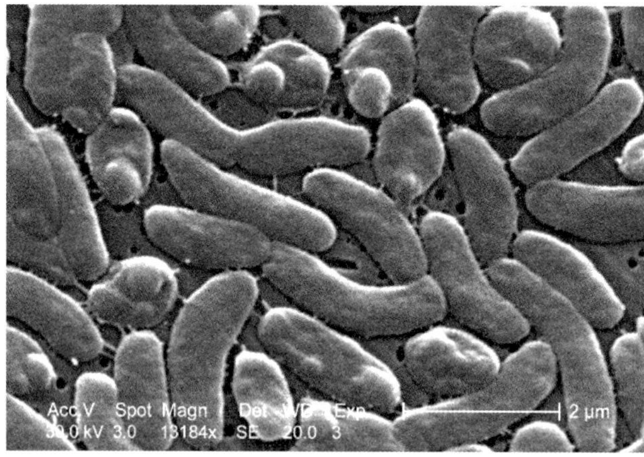

그림 11-5 주사전자현미경(SEM)으로 관찰한 *Vibrio vulnificus*

vulnificus)은 열대와 아열대 기후 조건에서 생육이 활발한데, 9~30℃ 정도의 해안가나 강물과 바닷물이 만나는 하구에서 관찰된다 그림 11-5. 18℃ 이상의 수온에서 생육이 활발하고 10℃ 이하에서는 증식이 느리다.

패혈증의 주된 원인이 되는 비브리오균은 크게 세 가지 유전자형(biotype)으로 분류한다. 유전자 1형은 해수에서 흔하게 발견되고, 유전자 2형은 극동아시아와 시유럽의 뱀장어 양식장에서 고병원성이 관찰된다고 알려져 있다. 유전자 3형은 이스라엘의 민물고기 양식장에서 발견되었는데, 유전자 1형과 2형의 혼합형 세균으로 사람에게는 창상감염의 원인균이다. 비브리오패혈증은 주로 오염된 어패류를 생식하거나 피부 상처를 통해 감염되었을 때 나타난다. 패혈증 비브리오균은 위장염(gastroenteritis), 패혈증(septis), 피부와 연부조직의 창상감염 등의 원인균이다. 이 균주에 의해 피부와 연부조직에 발생하는 창상감염은 50% 이상 사망률을 나타내며 패혈증 비브리오균에 의한 감염 중 발생 빈도가 제일 높다. 잠복기는 8~20시간이며 일반적인 증세는 복통, 설사, 구토, 혈변 등이다. 특히, 만성 간질환자 중 40~50대 남성은 더 높은 치명률을 보인다. 패혈증 비브리오균에 감염된 환자는 격리, 소독, 검역 등이 별도로 필요하지 않지만 페니실린이나 암피실린 등 감수성 항생물질을 투여받아야 한다. 일부는 수술이 필요한데 외과적인 절제, 배농, 절개 등의 시술을 해야 한다.

(4) 병원성 대장균

사람과 동물 장관의 정상 상재균으로 장내미생물인 대장균(*Escherichia coli*)은 병원성이 없는 세균총(microbiota)을 이루는 그람음성세균이다. 그러나 1945년 영국의 브레이(Bray)가 영유아 설사 발병 원인을 추적하면서 병원성 대장균(pathogenic *E. coli*)을 분리하고 명명하여 일반 대장균과 구분하게 되었다. 1971년에는 색(Sack) 등이 장독소(enterotoxin)를 생산하는 대장균을 발견하여 독소원성 대장균으로 보고하였다. 이후, 장관세포로 침입하여 설사를 일으키는 대장균도 관찰하였다.

병원성 대장균의 발견을 시기적으로 세분하자면, 1960년대 후반 이질과 유사한 패턴으로 설사를 유발하는 장관침투성(장침입성, 장침습성) 대장균(enterotoinvasive *E. coli*. EIEC)을 확인하였다. 1967년 영국에서는 열대나 아열대지방의 개발도상국에서 발생하는 여행자 설사의 원인균인 장관독소원성 대장균(enterotoxigenic *E. coli*. ETEC)을 보고하였다. 1982년 미국에서는 병원성 대장균 O157의 유전형이 포함된 장관출혈성 대장균(enterohemorhagic *E. coli*, EHEC)이 발견되었다. 또한 사람과 동물의 장관 상재균인 대장균 중 일부가 패혈증, 설사, 적리(dysentery), 독혈증 등을 일으키는 장관병원성 대장균(enteropathogenic *E. coli*, EPEC)인 경우, 장관독소원성 대장균과 장관침투성 대장균을 함께 묶어 설사의 원인이 되는 3종의 병원성 대장균으로 구분하기도 한다. O26, O55, O78, O111, O127, O128 등은 장관병원성 대장균에 속하는 특정 혈청형으로 관찰되었다. 1987년 미국에서 설사를 유발하는 장응집성 대장균(entreroaggregative *E. coli*, EAggEC 혹은 EAEC)이 병원성 대장균 가운데 5번째로 보고되었다. 이러한 5종류의 대장균은 모두 설사를 일으키는 발병 기전 등이 다르므로 병태를 기준으로 서로 다른 종류의 균으로 구별하기도 하지만 이들 5종을 일반적인 병원성 대장균이라고 정의하게 되었다.

대장균은 병원성과 비병원성을 기준으로 구분하지 않고 균체의 표면에 존재하는 당지질(lipopolysaccharide, LPS)의 구조적 차이를 기준으로 항원성이 서로 다르다는 특성을 이용하여 대장균의 구별법으로 이용하는데 역학상 중요하게 사용한다. 이 항원을 O항원이라 부르고 현재까지 178종이 보고되었다. 예를 들면, 병원성 대장균 O157은 O항원 구별법에 의해 157번째의 O항원을 갖는 병원성 대장균주이다. 대장균을 항원성에 따라 분류하면 O항원과 대장균이 갖는 편모항원인 H항원을 같이 표기함이 정확한 기술법으로 통용된다. 따라서 병원성 대장균 O157의 H항원의 경우가 H7이기 때문에 병원성 대장균 O157의 정확한 구분 명칭은 장관출혈성 대장균 O157 : H7(enterohemorrhagic *Escherichia coli* O157:H7, *E. coli* O157:H7)이 되는 것이다 **그림 11-6**.

대장균으로 유래하는 식중독의 발병 패턴에 따라 5종의 병원성 대장균은 각각 장관출혈성 대장균(enterohemorrhagic *E. coli*, EHEC), 장관독소원성 대장균(enterotoxigenic *E. coli*, ETEC), 장관침투성(장관조직침입성) 대장균(enteroinvasive *E. coli*, EIEC), 장관병원성 대장균(enteropathogenic *E. coli*, EPEC), 장응집성 대장균(enteroaggregative *E. coli*, EAEC) 등으로 세분한다. 이 밖에도 최근 문제가 되고 있는 장응집성출혈 대장균(enteroaggregative hemorrhagic *E. coli*, EAHEC)도 고병원성 대장균의 한 분류로 대두되고 있다. 현재까지 총 30여 종의 병원성 대장균이 혈청학적으로 일반 대장균과 구분되지만 일반 대장균과 유사하게 장내세균과에 속한다.

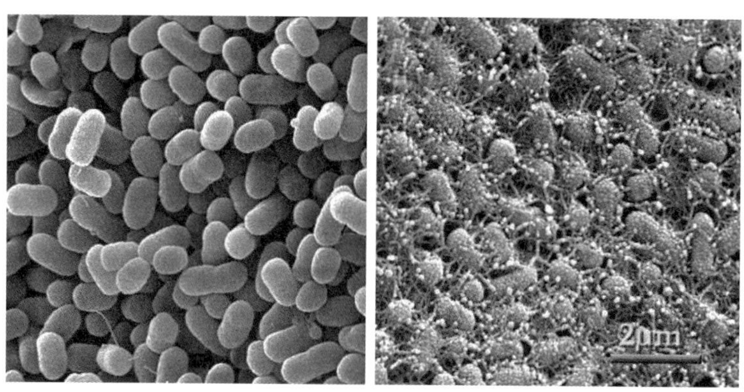

그림 11-6 주사전자현미경(SEM)으로 관찰한 병원성 대장균인 장관출혈성대장균(*E. coli* O157:H7)
아밀로이드 섬유(amyloid fiber) 단백질이 형성되지 않은 장관출혈성대장균 438950W(좌)과 아밀로이드 섬유 단백질이 형성된 장관출혈성대장균 438950R(우)

장관독소원성과 장관병원성 대장균은 위장염형으로 분류한다. 임상적 증후로 수양성 설사, 복통, 발열, 구토 등의 감염 증세가 보인다. 영유아는 잠복기가 더 짧고 증세가 심하며, 성인은 중증으로 진행되면 농혈과 혈변이 혼합된 이질형 장관독소원성 대장균이 관찰된다. 위장염형 잠복기는 1일 전후이지만 평균 12시간 정도로 짧다. 영유아 및 어린이에게 병원성 대장균에 의한 식중독이 발생하면 주로 급성위장염이 동반된다. 영유아의 설사와는 상대적으로 성인의 식중독은 예후가 양호하고 보통은 수일 이내에 증세가 완화되어 회복기로 들어간다.

모든 대장균은 그람음성의 통성혐기성 간균으로 내생포자를 형성하지 않는다. 공통적으로 주모성 편모를 가지고 있어 운동성이 있는 것과 주모성 편모가 없는 비운동성으로 분류한다. 대장균의 최저 생육온도의 범위는 8~10℃이고 최적 생육온도는 37℃인데 45℃ 이상에서는 생육이 불가능하고 열에 의해 사멸한다. 대장균은 젖당과 과당을 분해하여 산, 이산화탄소, 수소 등을 생성한다. 인돌 시험(indol test)과 메틸레드 시험(methyl red test)은 생화학적 양성으로 나타난다. 또한 VP(Voges Prokauer) 시험과 구연산염(citrate)을 이용한 시험의 경우 음성으로 관찰된다.

병원성 대장균의 감염 경로는 자연, 사람, 동물 등 광범위하다. 특히, 동물 배설물, 보균자, 환자가 주요 전달 매개체이다. 사람 간 병원성 대장균 감염 발생 빈도의 증가는 위생 상태의 정도가 충족되지 않는 경우, 손을 씻는 방법이 옳지 못한 경우, 감염 환자의 분변에서 다른 사람에게 전파되는 경우 등으로 다양하다. 예를 들어, 가축의 장관에서 증식 가능성이 있는 특정 병원성 대장균이 식육이 도축될 때 장 내용물 등의 노출에 의해 식육으로 오염되거나, 식육을 분쇄하면서 병원성 대장균이 부착되어 오염되기도 한다. 따라서 가축 분변과 폐기물은 반드시 위생적으로 처리해야 한다.

병원성 대장균에 의한 식중독 발생은 여름철에 빈도가 조금 더 높게 나타나지만 사실상 연중 상관없이 발병한다. 원인 식품은 주로 햄, 치즈, 소시지, 커틀릿, 채소샐러드, 로스트비프, 분유, 파이, 도시락, 두부, 소의 간, 원유 등으로 매우 광범위하다. 병원성 대장균에 의한 식중독을 예방하기 위해서는 식품을 익히고, 감염환자에 의한 오염을 주의하며, 조리도구 등에 대한 위생관리가 선행되어야 한다. 식품에 사용하는 급수는 소독한 것을 이용하고 열에 약하므로 75℃에서 3분 정도의 가열로 사멸한다. 식품과 음용수는 되도록 가열 및 살균 후에 섭취하는 것이 좋으며 살균우유와 유제품을 섭취하고 원유는 섭취하면 안 된다. 보균자와 환자의 관리를 철저히 하고 분변의 비료화를 효과적으로 제어함으로써 분변에 의한 직접, 간접 식품 오염을 차단해야 한다. 어린이의 경우 질환이 회복된 후 1~2주 정도는 반드시 세밀한 관찰이 필요한데, 분변에 잔류할 가능성이 있는 병원성 대장균에 대한 위생 관리가 추가 감염을 예방할 수 있기 때문이다.

① 장관출혈성 대장균

장관출혈성 대장균(enterohemorrhagic *E. coli*, EHEC)은 식품으로부터 유래하여 창자출혈성의 대장균이 생산하는 베로톡신(verotoxin)이라는 세포 독소가 원인이 되어 감염이 발생한다. 장관출혈성 대장균에 의한 감염은 소량의 균으로도 식중독 발병이 가능하다. 감염 증세로 발열이 심하지는 않지만 혈변, 복통, 두통 등의 임상적 증후가 관찰된다. 장관출혈성 대장균의 평균 잠복기는 2~8일이며 감염자의 2~7% 비율로 혈전성 혈소판감소증 혹은 위중한 정도의 용혈성 요독증후군 등의 질환으로 이환되기도 하는데, 심한 경우 신부전증으로 사망에 이르기도 한다. 장관출혈성 대장균의 대표적인 혈청형은 1982년 미국에서 쇠고기와 분쇄육 등에서 분리하여 동정한 식중독 병원성 대장균으로 *E. coli* O157:H7이 있다. 또한 O혈청형인 26, 103, 104, 111, 113, 146 등도 장관출혈성 대장균의 혈청형에 속한다.

② 장관독소원성 대장균

여행자 설사증(traveler's diarrhea)의 원인균으로 알려져 있는 장관독소원성 대장균(enterotoxigenic *E. coli*, ETEC)의 장내 독소는 열에 의한 활성 유무에 따라 두 가지 형태로 구분한다. 장관독소원성 대장균의 독소는 60℃에서 30분 정도의 가열에 의해 활성이 소멸되는 이열성 독소(heat-labile enterotoxin, LT)와 100℃에서도 내성이 관찰되는 내열성 독소(heat-stable enterotoxin, ST)로 나눈다. 장관독소원성 대장균의 체내 잠복기는 12~24시간이며, 식중독 발병 시 증상은 평균 5일간 지속된다. 일반적인 장관독소원성 대장균에 의한 식중독 증세는 수양성 설사, 구토, 산성증, 피로, 탈수 등이며 발열은 흔하지 않다. 장관독소원성 대장균은 소장 내에 정착하여 증식하게 되고 이 과정에서 대장균이 생산하는 장독소 활성으로 거의 모든 연령대의 사람과 동물에서 감염과 식중독 발병이 관찰된다. 장관독소원성 대장균의 O혈청형으로 6, 8, 15, 25, 27, 63, 78, 80, 114, 115, 128, 148, 153, 159, 167 등이 보고되었다.

③ 장관조직침입성 대장균

장관조직침입성 대장균(enteroinvasive *E. coli*, EIEC)에 의한 식중독 증세는 세균성 이질과 매우 비슷하다. 주로 발열과 복통을 동반하는데 중증의 경우 혈액과 점액이 섞인 설사 증후를 보인다. 장관조직침입성 대장균의 감염 기작은 자세히 알려진 바가 없다. 그러나 주로 대장 점막의 상피세포에 부착되어 점막 손상을 유발하여 세포 괴사에 의한 궤양을 일으킨다. 잠복기는 보통 12~72시간이며 감염 환자 중 10% 비율로 합병증을 동반한다. 장관조직침입성 대장균은 침입성, 독소원성, 부착성 등의 균주 특성을 보인다. O혈청형으로 28ac, 112ac, 124, 136, 143, 144, 152, 164, 167 등이 있다.

④ 장관병원성 대장균

장관병원성 대장균(enteropathogenic *E. coli*, EPEC)의 원인 식품은 오염된 신생아 분유와 유아용 식품 등이다. 잠복기는 12~24시간 정도이며 성인보다 어린이에게서 발생 빈도가 높고 증세도 더 심하다. 장관병원성 대장균에 의한 감염 증세는 수양성 설사, 복통, 발열, 구토 등이다. 장관병원성 대장균 감염에 의한 발병 기작은 아직 알려진 바가 없으며 대장 점막에 대한 비침입성 균주로 분류된다. O혈청형으로 26, 55, 86, 111, 114, 119, 125, 126, 127, 128, 142, 158, 159 등이 대표적이다.

어린이, 노인에게 패혈증, 수막염, 뇌수막염 등의 발생률이 유의적으로 높다. 특히 당뇨병, 알코올 중독, 간질, 만성신장병, 철 과잉증, 후천성 면역결핍증 등의 질환을 가진 사람들에서도 리스테리아균의 기회감염이 높은 빈도로 관찰된다.

L. monocytogenes 병원체로 인한 감염을 리스테리아증(Listeriosis)이라고 하는데 임신부나 신생아에게 감염을 일으키는 빈도가 높다. 특히, 리스테리아증의 감염 환자 치사율은 30% 정도로 매우 높다. 임산부의 경우, 리스테리아균 감염은 유산, 사산, 조산 등의 원인이 된다. 리스테리아증은 소, 양, 돼지 등의 가축 및 조류에도 리스테리아균의 감염에 의한 뇌염, 유산, 패혈증을 유발한다. 1970~1980년대 미국과 유럽에서 수차례 리스테리아증이 보고된 후에는 세계적으로 식품 안전에 대한 경고가 되어 왔다. 미국 질병예방본부(centers for disease control and prevention, CDC)는 해마다 1,600여 명이 리스테리아균에 감염되고 이 중 16% 정도가 사망한다고 보고하였다. 우리나라의 경우 2018년에 서울에서 최초로 리스테리아균 감염에 의한 식중독이 보고된 바 있다.

리스테리아균이 자연계와 가축에서 흔하게 관찰되고 동물 유래 식품의 오염도가 높으므로 우유, 치즈, 식육 등이 유통되는 집단급식에서의 리스테리아균 식중독 발생은 앞으로도 심각한 사회문제가 될 수 있다. 리스테리아균 감염을 원천적으로 차단하기 위한 전제 사항으로는 식육과 생선을 다른 식품 재료와 동일한 저장공간에 보관하지 않고 철저히 분리하여 저장함으로써 2차 감염을 방지하고 조리 시 충분히 가열해야 한다. 환경 적응력이 강한 *L. monocytogenes*는 식품가공·유통과정에서 고염과 저온 모든 조건에서 생육이 가능하므로 다양한 식품 종류에 대하여 리스테리아균 오염을 차단하고 통제하는 것은 상당한 난제이다. *L. monocytogenes*에 의한 식품 오염을 방지하기 위해서는 각 식품 특성에 맞는 가이드라인을 확보하는 것이 유일하다. 세계보건기구(WHO)는 리스테리아 모노사이토제네스의 오염을 방지하기 위한 4개의 식품 그룹을 제시하였다. ① 생식품(생육, 생채소), ② 혼합 생식품, 발효소시지, 생유로 제조한 치즈 등의 가공 생식품은 원재료 준비 및 식품가공 과정에서 주변 환경 혹은 보균동물 유래의 오염을 최대한 방지할 것, ③ 살균 후 손으로 공정이 필요한 가공 식육 제품에 대한 2차 오염을 방지할 것, ④ 살균우유와 유제품 등 용기에 들어 있는 살균식품은 큰 문제가 없지만 되도록 냉동 및 냉장 식품의 저장과정에서 온도 관리를 철저히 통제해야 하는 것 등이다.

(6) 여시니아균

과거에는 여시니아균 감염에 의한 식중독 발생에 대한 역학적 조사 및 통계자료가 적었으나, 최근 세계적으로 이 균주에 의한 식중독 발생 비율은 해마다 증가하는 추세이다. *Yersinia* 속에는 11종이 포함되며 그중 3종은 병원성을 가진 *Yersinia pestis*, *Y. pseudotuberculosis*, *Y. enterocolitica*이다. 여시니아균 식중독의 주된 원인균은 돼지장염균인 *Y. enterocolitica*이다 그림 11-8. 이 병원성 여시니아균은 무아포성 간균의 형태로 협막이 없는 그람음성의 통성혐기성 세균이다. 보통 1~10개의 편모를 가지고 30℃에서 주모성 편모를 가지지만 37℃에서는 편모를 생성하지 않는다. 여시니아균의 크기는 0.5~0.8×1~30 μm이고 영양배지에서 배양 시 군락은 30℃에서 24~30시간 후 0.1mm 정도의 크기이다. *Y. enterocolitica*의 최적 생육온도의 범주는 22~29℃로 이는 다른 장관계 병원균에 비해 상대적으로 생육온도가 낮은 편에 속하고 세대시간

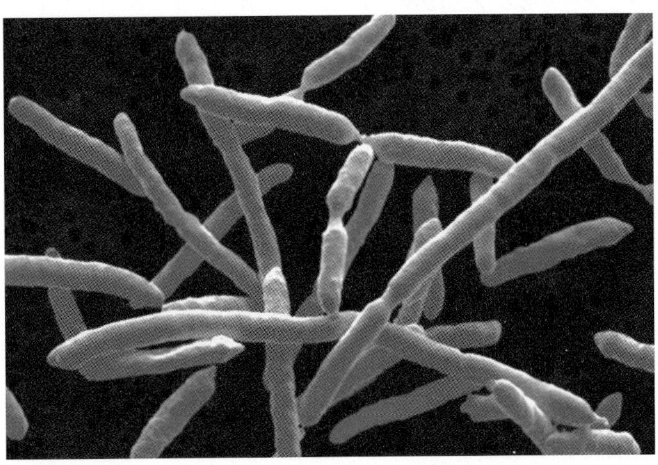

그림 **11-8** *Yersinia Enterocolitica*를 12,000배 확대한 주사전자현미경(SEM) 관찰 모습

도 긴 특징을 가진다. 생육에 필요한 온도 범위는 4~44℃이며, 4℃ 냉장온도에서도 증식이 가능하므로 저온균으로 간주한다. 여시니아균의 오염에 의한 체내 잠복기는 3~7일 정도인데 경우에 따라 10일 이상 지속되기도 한다.

여시니아균은 냉장온도와 진공포장 조건에서도 증식이 저해되지 않고 생육이 가능하므로 식품위생상 각별한 주의가 요구된다. 여시니아균 감염에 의한 식중독 증세로는 구토, 수양성 설사, 39℃ 이상의 고열, 통증 등으로 급성위장염이나 패혈증 등을 유발할 수 있고 2차 면역질환으로 여시니아증(yersiniosis)을 일으키기도 한다. *Y. cnterocolitica*를 포함한 여시니아 속에 의해 장에서 일어나는 급성 질병인 여시니아증은 충수염과 증세가 비슷해 혼동하기 쉬운 감염성 질환이다. 2살 이하 유아의 여시니아증은 임상 증후 경과가 심각하여 복부 통증이나 고열이 수반된 위장염과 설사가 관찰된다. 여시니아증은 연령이 낮을수록 감수성이 높은데, 림프절염, 충수염, 관절염 등의 염증 질환으로 이어질 수 있다.

여시니아균에 의한 오염 및 감염 경로는 주로 돼지, 개, 고양이 등 가축의 분변이고 이들의 직접 접촉에 의한 감염과 여시니아균에 오염된 식품 혹은 보균 동물의 배설물 등에 의한 2차 접촉에 의한 감염이 대부분이다. *Y. enterocolitica*의 경우, 돼지가 주 오염원이며 이는 주로 도살과정에서 발생하고 전파되는데 도축장 내 위생동물인 쥐 등에 의해서도 전파되기도 한다. 도축장 유래의 오염된 하수 역시 식수 오염으로 여시니아에 의한 감염원인이 된다. 여시니아균 감염은 특히 늦가을과 겨울철에 식중독 원인이 될 수 있다. *Y. enterocolitica* 감염의 예방법으로 식육 도살과정, 도축장 위생관리, 위생동물에 대한 방서 방안 등이 필요하다.

여시니아균에 의한 식중독 원인 식품은 오염된 우유, 식육, 물 등이고 저온저장과 저온유통이 일반적인 현재의 식품 소비 과정에서 오염이 발생하므로 저온균의 특성으로 연중 발생한다는 점을 주의해야 한다. 예를 들면, 저지방우유(skim milk)는 60~65℃에서 30분 가열하고 돼지고기 등의 식육 조리 시 75℃에서 3분 이상의 충분한 열처리를 통하여 여시니아균을 사멸시켜야 한다.

(7) 캄필로박터균

최근 캄필로박터균 유래 식중독 연구가 진행되면서 양의 유산을 일으키거나 사람에 대한 병원성이 밝혀져 병원성 세균으로 인식되고 있다. 캄필로박터균 감염에 의한 식중독의 가장 주된 원인 균주는 *Campylobacter jejuni*와 *C. coli*이다. 이 중 *C. jejuni*에 의한 식중독 발생 비율은 매우 높게 나타난다. *C. jejuni*는 0.2~0.5μm 크기의 극성 세포막을 가진 그람음성의 무포자 간균이다 그림 11-9. *C. jejuni*의 운동성은 한쪽 혹은 양쪽 말단에 가늘고 긴 편모인 단극모 혹은 양극모가 있어 가능하다. 또한 산소 농도가 높은 일반 대기인 공기에 노출되면 나선형에서 원형으로 형태를 바꾼다. 캄필로박터균은 3~5% 산소 농도인 미호기성 환경 조건에서 생육하고 25~45℃에서 일반적인 생육이 가능하며 최적 생육온도는 42℃이다. 특히, 25℃ 이하에서 생육이 저해되므로 고온성 세균으로 구분한다. 캄필로박터균은 염소용액으로 쉽게 사멸이 가능하고, 60℃에서 30분 가열로도 사멸하므로 내열성이 약하다. 이 밖에 건조한 환경, 산성 조건, 염도의 농도에 민감한 세균이다.

소 혹은 염소에서 발생하는 전염성 유산, 태반염, 설사증의 원인균인 캄필로박터균은 소, 염소, 돼지, 개, 고양이 등의 가축 및 닭 등 가금류와 같은 보균동

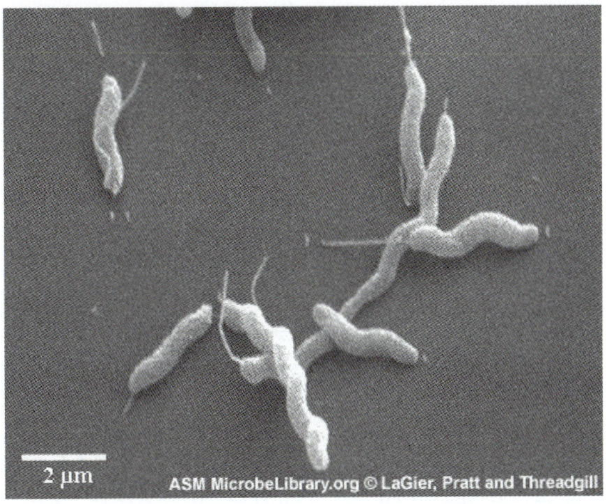

그림 11-9 주사전자현미경(SEM)으로 관찰한 *Campylobacter jejuni*

물 외에도 야생동물, 어패류, 하천수 등에서도 관찰된다. 가축의 캄필로박터균 보균율은 돼지, 소, 닭 등에 집중적으로 나타나는데 살모넬라보다도 높게 나타난다. 사람에 대한 캄필로박터균의 병원성은 신생아 감염이 심각한 뇌수막염을 일으킬 수 있고 면역력이 저하된 상황에서 감염이 용이하다.

캄필로박터균 감염에 의한 식중독은 주로 서구에서 문제가 되는 식중독균으로 인식되어 있고, 다른 식중독 세균에 비하여도 최근 발생 빈도가 가장 많은 식중독으로 알려져 있다. 5~7월 사이에 많이 발생하는 캄필로박터균 감염에 의한 잠복기는 통상적으로 2~7일 사이이며 이는 다른 식중독 잠복기에 비해 길다. 캄필로박터 식중독의 임상 증후는 복통, 두통, 38~39℃의 고열, 메스꺼움, 구토, 탈수 등이다. 또한 반복적이고 많은 횟수의 수양성 설사가 7일 이상 지속될 수 있는데 농혈이 검출되기도 하며, 어린이는 2~4일 사이에 설사변 중 혈변이 관찰된다. 복통은 주로 배꼽 주위와 하복부에서 관찰되다가 3일 정도 경과하면 일반적으로 예후가 좋다.

C. jejuni 식중독의 감염 요구균량은 10^3CFU/g으로 다른 감염형 식중독과 비교해 볼 때 미량이다. *C. jejuni* 감염에 의한 식중독은 가금류의 도축과정에서 생육에 오염될 소지가 많은 식육, 식육 가공품, 소독하지 않거나 오염된 물, 비위생적 축산물 등의 섭취가 원인이 되어 발병한다. 가금류는 *C. jejuni*의 오염률 40% 정도가 주로 도체 표면에서 감염되는 것으로 관찰된다. 쥐, 바퀴 등 위생동물에 의한 식품오염과 애완동물의 접촉에 의한 오염 등도 감염경로에 포함된다. 사람에게 전파되는 경로는 캄필로박터에 오염된 식육류, 생우유, 햄버거, 닭고기 등이고 분변 등 배설물에 의한 2차 오염으로 집단 발병이 관찰되기도 한다. 또한 버섯, 날생선, 덜 익힌 생선, 조개, 굴, 채소 등의 오염에 의해서도 발생한다. 식중독 예방을 위해서는 식품을 충분히 가열하여 섭취하는 것이 최선이며 오염 빈도가 높은 생고기의 경우 중심부 온도를 75℃에서 1분 이상 가열하여야 안전하다. 대부분의 캄필로박터 오염은 가금류와 같은 식육류 제조 공정에서 발생하므로 가공시설의 위생관리는 필수이다. 다른 식재료도 60℃ 이상 가열하여 익지 않은 상태로 섭취하는 일이 없어야 한다. 감염형 식중독의

일반적인 특징을 표 11-2에 정리하였다.

2) 독소형 식중독

황색포도상구균(*Staphylococcus aureus*), 보툴리늄균(*Clostridium botulinum*), 세레우스균(*Bacillus cereus*, 구토형이며 독소형)은 대표적인 독소형 식중독(toxic food poisoning)을 일으키는 주요 원인 세균이다. 독소형 식중독은 식품에 오염된 병원성 미생물이 생산하는 장독소(enterotoxin)가 장에 작용하여 식중독을 유발하는 질병이다. 독소형 식중독을 일으키는 병원성 미생물이 독소를 생산할 만큼 증식하지 않았거나 장독소의 생산된 양이 독소 성분으로 작용할 정도가 되지 못하면 식품이 해당 병원성 미생물에 오염되어도 독소형 식중독의 임상적 증후는 관찰되지 않는다. 독소형 식중독은 이미 식품 내에 독소형 식중독 미생물에 의해 생산된 독소가 분비되어 있기 때문에 잠복기가 비교적 짧은 편이다. 발열 증상은 거의 없으나 다른 임상적 증세는 감염형과 유사하다. 독소형 식중독 미생물이 식품 내로 생산하는 독소는 일반적으로 단백성 물질(주로 단백질)로 구성되어 있고 세균의 살균, 멸균, 실활 등과 상관없이 인체 내 진입 시 식중독 증세를 유발한다. 이러한 독소는 세포의 대사과정 중 사멸하거나 분해될 때 방출되는 내독소(endotoxin)와 세포 구성성분은 아니지만 미생물 대사에 의해 생성되어 세포 외로 분비되는 단백질인 외독소(exotoxin)로 구분한다. 외독소는 그람양성균과 그람음성균 모두 생산하는 기작이 알려져 있고 내독소는 그람음성균만 생성 기작이 밝혀져 있다 그림 11-10.

(1) 황색포도상구균

포도상구균은 공기와 토양을 포함한 자연계에 흔한 세균이다. 건강한 사람의 30~50% 정도가 피부에도 황색포도상구균을 가진 보균자이므로 이 균종에

표 11-2 감염형 식중독 세균의 일반적인 특징

감염형			
구분	살모넬라	장염비브리오균	병원성 대장균
원인균	*S. enteritidis* *S.* Typhimurium 아래 균은 전염병 *S. Typhi*(장티푸스) *S. paratyphi*(파라티푸스)	*Vibrio parahaemolyticus*	*Escherichia coli* *Pathogenic escherichia*
그람염색	그람음성/간균/무아포/편모	그람음성/간균/무포자/편모	그람음성/간균/무아포
산소	통성혐기성	통성혐기성	통성혐기성
온도	중온균(37℃)	30~37℃(해수 16℃ 이상부터 생육)	중온균(37℃)
pH	7~7.5	7.6~8.0	–
원인물질	가금류, 돼지, 우유, 달걀	생어패류	햄, 치즈, 햄버거
주요 증상	설사, 고열(38~40℃)	발열(37~38.5℃), (물 같은) 설사, 복통	발열, 설사, 복통
특징	잠복기 24시간(8~48시간)	• 증식시간 11분 잠복기 12h(6~24h) • 병원성 호염균 (3% 소금농도에서 발육) 0.1%↓, 10%↑ — 생육 X	• 유당, 포도당을 분해하여 산과 가스 생성 • 장관출혈성 대장균(O157:H7) –체내 베로톡신(verotoxin) 생성 –요독증후군, 출혈 → 5~10%
예방	• 가열(60~65℃ 20분) • 중심온도 75℃ 1분 이상	• 가열(60~65℃ 20분) • 담수에 씻는다. • 냉장온도 보관(10℃ 이하 독소생산 불가능) • 중심온도 65℃ 1~5분	• 가열(60~65℃ 30분) • 중심온도 75℃ 1분 이상

독소형		
구분	황색포도상구균	클로스트리듐 보툴리눔
원인균	*Staphylococcuss aureus* 포도송이 모양	*Clostridium botulinum*
그람염색	그람양성/간균/포자	그람양성/간균/내열성 포자
산소	통성혐기성	편성혐기성
온도	37~40℃	• 단백질분해성: 10~50℃ • E형균: 3~42℃
pH	6.5~7.5pH	–
원인물질	도시락, 식혜, 곡류가공품, 피부, 비강, 점막 (떡, 과자류, 빵)	햄, 소시지, 통조림, 레토르트식품
주요 증상	구토, 설사, 메스꺼움	시력 저하, 동공 확대, 광선에 대한 무반응, 사지의 운동 마비, 근육 수축, 이완마비(아세틸콜린의 유리억제=아세티콜린 축적)
특징	• 균체 외 독소 • 배가시간 30분 • 잠복기 13시간(1~6시간) • 218~248℃에서 30분 가열로 활성을 잃는다.	• 균체 외 독소: 100℃ 1~2M, 80℃ 30M • 단백질 분해성 A, B, F형: 120℃, 4분 • 단백질 비분해성 B, E, F형: 80℃, 30분
예방	• 손을 잘 씻는다. • 화농성 질환자는 조리를 금지한다. • 가열하면 균 자체는 사멸하지만, 엔테로톡신은 파괴하기 어렵다.	• 흙 제거 철저 • 어패류 내장 제거 • 4℃ 이하 저장 • pH 4.5 이하, Aw 0.94 이하

감염형		
리스테리아	여시니아	캄필로박터 제주니
Listeria monocytogenes	*Yersinia enterocolitica*	*Campylobacter jejuni* *Campylobacter coli*
그람양성/간균/무아포/편모	그람음성/간균/무아포/편모	그람음성/간균/무아포
통성혐기성, 미호기적	통성혐기성	미호기성
30~37℃	호냉균(4℃에서도 발육)	42~43℃
내염성	–	6.5~7.5
자연환경, 냉동식품	냉장식품, 식육류, 돼지	식육, 닭고기
수막염, 뇌수막염, 전염성 단백증, 패혈증, 유산, 폐렴	수막염, 패혈증, 복통, 발열, 녹색물설사, 관절염	• 살모넬라와 비슷 • 하반신 마비
• 1,000개 이하의 세균으로 발병 • 저온에서 증식	• 냉장농도에서 발육 • 진공포장 상태에서 증식	• 냉장온도에서 증식 • 동결조건에서 1개월 이상 생존 가능 • 감염균량(400개/g)이 소량이어도 발병
HACCP, 냉동 · 냉장식품에 대한 저장온도 관리	중심온도 75℃ 3분 이상	중심온도 75℃ 1분 이상, 생닭은 3분 이상

중간형(생체 내 독소형)	
바실러스 세레우스	클로스트리듐 퍼프린젠스
Bacillus cereus	*Clostridium perfringens*
그람양성/간균/내열성 포자	그람양성/간균/아포 형성
통성혐기성	편성혐기성(산소량이 적어도 생육 가능)
• 생육 가능 온도: 5~50℃ • 최적 생육온도: 28~35℃	• 최적 생육온도: 43~46℃ • 포자 형성 가능 온도: 37℃ 전후
–	–
• 볶음밥, 파스타, 오믈렛, 도시락, 우유, 야채수프 • 구토형: 곡류, 곡류가공품	동물성 단백질, 어패류 (탄수화물식품 거의 발생하지 않음)
• 구토형: 구토, 복통, 설사 • 설사형: 설사, 복통	설사, 복통, 구토
• 구토형: 열에 안정, 구토독, 내열성 126℃ 90분 가열해도 파괴되지 않음 • 잠복기 3시간(1~6시간) • 설사형: 소장 내에 증식하여 엔테로톡신 생성(고분자 단백질–열에 약함), 잠복기 12시간(8~16시간)	• 내열성이 강해 100℃ 4시간 가열해도 사멸하지 않는다. • 세대시간이 10~12분 정도로 짧다. • 잠복기 : 12시간(8~20시간) • 섭취 후 8시간 이후 장내에 포자를 형성하면서 엔테로톡신을 형성한다(열, 산에 약하다). • 65℃ 10분 가열로 파괴된다.
채소는 흐르는 물에 소독, 가열조리 후 즉시 섭취	먼저 조리한 식품 즉시 섭취, 가열조리 후 빨리 냉각, 소량씩 냉장보관, 섭취 전 완전 재가열, 클로스트리듐 퍼프린젠스 10^2 이하/g

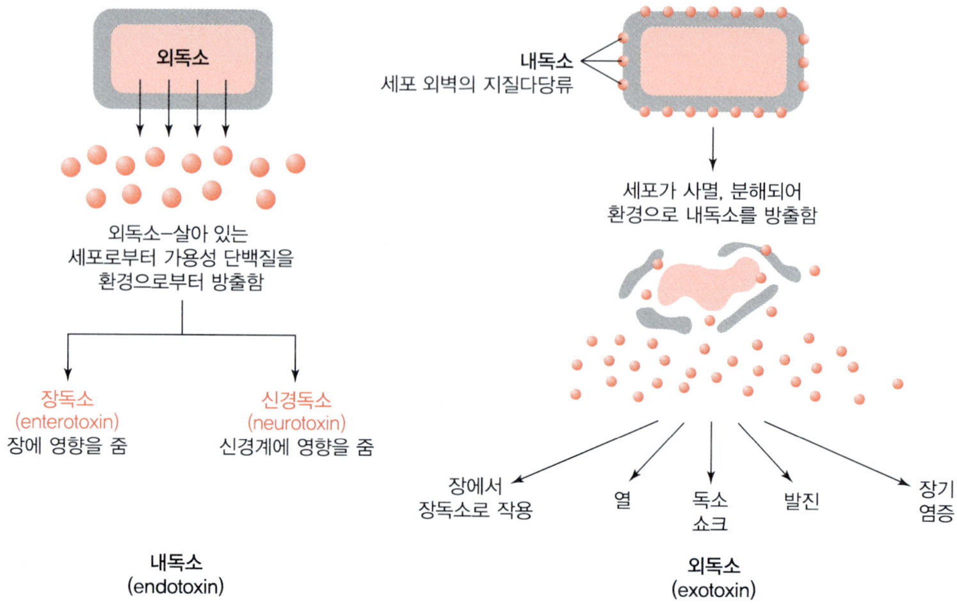

그림 11-10 세균이 생성하는 장독소인 내독소와 외독소의 합성 기작

의한 식중독을 완전히 예방하거나 차단하는 것은 극히 어렵다. 사람과 동물의 인후, 비강, 피부 등에서 관찰되는 포도상구균 감염에 의한 식중독은 주로 황색포도상구균(*Staphylococcus aureus*)이 원인균이다. 황색포도상구균 감염에 의한 식중독은 이 균주의 식품 내 증식을 통하여 2차 대사산물로 생산된 장독소가 경구 섭취되어 발생되는 독소형 타입이다. 황색포도상구균은 포자와 편모를 형성하지 않는 통성혐기성의 그람양성 구균으로 대표적인 독소형 식중독의 원인균이다 **그림 11-11**. 1μm 정도 크기로 운동성이 없는 황색포도상구균은 군락을 이루어 주황색이나 노란색을 띠게 되는데, 카탈라아제(catalase) 양성이고 내염성(halotolerant)을 가진다. 7.5% NaCl 정도의 고염 농도에서도 생육이 활발하며 최적 생육온도는 30~37℃이다.

황색포도상구균의 장독소 분자량은 27,000~34,000 정도의 단백질들이다. 장독소는 항원특이성에 의한 A~E의 5종이 존재하고 A, B, C1, C2, D, E로 구분하여 분류한다. 이들 장독소는 내열성이 매우 강하여 120℃에서 20분간 열처리를 가하거나 단백질 가수분해효소에 의해서도 실활이 불가능하다. 보통 pH 6.8~

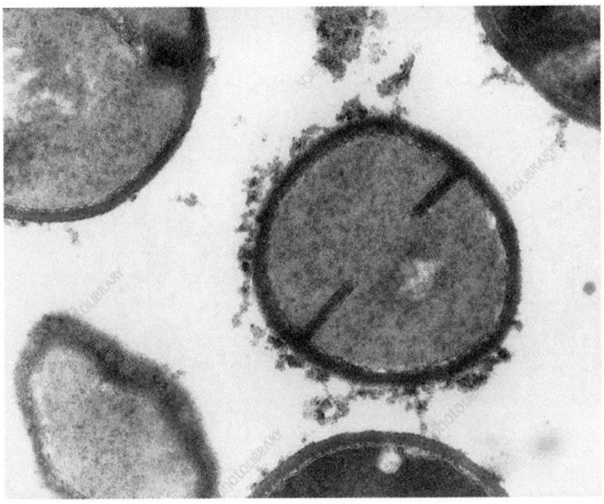

그림 11-11 투과전자현미경(TEM)으로 관찰한 황색포도상구균(*Staphylococcus aureus*)의 단면

7.2 조건에서 210℃로 10~40분 열처리를 하거나 10% 이상의 식염에서는 독소 생산이 억제된다. 따라서 식품 내에 황색포도상구균에 의한 증식과 함께 장독소가 일단 생성되어 분비되면 일반적인 조리법으로 제거가 불가능하다.

황색포도상구균 감염에 의한 잠복기는 1~6시간이며 평균적으로 3시간 내외인데 다른 세균성 식중독에 비해 상대적으로 매우 짧은 편이다. 황색포도상구균 식중독 증세로는 구토, 메스꺼움, 구역질을 동반한 급성위장염, 복통, 심한 통증, 탈진, 수양성 설사 등이 있다. 중증인 경우 혈변, 점액변, 근육경련, 탈수, 의식장애, 혈압강하 등의 증세도 관찰되는데 발열은 거의 없다. 황색포도상구균 식중독의 임상 증후는 8~12시간 정도 지속되나 예후가 좋아 빠르게 호전되어 1~3일 정도면 회복된다. 황색포도상구균 식중독의 치사율은 낮지만 개인차가 있어 임산부, 고령자, 영유아, 기저질환자 등 여러 조건에 따라 다르다. 황색포도상구균 식중독은 계절과 상관없이 발병하는데 그중에서도 5~9월에 집중적으로 발생한다. 황색포도상구균 식중독은 소량의 균 섭취로 식중독이 발생하지는 않지만 식재료의 오염을 방지하고 조리과정 중 음식을 충분히 열처리하여 신속하게 섭취하고 보관하는 경우는 5℃ 이하의 냉장보관 온도에서 보관해야 한다.

황색포도상구균은 80℃에서 10분간 가열하면 사멸되지만 장독소는 내열성이 매우 강하다. 황색포도상구균은 사람의 거의 모든 조직 및 기관에 침투가 가능하므로 감염이 발생하게 되면 괴사나 화농성 질환을 유발한다. 특히, 화농성 환부에는 황색포도상구균이 흔하게 분포하기 때문에 화농성 상처나 인후염을 가진 사람의 손이나 조리기구를 통해서도 2차 오염이 일어나므로 조리과정 참여는 금해야 한다. 또한 화농성 질환이나 유방염이 있는 젖소로부터도 황색포도상구균의 감염이 일어날 수 있다. 원인 식품이 매우 다양한데 여러 식품군에서 생육과 증식이 가능하기 때문이다. 미국과 유럽에서는 주로 우유, 우유가공품, 식육제품, 난제품, 어패류, 어육가공품, 두부 등 단백질 함유 식품이 주된 원인 식품이다. 우리나라에서는 김밥, 도시락, 빵, 샌드위치, 과자류 등의 곡류, 혹은 그 가공품 가운데 제조공정이나 가공과정을 거치면서 사람에 의해 직접적인 접촉이 이루어지는 식품군에서 발생한다.

(2) 보툴리늄균

화학적 유기물 친화성 박테리아(chemoorganotrophic)인 *Clostridium botulinum*은 황색포도상구균과 함께 독소형 식중독의 대표 원인균이다. 보툴리늄균(*C. botulinum*)은 구형, 나선형, 섬유상 등 다양한 형태를 보인다. 편성혐기성의 주모성 편모를 가진 평균 0.3~1.9×2~10μm 정도 크기의 그람양성 간균으로 주편모는 운동성을 표현하는 기관이고 일부는 비운동성이 관찰된다 **그림 11-12**. 보툴리늄균을 혈액배지(blood agar), 가열육배지(cooked meat agar), 난황한천배지(egg yolk agar) 등을 이용하여 배양하면 생화학적 특징이 관찰된다. 예를 들면, 보툴리늄균의 모든 균주는 포도당 발효능과 젤라틴(gelatin) 분해능을 가지고 있으며 카탈라아제 음성(catalase-negative)이다. 이들 균주들은 지방분해효소(lipase), 아세트산(acetic acid), 뷰티르산(butyric acid) 등을 공통적인 대사산물로 생산한다.

보툴리늄균은 항원 특이성에 의하여 C형의 1, 2형을 포함한 A~G형의 7종이 보툴리늄 독소(botulinum toxin)를 생산한다. 7종의 항원 특이성을 가진 균주

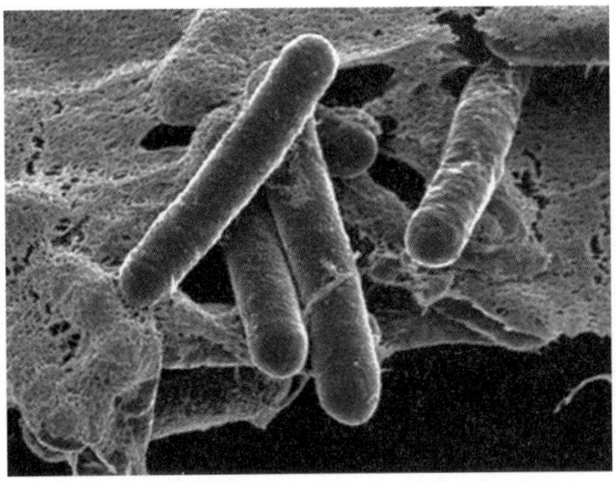

그림 11-12 *Clostridium botulinum*의 주사전자현미경(SEM) 사진

가운데 B, C, D형은 주로 동물에게 식중독을 유발하고 A, B, E형은 사람에게 식중독을 일으키는데 F형 균주도 때때로 식중독을 유발하는 것으로 알려져 있다. 보툴리늄균이 생산하는 독소는 신경독소(neurotoxin)인데, 내생포자를 형성하기 때문에 내열성이 강하다. 혐기성 조건에서 보툴리늄균 증식은 신경독소 생산으로 독소형 식중독의 원인이 된다. 사람에 대한 경구치사량은 수 μg 정도이므로 발병 시 치사율이 높다.

보툴리늄 독소는 분자량이 150,000 정도의 유독성 1분자와 분자량이 다른 무독성 1분자 간의 결합에 의한 단순단백질이다. 이 독소는 80℃와 100℃ 조건에서 각각 30분과 2~3분간 가열하면 무독화되는 이열성 독소다. 경구 섭취된 보툴리늄균의 신경독소의 체내 작용 기작은 소장 상부에서 흡수되어 림프관으로 들어가고 말초신경의 콜린(choline) 작동성의 신경접합부에서 아세틸콜린(acrtylcholine)의 유리를 저해하여 신경을 마비시키게 된다. 저온균인 보툴리늄균의 최적 생육온도는 항원 특이성에 의해 차이가 발생한다. 일반적인 A, B, F형의 최적 생육온도는 37~39℃이고 최저 생육온도는 10℃이지만 내열성이 강한 내생포자가 형성되는 E형의 최적 생육온도는 28~32℃이고 내열성이 약한 포자를 형성하게 되는 최저 생육온도는 3.3℃로 관찰된다. 내열성이 강한 A, B, F형 균주는 100℃에서 6시간 이상을 가열해야 파괴되지만 내열성이 약한 E형 균주의 포자는 100℃에서 5분 혹은 80℃에서 10분 정도 가열하면 완전히 파괴된다. 최적 pH는 A, B형이 4.6이고 E형이 5.0 정도이다.

보툴리늄균에 의한 감염이 발생하면 잠복기가 평균 18~72시간이지만 빠른 경우는 2~4시간 내로 신경 증세가 보이고 늦으면 2~3일 후에 나타난다. 식중독의 일반적인 증상으로는 통증, 설사, 구토 등의 위장장애를 동반하고 탈력감, 권태감, 현기증과 같은 신경 증상이 보일 수 있다. 또한 복시, 시력 저하, 동공 확대, 안검하수, 언어장애, 실성, 타액 분비 저하, 연하 곤란, 호흡 곤란 등의 증세를 보이지만 발열은 관찰되지 않는다. 보툴리늄균에 의한 사망은 대부분 호흡부전에 의해 발생한다. 보툴리늄균 식중독은 포자가 식품에 오염되고 난 후 증식이 가능한 온도에서 장기간 식품 보존이 발생하는 경우에 나타난다. 보툴리늄균의 A형 세균은 채소, 과일, 육류와, B형 세균은 육류, 사료와, E형 세균은 어패류, F형 세균은 육류와 밀접한 상관관계가 있다. 남미, 유럽, 미국에서는 A형과 B형 세균에 의한 식중독 발생 비율이 높은 반면 북위 40도 이북의 일본, 캐나다, 러시아, 스칸디나비아 반도 등에서는 E형 세균에 의한 발생 빈도가 높다.

보툴리늄균 식중독을 예방하기 위해서는 포자를 가열로 완전히 살균한다. 물리적 방법으로는 pH 4.5 이하, 수분활성도 0.94 이하, 온도 3.3℃ 이하 등을 유지하여 세균이 증식하지 않도록 하거나 아질산나트륨 등의 항균제를 이용하는 화학적 방법으로 증식과 포자 생성을 차단하기도 한다. 또한 80℃에서 20분 혹은 100℃에서 수분 동안 가열하여 식품 중에 생산된 독소를 불활성화시켜 예방한다.

보툴리늄균 감염의 주된 오염 원인은 토양과 동물 분변이다. 이 세균에 의한 내생포자는 흙, 바다, 하천, 연못 바닥, 동물 장관 등에 분포되어 있고 농작물, 어패류, 육류 등의 식품에 쉽게 오염된다. 특히 이 세균에 의해 오염된 식품과 식재료들이 혐기성 환경에 노출되면 증식과 포자 생성이 활발해지고 신경독소의 생산량도 비례적으로 증가하여 식중독을 유발한다. 보툴리늄균 감염의 원인식품도 식생활 문화와 습관의 차이로 나라마다 다른데, 미국에서는 채소와 과일의 병 또는 통조림류에서, 일본은 어류와 소금 절임 식품이 원인이 되는 경우가 많다. E형 세균에 의한 보툴리늄균 식중독은 가열이 불충분한 채소, 과일, 어육, 소고기 등의 병조림과 통조림 식품군에서 발생이 빈번하고 햄과 소시지 등의 진공포장 식품에서도 오염이 발생한다.

3) 중간형(생체 내 독소형) 식중독

감염형과 독소형의 중간형 식중독을 중간형(생체 내 독소형) 식중독으로 혼용하기도 한다. 중간형 식중독의 특징은 잠복기가 짧지만 조리과정에서의 가열이 해당 병원성 세균들에게 유의적인 효과가 있다. 중간형 식중독 감염 발생의 원인 세균으로는 세레우스균(*Bacillus cereus*)과 *Clostridium perfringens*가 대표적이다.

(1) 세레우스균

세레우스균(*Bacillus cereus*)은 0.5~1.5×2.0~6.0μm 정도 크기로 자연계에서 흔히 관찰된다. 그람양성, 절대호기성 혹은 통성혐기성의 간균으로 카탈라아제 음성(catalase negative)이며 주모성 편모를 가지고 내열성 포자를 형성하는 식중독 세균이다 그림 11-13. 일부 균종의 경우 사람과 포유동물에 병원성을 가지고

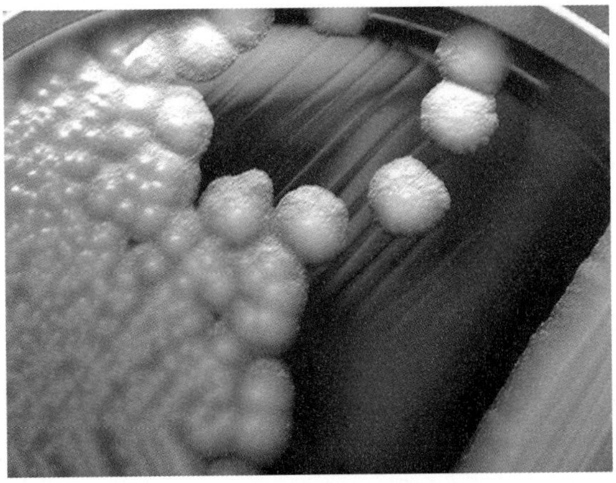

그림 11-13 양혈액한천에서 용혈을 나타내는 *Bacillus cereus*

있기도 하고 색소를 형성하기도 한다. 멸균온도인 121℃에서 20분 가열로 살균이 가능하지만, pH 5.7 혹은 7% 이상의 염분 농도에서도 생육이 관찰된다. 크게 설사형과 구토형 식중독의 원인균으로 식중독 증상은 두 개의 서로 다른 2차 대사산물에 의해 발생한다. 즉, 설사형은 고분자 단백질에 의해 발생하게 되고 구토형은 열에 안정한 저분자 펩티드에 의해 발병한다.

중간형 식중독 중 설사형의 주된 원인은 생체 내 세레우스균 증식의 과정에서 분자량 45,000~50,000의 단순단백질인 장독소(enterotoxin) 생산에 의하여 발병된다. 장독소는 pH, 트립신 또는 펩신 등의 소화효소에 의해 쉽게 가수분해되어 활성이 소실되는데 60℃에서 5분간 열처리로 독성이 불활성화되는 이열성 독소이다. 독소형인 구토형 세레우스균의 경우, 명확히 규명된 것은 아니지만 대체로 분자량 5,000 이하의 펩티드인 구토독소(enteric toxin)에 의해 식중독이 발병한다. 구토독소는 물리화학적인 강한 처리에도 매우 안정적인데, pH 2 이하와 11 이상, 120℃에서 90분 이상 가열해도 실활되지 않고 유지된다. 이 독소는 소화효소에 의해서도 분해되지 않기 때문에 상당한 주의가 요구된다.

설사형의 잠복기는 8~16시간으로 평균 12시간이며 구토형은 1~6시간으로 평균 3시간 정도이다. 설사형은 강한 복통과 수양성 설사가 특징적으로 나타나며 오심, 두통, 발열을 동반하지만 구역질이나 구토는 거의 없다. 반면, 구토형의 경우는 메스꺼움과 구토가 특징이고 복통, 두통, 발열이 관찰되며 설사는 드물게 나타난다. 원인균과 포자가 토양, 오수, 식물 등의 자연계에 분포되어 있어 식품의 오염기회가 많기 때문에 조리과정에서 식품의 실온 방치, 조리환경과 조리기구에 의한 2차 오염도 흔하게 관찰된다. 설사형은 향신료를 사용한 식품이나 요리로 육류, 소시지, 채소수프, 바닐라소스, 푸딩 등이 있고 구토형은 쌀밥, 볶음밥 등이 원인으로 꼽힌다. 세레우스균은 포자 형성균이므로 불완전한 열처리에 의해 포자가 활성을 가지고 식품과 섭취되는 경우 생체 내에서 포자의 발아와 독소의 생산이 생체 내 중간형 식중독을 일으키므로 많은 주의가 필요하다. 세레우스균은 계절에 상관없이 발병하나 5~10월 발생률이 어느 때보다 높다. 세레우스균에 의한 생체 내 독소형 식중독을 예방하기 위해서는 식품 내의 *Bacillus*균 혹은 내생포자를 사멸시키거나 증식과 발아를 억제하는 방법이 효과적으로 보고되었다. 예를 들어, 쌀밥의 조리 시에 소량 내생포자가 잔존하지만 세레우스균에 의한 식중독은 거의 대부분 2차 오염에 의해 발생하므로 조리환경 등에서의 오염을 원천적으로 차단하는 것이 필요하다. 따라서 오염되기 쉬운 식품은 조리 후에 최대한 신속히 섭취하고, 남은 음식은 10℃ 이하 온도로 급속히 냉각하여 보관하며 다시 섭취 시 재가열하는 것이 권장된다. 그러나 세레우스균 식중독은 식재료 단계에서부터 오염된 것에 의한 경우가 많기 때문에 오염 자체를 완전 차단하기는 현실적으로 불가능하다.

(2) *Clostrdium perfringens*

*Clostrdium perfringens*는 *Clostrdium welchii*라고도 한다. 그람양성, 편성혐기성, 내열성 포자를 형성하는 간균으로 운동성이 없으며, 혈액배지에서 용혈환(hemolytic zone)을 형성하는 특징이 있다 **그림 11-14**. 이 균에 의한 식중독은 *Welchii*균 식중독이라고 하는데, 생육에 요구되는 최적 온도는 43~47℃이고 pH 5.5~8.0에서 생육이 가능하다. 사람과 동물 장관 내에서 상재하며 가스괴저균으로 알려져 있기도 하다. *Welchii*균은 단백질, 탄수화물, 젤라틴을 가수분

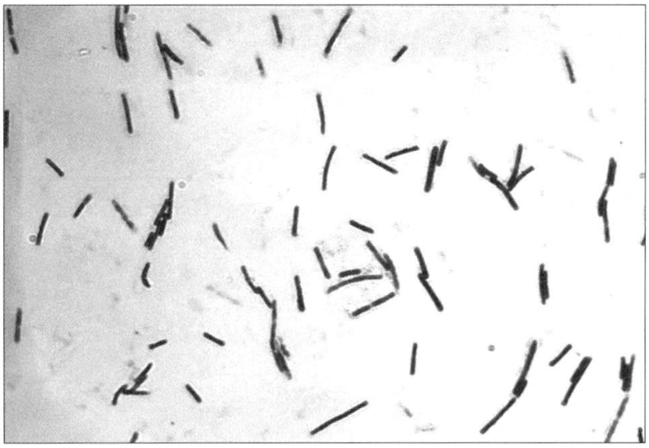

그림 11-14 그람 염색법에 의한 *Clostrdium perfringens*의 현미경 관찰

해하는데 이 과정에서 포도당, 맥아당, 젖당, 설탕 등의 발효능이 있어서 산소와 함께 가스를 생성하고 아세트산과 뷰티르산을 생산한다.

*Welchii*균은 장관 내에서 증식하며 포자를 형성하고 균체 내부의 독소로 장독소를 생산하게 되는데 독소 종류와 면역학적 특성에 의해 A~F의 6형으로 분류한다. 이 중에서 식중독을 유발하는 대표적인 A형 세균은 100℃에서 4시간 이상 열을 가해도 내생포자가 완전하게 파괴되지 않는 내열성 포자를 형성하면서 균체 내 독소(enterotoxin)를 생산한다. 독소는 pH 4.5~11.0에서 안정하지만 열에는 불안정하여 60℃에서 5분 미만으로 가열하면 대개 파괴된다. 반면 B, C, D 및 E형은 90℃에서 30분 또는 100℃에서 5분 정도면 사멸되는 특징이 있다. A형 균이 원인이 되어 발병하는 식중독의 잠복기는 8~20시간으로 평균 12시간 정도인데 주된 증상으로는 복통과 설사, 복부팽만감이 나타난다. 구토와 발열은 잘 관찰되지 않지만 설사는 1일 1~3회 수양성 설사를 한 후 대개 1~2일 내에 회복이 가능하다. F형 균에 의한 식중독은 A형과 달리 2~3시간 잠복기 이후 구역질, 구토를 유발하고 시간이 지나면 점혈이 섞인 심한 설사와 복통이 나타나게 되는데 설사가 심한 경우 탈수도 동반한다.

연중 발생이 가능하고 계절적 편중 현상이 거의 없으며 *Welchii*균에 의한 식중독 발병률이 다른 식중독에 비하여 낮은 수준이다. 하지만 단체급식소에서 발병되는 경우가 많아서 대규모 집단 식중독 발생의 원인이 되기도 하므로 '집단 조리 식중독'으로 불리기도 한다. *Welchii*균은 사람과 동물의 장관에 상재하고 있으므로 이들 분변에 의해 오염원이 되며 하수나 오수 등 자연계에도 분포하여 식품 오염을 2차적으로 일으키게 되면 발병할 수 있다. 식중독 발생은 일반적으로 $10^{7\sim9}$CFU/g의 생균을 포함하는 식품 섭취로 발생하며 장관에서 *Welchii*균이 생산한 장독소에 의해 설사와 같은 증세가 나타나기 시작한다.

원인 식품으로는 가축과 가금류인데 주로 수육과 관련 가공품, 어패류와 관련 가공품 등의 동물성 고단백질 식품이지만 식물성 단백질 식품인 수프, 국, 카레 등도 원인 식품이 되기도 한다. 가열조리된 후 용액에 담아 장시간 실온에 방치하는 경우가 많다. *Welchii*균에 의한 식중독을 차단하기 위해서는 분변과 하수에서 옮겨질 수 있는 오염원을 방지하는 것이 중요하다. 식품을 가열조리한 후에 즉시 섭취하며 저장 시에는 냉장고에서 급랭 저장하여 포자 발아와 증식을 억제시켜야 한다. 식품을 섭취하기 전 재가열하거나 증식된 균을 살균하고, 식품은 조금씩 나누어 보존하여 혐기 상태가 되는 상황을 피하도록 하여 *Welchii*균이 생육하는 생육 조건을 만들지 말아야 한다.

4) 기타 세균성 식중독

지금까지 살펴본 감염형, 독소형, 중간형 등의 세균성 식중독 외에 다른 형태의 세균성 식중독도 식품미생물학적·식품위생학적 관점에서 매우 중요하다. 주로 언급되는 기타 세균성 식중독의 원인으로 *Aeromonas*, *Pseudomonas*, 알레르기 등을 꼽을 수 있다. 기타 세균성 식중독의 매개체들은 감염형, 독소형, 중간형의 범주에 속하지 않지만 식중독 유발 세균으로 구분하고 있다.

(1) *Aeromonas*

0.3~1.0×1.0~3.5μm 크기의 Vibrionaceae과의 하나인 *Aeromonas*는 통성 혐기성의 간균 혹은 구균인 그람음성 세균이다 **그림 11-15**. *Aeromonas*는 단

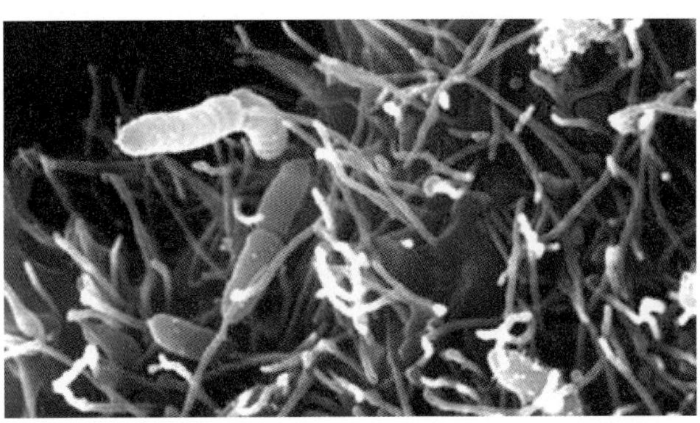

그림 11-15 혈액배지에서 배양 후에 주사전자현미경(SEM)으로 관찰한 *Aeromonas hydrophila*

일, 쌍, 체인 형태의 단모성 편모로 운동성을 보이는 중온성균과 비운동성의 저온성균으로 구분한다. 극성 편모를 가지고 운동성을 보이는 *Aeromonas* 균의 최적 생육온도는 28℃이고 최고 38~41℃ 및 최저 5℃에서도 생육한다. *Aeromonas* 감염에 의한 식중독의 대표 원인균은 *Aeromonas hydrophila*인데 이외에 에어로모나스 소브리아(*Aeromonas sobria*)도 식중독 원인균으로 보고되어 있다. *A. hydrophila*는 하수, 개천 등의 담수 상재균이고 해수 생물에서도 흔하게 관찰된다.

Aeromonas 감염에 의한 잠복기는 5~6시간 정도이며 생성하는 독소는 용혈성 독소와 장독소(enterotoxin)이다. 식중독 증세로 관찰되는 임상적 특징은 구역질, 구토, 복통, 설사, 급성 위장염, 발열 등이다. 예후는 양호하나 간혹 콜레라 양상의 설사, 점액이 섞인 혈변, 복통, 발열을 동반하는 중증 위장염 증세도 나타난다. *Aeromonas* 감염에 의한 식중독은 음식의 오염 방지, 세균 증식 차단, 식품 섭취 전 가열처리가 이루어지면 일부 예방이 가능하다. *Aeromonas* 균에 의한 식중독이 설사원성 위장염 발병을 일으킨다고 보고되어 최근 심각한 감염병으로 간주되고 있다. 어패류, 양서류, 파충류, 가축, 사람에게 골고루 발병하고 사람의 경우 근육과 연조직 등에 창상감염을 발생시킨다. 또한 면역질환자와 간경변 환자에서는 괴저, 복막염, 골수염, 폐렴, 패혈증 등으로 이환되어 합병증을 일으키기도 한다.

(2) *Pseudomonas*

Pseudomonas 속 중에서 감염을 일으켜 식중독을 유발하는 주된 원인균은 담수와 토양에 다량 존재하는 *Pseudomonas aeruginosa*이다 **그림 11-16**. 주로 공기, 화상, 상처, 요로 등을 통해 감염되고 균체 독소(enterotoxin A)를 생산한다. 자연계의 물과 토양에 흔하게 존재하고 동물 및 식물에서 병원성을 가지는 그람음성의 호기성 세균인 *Pseudomonas*는 화학유기영양균(chemoorganotrophic) 혹은 화학무기독립영양균(chemolithoautotrphic)에 속한다. *Pseudomonas*균은 한

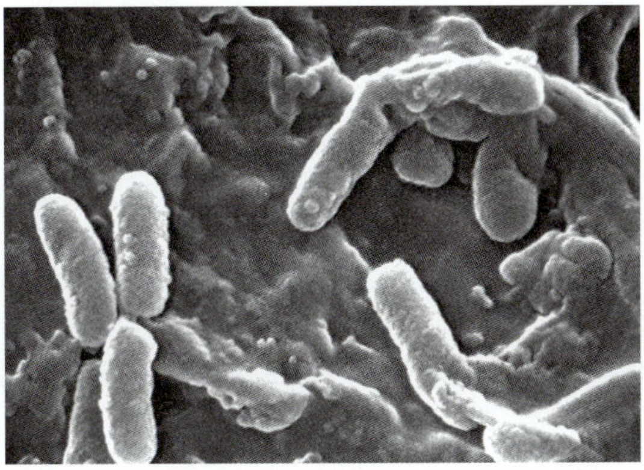

그림 11-16 주사전자현미경(SEM)으로 관찰한 슈도모나스 *Pseudomonas aeruginosa*

개 이상의 극편모를 가져 운동성이 있고 직선형 혹은 구부러진 간균으로 0.5~1.0×1.5~5.0μm의 크기이다. *Pseudomonas*의 최적 생육온도는 28~30℃이지만 저온 생육이 가능하다. 특히, pH 4.5 이하에서의 증식은 불가능하다.

(3) 알레르기

알레르기에 의한 식중독은 식품 부패 세균이 생산하는 히스타민(histamine) 등의 유해성 폴리아민에 의해 발병하게 된다. 이러한 질환을 알레르기성 식중독이라고 하는데 대표 원인균은 편모를 가진 그람음성의 통성혐기성 간균인 *Morganella morganii*이다 그림 11-17. 알레르기성 식중독을 일으키는 이 병원성 균주는 분류학상 한때 *Proteus* 속에 포함되어 있던 세균이다. 발병 기작은 식품 100g당 70~100mg의 유해성 아민인 히스타민이 축적되면 식중독이 발병한다. 또한 히스티딘탈탄산효소(histidine decarboxlase)를 생성하는 폐렴간균(*Klebsiella pneumoniae*), *Hafnia alvei*, *Citrobacter freundii*, *Proteus* 속 등의 세균들은 알레르기성 식중독을 일으키는 병원성 세균이다. 감염원인 히스티딘이 많이 함유되어 있는 붉은살 생선 등이 오염되어 식품 부패과정이 시작되면서 히스타민 생성이 증폭하게 된다. 히스타민의 경우 유해성 아민류인 아그마틴(agmatine)과 메틸아그마틴(methylagmatine) 등의 생성에 의해 독성을 가진다. 히

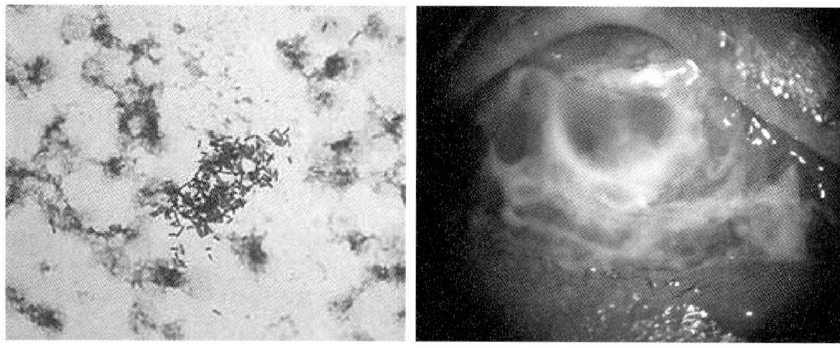

그림 11-17 *Morganella morganii*를 염색한 후 현미경으로 관찰한 모습(좌)과 외과 수술 후 *Morganella morganii* 감염에 의한 급성 전안구염(panophthalmitis)(우)

스타민의 생성으로 인한 식중독 발생 기작은 *M. morganii* 등의 히스타민 생성 세균이 식품 내에서 히스티딘탈탄산효소 생산과 이 효소의 활성을 통해 히스티딘을 히스타민으로 전환시키고 결국 유해성 아민인 히스타민의 축적으로 이어져 식중독이 발생하게 된다.

히스티딘 함유량이 많은 식품이 *M. morganii*균에 의해 오염되는 경우, 알레르기성 식중독의 직접적인 발생 원인이 될 수 있다. 이러한 식품군으로 어류 가운데 비늘이 푸른 계통이고 살색이 적색인 생선들, 즉 참치, 꽁치, 정어리, 전갱이, 고등어 등과 그 가공품을 섭취하게 되면 알레르기성 식중독이 발병할 수 있다. 일반적으로 5분~1시간 후 안면 홍조, 두드러기, 발진, 두통 등의 알레르기 증상과 구토와 설사 등을 수반할 수 있으나, 수시간 내 회복되는 편으로 예후가 좋다. 이러한 임상 증후는 식이성 알레르기와 유사하여 항히스타민제로 치료가 쉬운 편이다.

M. morganii 등에 의한 알레르기성 식중독의 예방책은 붉은살 생선의 선도를 유지하고 건조 어류는 습도가 높은 보관장소를 피해야 한다. 특히 표면에 거품이 발생한 생선의 경우 이러한 알레르기성 식중독을 발생시킬 수 있으므로 반드시 피하도록 한다.

5) 바이러스에 의한 식중독

노로바이러스(norovirus)는 비세균성 위장관염의 원인체로 미국 오하이오주에서 급성 위장염 환자 분변을 투과전자현미경으로 관찰하면서 발견된 바이러스이다 그림 11-18. 노워크바이러스(Norwalk virus)가 보고된 이후 발생하는 비세균성 위장관염 환자의 검사대상물에서 확인한 바이러스 병원체 중에서 노워크바이러스의 특징과 유사한 병원체를 Nowalk-like virus(NLVs) 혹은 소형 구형 바이러스(small round structure virus, SRSV)로 명명하게 되었다. 또한 대규모 식중독 사고와 관련된 바이러스 분리주는 Nowalk virus, Hawaii virus, Southhampton virus, Snow Mountain virus로 명명하기도 한다. 그러나 ICTVs(Internatonal committee for taxonomy of viruses)에서 물리화학적/분자생물학적 특징을 바탕으로 2003년에는 동일한 바이러스로 통일하여 최초 바이러스가 발견된 지역명에 의해 노워크바이러스로 불리고 있으나 공식 명칭으로는 norovirus로 명명이 확정되었다. norovirus는 Calciviridae family Norovirus genus 속에 속하는데 겨울에 집중적으로 발병하는 특징으로 인해 겨울철 설사병(winter diarrhea, winter dysentery)으로 알려져 왔다. norovirus의 크기는 27~35nm 정도로 정이십면체 바이러스로 구분하며 바이러스 입자 표면에 컵 모양의 함몰구조가 있어서 Calci(라틴어로 '컵'이라는 뜻)로 명명되기도 한다. 칼시바이러스과는 분류학적으로 *norovirus* 속, 사람에게 위장관염을 유발하는 *Sapovirus* 속, 토끼에게

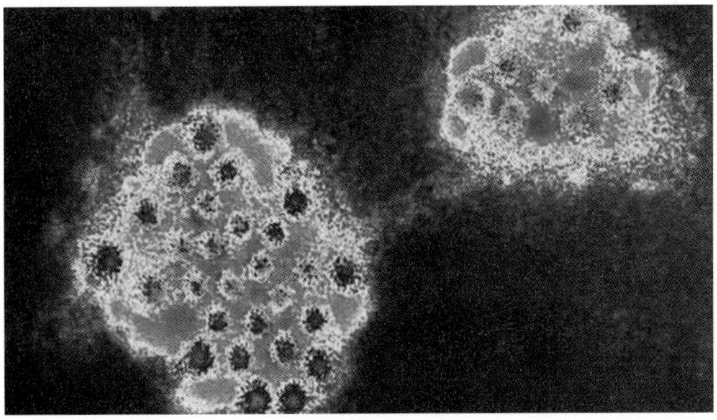

그림 11-18 norovirus의 전자현미경 관찰 모습

출혈열을 일으키는 *Lagovirus* 속, 돼지수포병 바이러스, 고양이 칼시바이러스가 포함된 *Vesisirus* 속 등을 포함한 4개의 속이 있다. *Sapovirus* 속에 포함된 Sapovirus는 일본의 삿포로 지역에서 최초 보고되었는데 비세균성 위장관질환의 원인체로 구분한다. Sapovirus의 특징이 알려지기 전에는 Sapporo virus 혹은 Sapporo-like virus 등으로 명명되었는데 norovirus와 같이 Sapovirus로 명칭이 통일되었다. Sapovirus 형태나 감염 특성 등의 임상 증세가 norovirus와 매우 유사하지만 Sapovirus의 경우 유전자 구성이 norovirus와 달라서 다른 종류의 바이러스로 구분하기 때문이다. 현재까지 norovirus의 유전자 그룹은 총 6개(GI~GVI)로 나뉘고 그중 유전자 그룹 GI, GII, GIV는 사람에게 특이적으로 위장관염을 일으키는 것으로 알려져 있다. norovirus의 GI는 9개의 유전자형을, GII는 22개의 유전자형을 포함하는데, Bovine norovirus는 GII에 속하고 murine norovirus는 GV로 분류한다. norovirus는 RNA 바이러스로 분류하고 숙주세포에서 복제과정 중에 염기서열의 변이가 매우 쉽게 나타나는 바이러스로 강한 면역반응의 유도가 용이하지 않다. 면역력의 지속기간도 매우 짧아서 감염 수개월 후에 노로바이러스에 재감염되는 사례도 많이 관찰된다.

미국의 FDA와 CDC의 통계에 의하면 다양한 종류의 식품이 norovirus 식중독의 원인 식품이 되는데 굴, 홍합, 모시조개 등의 패류를 포함한 이매패류, 샐러드, 딸기, 라즈베리, 빵, 샌드위치, 케이크, 오염된 식수 등이 원인 식품으로 꼽힌다. 가장 대표적인 norovirus의 감염 경로는 경구감염(fecal-oral transmission)이며 오염된 식수와 물로 재배되거나 가공한 채소, 과일, 식품 등의 경구 섭취 시 발생한다. 접촉감염(person-to-person transmission)은 norovirus에 감염된 환자에서 구토물이나 분변 1g당 10^8~10^9개의 바이러스가 배출된다. 이러한 norovirus 감염환자의 검사대상물을 위생적으로 처리하지 못한 경우 다수의 바이러스가 체표면이나 조리기구 표면에 부착되어 오염된 후 이의 후접촉으로 감염이 될 수 있다. norovirus는 열, 산, 유기용매, 염소 등에 매우 저항성이 있어 60℃의 열처리나 5ppm 정도의 염소처리로는 감염력이 저하되지 않는다. 공기감염(airborne transmission)은 norovirus 감염 경로 중 대부분이 경구감염이나 접촉감염을 통해 일어나는 것과 달리 공기에 의한 감염 사례가 일본에서 발생한 적이 있어서 분류되는 감염 형식이다. 구토물이나 설사분변으로 배출이 된 다량의 norovirus가 소독이 되지 않아 처리가 안 된 상태에서 바이러스 입자 자체가 비말(droplet) 형태로 감염의 원인이 되는 것이다.

norovirus에 감염된 환자는 2~3일간 발병기간 이후의 구토, 설사, 복통 등 대부분의 임상 증후가 사라지는데, 이렇게 증세가 사라진 norovirus의 감염자가 분변을 통하여 다량의 norovirus를 2~3주간 배출하므로 이러한 상태를 무증상 감염으로 분류하고 있다. 무증상 감염은 분변을 통해 바이러스 배출량이 많기 때문에 최소 1주일 이상 조리과정에 참여하는 등의 활동을 반드시 제한하는 것이 좋다.

norovirus는 건조 상태에서 4℃에서 8주, 20℃에서 3~4주간 생존하고 60℃에서 30분간 가열을 해도 감염성이 유지된다. norovirus는 85℃ 이상에서 1분 이상 가열해야 병원성을 소실한다. 특히, 굴 등의 어패류에 의한 norovirus 감염이 이 바이러스 식중독의 가장 큰 원인이 되고 감염된 사람의 분변과 구토물에서 norovirus가 관찰된다. 모든 연령대의 사람에게 감염이 가능하고 바이러스에 오염된 식품이나 물에 의해 감염이 발생하기도 하지만 사람 간의 접촉에 의해서도 감염이 관찰된다. 세계적으로 매년 norovirus에 의한 감염 발생 빈도는 110만 명 정도로 그중 20만 명 이상이 사망하는 것으로 보고된다. 잠복기는 24~48시간 정도로 개인에 따라 다르나 일단 감염되면 메스꺼움, 구역질, 수양성 설사, 복통, 오한, 발열 및 위장 팽만감 등의 증세가 수반된다. norovirus 감염 이후 12~60시간이 경과하면 대체로 회복되며 후유증은 보고된 바 없다. 면역능이 저하된 노인과 유아는 norovirus 감염에 의한 증세가 호전되지 않는 경우 사망 사례도 빈번하다.

또한 norovirus에 특이적인 백신 자체가 없으므로 개인위생 관리와 식음료 관리를 통해 예방하는 방법이 최선이다. 따라서 오염된 지하수 등의 사용을 제한하고 사용이 불가피한 경우는 반드시 끓이는 과정을 거쳐야 한다. 가열조리한 식품을 맨손으로 만지는 행위는 삼가고 과일과 채소는 흐르는 물에 씻어서

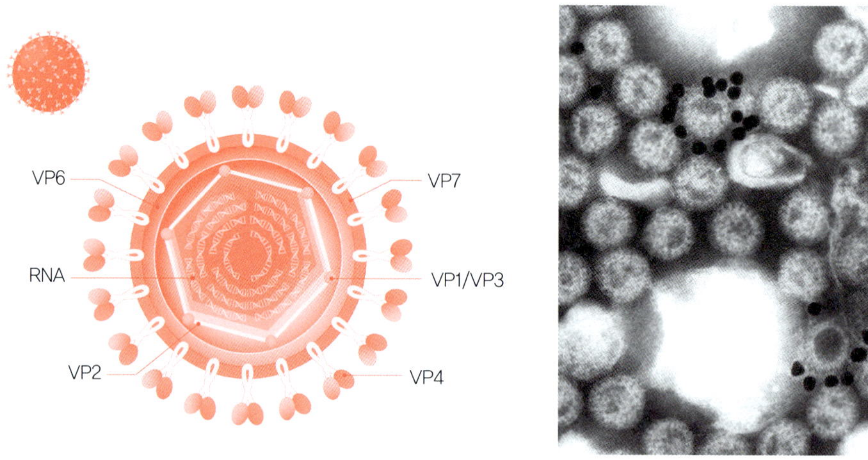

그림 11-19 rotavirus의 구조(좌)와 주사전자현미경(SEM)으로 관찰한 모습(우)
작고 어두운 원형 물체는 rotavirus 단백질 VPv6에 특정한 모노 클론 항체로 코팅된 금색 나노 입자

섭취하는 것이 좋다. 일반적으로 오염 지역에서 채취한 어패류 등은 85℃에서 1분 이상 가열하여 섭취하는 것을 권장하고 있으며, 환자 분변과 구토물에 접촉하지 않아야 감염을 방지할 수 있다. 조리기구는 85℃에서 1분 이상 가열하고 바닥과 조리대 등도 염소계 소독제를 이용하여 철저히 세척한다.

로타바이러스(rotavirus)는 라틴어의 바퀴를 뜻하는 rota를 따서 명명된 것으로 수레바퀴 모양의 소화기 바이러스를 말한다. rotavirus는 1973년에 호주의 비숍(Bishop) 등이 급성설사증 환자의 십이지장 생검조직을 전자현미경으로 확인하면서 알려졌다 **그림 11-19**. 직경 65~75nm 정도의 크기에 외피(envelope)가 없는 rotavirus는 레오바이러스과(Reoviridae family)에 속한다. 구조적으로는 정이십면체(icosahedral)의 구조에 삼중층으로 구성된 캡시드(capsid) 단백질이 관찰된다. 이중나선 RNA로 구성된 rotavirus 유전체의 유전형은 11개의 분절, 6개의 구조단백질, 5개의 비구조단백질을 발현한다. rotavirus는 외각 단백질인 VP6의 특이 항원형을 기준으로 구분하여 7개의 A~G 그룹으로 분류하고 있다.

rotavirus의 숙주로는 사람, 원숭이, 소, 돼지, 개, 고양이, 말, 양, 토끼, 쥐, 새 등이다. 사람에게 발생이 집중적으로 발생하는 rotavirus의 A, B, C형 중 주로

A형 rotavirus의 감염 빈도가 높다. rotavirus 감염은 급성 위장관염의 원인 바이러스로 영아 등에게도 잘 발생한다고도 알려져 왔다. 주된 감염 경로는 경구감염(fecal-oral transmission)과 접촉감염(person-to-person transmission)이다. 경구감염의 경우, 오염된 식수와 오염 식품의 경구 섭취로 인한 가장 일반적인 감염 발생 경로를 말한다. 접촉감염은 rotavirus의 특성인 환경 적응력과 안정성으로 인하여 rotavirus에 오염된 기계, 기구의 표면 접촉, 감염 환자와의 접촉 등에 의한 감염이다. 바이러스 감염 후 잠복기는 1~3일 정도로 평균 2일 정도가 지나면 임상적인 증세가 나타난다. 주로 구토와 설사, 복통, 미열 등의 증세를 동반하고 장염 증세가 3~8일간 지속될 수 있다. 유아와 2세 이하 소아 설사 환자의 30~50% 정도에서 발생하고 성인에게도 간혹 발생한다. 유아와 2세 이하 소아의 rotavirus 감염은 수양성 설사로 수분 손실도 일어나는데, 주로 개발도상국의 유아사망률과 유의적 연관이 깊다. 성인의 rotavirus 감염은 요양시설과 병원 등 집단 생활을 하는 노약자나 환자 군에서 광범위하게 나타나는데 면역력이 저하된 성인에게 집단 발병하는 것이다. rotavirus에 의한 감염기작은 바이러스 증식이 점막 장상피세포(mucosal enterocytes)에서 다시 장관 내에 배출되면 장융모(enteric villi)의 위축이 일어나게 된다. 연속적으로, 점막 고유층(lamia propria)의 혈액이나 조직 안을 돌아다니며 세균이나 이물질을 소화하고 분해하는 거대 백혈구인 단핵세포가 침윤되는 염증반응이 관찰된다.

원인 식품은 생채소, 이매패류, 냉장 꽃게, 딸기쇼트케이크, 햄버거, 브라우니 등이고 이외에 많은 식품재료와 오염된 물 등이 rotavirus 감염의 원인이다. 예방법 혹은 치료법은 식재료 취급의 전 과정, 전과 후, 식사 전후 등 모든 과정에서 손을 잘 씻는 습관이 매우 중요하다. 세계보건기구와 미국 국립보건원에서 rotavirus 백신 개발을 위하여 1988년 미국 FDA에서 live-attenuated rhesus rotavirus(RRV)-base, tetravalent(TV) human reassortant vaccine이 승인되었다. 그러나 RRV-TV 백신은 여러 부작용으로 회수되어 현재는 사용이 금지되었다. 현재는 rotavirus에 대한 백신 일부를 제약회사가 승인을 받아 유아와 소아용 백신만을 제공하고 있다. 따라서 어린 연령의 소아는 백신 접종으로 일부 예방이 가능하다. 다만, rotavirus에 의한 감염증에 대한 근본적인 치료가 비특이적 대증요법으로 수행되는 경우가 많은데, 어린이의 경우 심각한 탈수로 사망에 이를 수 있으므로 소량 염분과 당분을 포함한 용용수를 경구로 보충하고 혈관을 통한 수분 보충이 필수적이다. 바이러스의 불활성을 유도하기 위해 rotavirus의 경우 환경에 안정적이지만 동결과 융해, 페놀, 포르말린, 염소, 에탄올 등에 불안정하므로 외각단백질을 손상시킴으로써 병원성을 소실시키는 방법이 사용된다.

A형 간염 바이러스(hepatitis A virus, HAV)의 크기는 27~30nm 정도로 7.5kb의 단일가닥 사슬을 가진 RNA 바이러스(single-stranded positive-sense RNA visurs)로 외피(envelope)가 없고 정이십면체 구조이다 **그림 11-20**. 과거에는 HAV를 Picornaviridae family의 enterovirus genus 속으로 분류하였으나 지금은 hepatovirus genus 속으로 분류하고 있다. HAV의 4개 유전자형은 구조단백질과 비구조단백질을 이루는 구성 유전자가 공통적으로 포함되어 있으며, 혈청형으로는 1개만이 보고되었다. HAV는 산, 열, 건조에 강하고 pH 1의 강산에서 8시간, 60℃ 온도에서 10시간 처리에도 감염성을 소실하지 않아 오랜 시간 생존을 유지할 수 있다. 주로 조리기구 표면의 부착, 오염수, 식품, 패류 등을 통하여 감염이 일어난다. HAV의 주된 감염 경로는 경구감염(fecal-oral transmission)이고 일부는 감염자와의 접촉감염(person-to-person contact)에 의한 것이다. 특히, 신

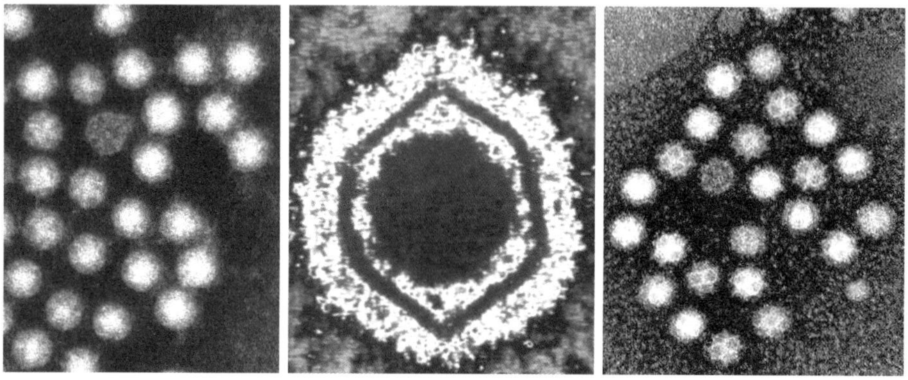

그림 11-20 주사전자현미경(SEM)으로 관찰한 HAV

생아실, 노인요양시설, 군대, 병원, 레스토랑과 같은 공동 시설물에서 AHAV 오염에 의한 물이나 식품을 섭취한 경우 집단 발생이 꾸준히 보고되었다. 2005년 이후, 우리나라 간염 환자가 급격히 증가 추세에 있는데, A형 간염 발생률은 수백 배 정도 수준의 큰 폭으로 증가하였다. A형 간염 발생 빈도의 특징으로는 깨끗한 환경조건에서 성장하고 HAV에 대한 항체를 가지지 않고 있는 20~30대 성인층에서 발병률이 유의적으로 높아지고 있다. A형 간염 바이러스에 의한 감염이 발생하게 되면, 2~6주 정도, 평균 3주간 잠복기를 거쳐 간장 중 A형 간염 바이러스의 활발한 증식이 일어나고 연속적으로 바이러스성 혈증과 분변을 통한 바이러스 배출이 증가하여 발생한다. 이때, HAV의 배출은 간장에서 소화관으로 배출되는 담즙을 통한 분변으로 일어난다. 5세 이하 어린이의 50~90% 정도는 무증상 경과가 일반적이다. 반면, 성인은 70~90% 정도가 발열, 전신의 권태감, 무력감, 근육통, 복통 등의 감기와 유사한 증세를 경험하게 되고, 혈청 트랜스아미나제(transaminase)의 상승과 황달 등의 간염 증세가 특징적으로 보인다. 그러나 1, 2개월 사이에 자연 회복이 가능하며 영구면역이 획득된다. A형 간염이 만성화하는 경우는 흔하지 않고 면역력이 약한 노약자의 경우에 중증화가 진행되기도 하나 드물게 관찰된다. A형 간염의 원인 식품에는 굴, 홍합, 모시조개 등 이매패류가 있다. 이 밖에도 상추, 딸기, 라즈베리, 샐러드, 스파게티, 햄버거, 샌드위치 햄, 페이스트리, 빵, 파 등도 원인 식품으로 보인다. HAV에 의한 경구감염을 예방하는 방법은 손 씻기이며, 가급적 피해야 하는 것은 HAV 유행지역의 생수 섭취다. 무엇보다도, HAV에 대한 백신 예방접종을 통해 질병 예방이 가능하다.

E형 간염 바이러스(hepatitis E virus, HEV)는 외피(envelope)가 존재하지 않으며 HAV와 유사한 단일가닥 사슬을 가진 RNA 바이러스(single-stranded positive-sense RNA visurs)로 7.2kb의 크기를 가진다. 직선형 RNA 유전자를 가지고 있으며 직경은 32~34nm 정도이다. 1983년, 바라얀(Balayan) 등은 A형과 B형 간염 바이러스가 아닌 환자를 대상으로 간염 바이러스를 분리하여 이를 HEV로 보

고하였다. HEV 발견 초기에는 바이러스의 크기와 유전체의 유전자 구성 특성상 Calciviridae family과로 분류되었다가 Togaviridae family과로 분류되기도 하였다. 2000년에 국제바이러스분류위원회(International Committee on Taxonomy of Viruses, ICTV)에서 HEV를 Hepeviridae family과의 Hepevirus genus 속으로 재분류하였다. HEV의 혈청형은 단지 한 종류가 보고되었고 유전자 염기서열을 분석하면 총 4개의 유전자형으로 분류된다. HEV의 유전형은 발생지역(발생국가)과 밀접한 연관성이 있기 때문에 역학조사 시 중요한 지표이다. HEV의 감염은 식수 사정이 열악한 중국이나 인도 같은 개발도상국에서 발생하는데, 오염된 물을 섭취하는 경구감염(fecal-oral transmission)의 형태가 대부분이다. 반면, 미국, 일본, 독일, 네덜란드 등 선진국에서도 E형 간염의 발생 빈도가 높아지고 있는데 이는 이 바이러스에 감염된 육류 섭취에 기인한 것으로 보인다. HEV는 경구감염을 통해 전파되는 non-A, non-B hepatitis의 주요한 병원체로 아시아, 북아프리카, 라틴아메리카 등의 개발도상국에서 수인성 감염을 일으키고 있다. HEV 감염 후 약 2주간 바이러스 혈증(viremia)과 주된 증상으로 황달이 나타나게 되는데, 이후 39~112일 정도까지 임상적으로 지속된 증상을 보인다. HEV는 중증도에 의해 담즙 정체성 황달이 동반되기도 하고 혈장 빌리루빈 상승과 복부통증, 식욕부진, 간장 종대, 구토, 발열 등의 증상도 관찰될 수 있다. 발병 후 40일 정도가 경과하면 자가 회복을 하게 되며 치사율은 3% 정도로 낮아진다. 그러나 임산부는 HEV에 의해 치사율이 25%까지 높아진다. HEV 감염의 원인 식품은 오염된 물이며 이에 의한 감염이 가장 잘 알려져 왔다. HEV에 오염된 물로 세척한 식품 및 가공식품은 간염의 발병 원인이 되므로 주의해야 한다. 또한 돼지, 닭, 사슴 등과 같이 식용으로 사육되는 가축도 HEV에 의한 감염이 지속적으로 확인되고 있어 현재는 인수공통감염병으로의 재분류가 논의 중이다. HEV 감염에 대한 예방법과 치료법으로 Graxo-Smith-Kline에서 개발한 재조합 백신이 임상시험에서 유의미한 결과를 얻었으나 사람에 대한 백신은 결국 실용화되지 못했다. HEV를 사멸하기 위한 방법으로 이 바이러스에 감염된 돼지 간을 56℃에서 1시간, 191℃ 기름에서 5분, 끓는물에

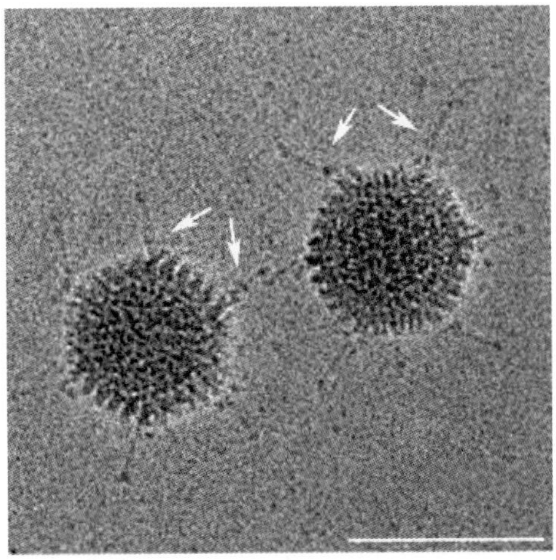

그림 11-21 바이러스 캡시드의 정점에서 돌출된 섬유를 가진 ademovirus의 극저온 전자현미경 사진(스케일 비: 100배)

서 5분간 각각 열처리한 경우로 나누어 감염력을 유지하는지 살펴본 결과, 끓는물과 191℃ 기름에 5분간 가열한 경우에 바이러스의 병원성을 상실하고 감염력이 실활되는 것을 확인하였다. HEV 백신이 현재 개발되지 않았으므로 청결한 주변 환경의 유지, 깨끗한 식수 확보, 돼지 간 생식 금지 등 올바른 생활 습관이 감염률을 낮추는 이 바이러스에 대한 유일한 예방책이다.

아데노바이러스(ademovirus)의 유전체는 26~45kbp의 크기를 가지는 선형 비분절(non-segmented) 이중나선 DNA(double-stranded linear DNA) 형태이고 22~40개 정도의 유전자를 가지는 것으로 보고 있다 그림 11-21. 이중나선의 선형 DNA의 5′ 말단 부위에는 ademovirus 복제에 매우 중요한 55kDa 크기의 단백질을 가지고 있다. ademovirus는 외피를 가지지 않는 정이십면체의 구조와 90~100nm의 직경을 가지며 모두 7개 종의 57개 혈청형이 현재까지 알려져 왔다. 거의 모든 혈청형은 호흡기, 비뇨기, 위장관, 결막 등의 질병과 관련이 있고 위장염과 밀접한 혈청형은 40, 41, 52의 세 종류이다. 장관형 ademovirus 40형과 41형은 3세 이하 영유아의 바이러스성 장염의 원인인데 영유아 설사증의 3~14% 비율을 차지한다. ademovirus의 감염과 전염은 호흡기 비말(dropletes)로 전파되는 것이 일반적이고 위장관염을 유발하는 혈청형은 분변을 매개로 배출되므로 경구감염이 가능하다. ademovirus는 물리·화학적 처리에도 상당히 안정적이므로 외부 환경 조건에서 장기간 생존한다. ademovirus 감염 시 잠복기는 평균 일주일 혹은 3~10일 정도인데 다른 바이러스와 비교하면 상대적으로 잠복기가 길다. 감염 후 임상 증세으로는 설사, 발열, 구토, 상기도 염증 유발 등이 있다. 현재까지 ademovirus에 대한 항바이러스제가 없으므로 ademovirus 감염에 대한 예방과 치료로는 손 씻기를 통한 생활습관이 유일하다.

RNA 바이러스인 아스트로바이러스(astrovirus)의 'astro-'는 별을 의미하는 접두어로 별모양의 관찰 특성에 의한 것이다 그림 11-22. astrovirus는 8개의 혈청형이 현재까지 보고되어 왔다. 이 중에서 1형과 2형은 면역력이 상대적으로 약한 어린이에게 위장관염을 일으키는 것으로 관찰되었다. astrovirus의 잠복기는 2~3일 정도이며 임상적 증후로는 설사, 오한, 두통, 구토, 복통, 발열 등이 3~4일간 지속된다. 우리나라에서 유행하는 영유아 장염의 2~8% 정도가 astrovirus에 의한 것이다. 다른 바이러스와 마찬가지로 astrovirus도 아직 백신이 개발되지 않았으므로, 위생적이고 바른 생활습관을 유지하는 것이 예방으로 가장 중요하다.

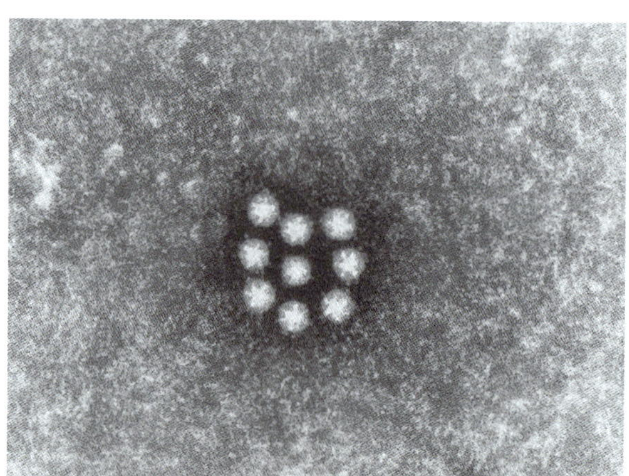

그림 11-22 투과전자현미경(TEM)으로 단면을 관찰한 astrovirus

M E M O

FOOD MICROBIOLOGY

CHAPTER

12

식품산업의 미생물 이용

식품산업의 미생물 이용

CHAPTER 12

넓은 의미에서 미생물의 산업적 이용 범위는 미생물을 활용한 모든 산업적인 협업 체계를 포함한다. 미생물을 이용하고 적용하는 모든 산업은 관련 바이오와 의약학 분야의 발전과 함께 성장하고 있다. 미생물의 산업적 적용 분야 중 생물공학적 응용분야로 의학, 농업, 식품공학, 환경 분야 등으로 세분할 수 있다. 항암제와 항생제 등 의약제품을 생산하는 의공학산업, 발효식품·유기산·아미노산을 대량생산하는 식품공학 관련 산업, 환경 개선, 공장 폐수 제거, 농약·에너지 생산 등의 환경산업미생물 등이 여기에 속한다.

특히, 식품산업과 관련된 미생물 활용은 발효식품, 효소생산, 미생물 대사물질, 미생물 균체 등에 대한 산업적 대량생산과 적용 분야들이라 할 수 있다. 우리는 고부가가치의 미래 먹거리 산업의 중추인 미생물을 활용한 식품산업을 이해할 필요가 있다. 여기서는 식품산업에서 미생물의 적용 분야 중에서도 주로 미생물의 대사물질을 이해하기 위하여 단백질체로서의 효소, 비단백성 물질 범주에서의 아미노산, 유기산, 항생물질 생산에 관계되는 미생물의 산업적 이용에 대해 다루고자 한다.

1. 효소 생산

1) 효소 생산의 산업적 이용

생체촉매(biocatalyst)로 작용하는 효소는 세포, 조직, 기관, 개체 내에서의 모든 화학 반응을 촉매한다. 1877년부터 공식적으로 사용하기 시작한 효소(enzmye)라는 명명은 "in yeast(효모 내에서)"라는 의미에서 기원한다. 효소는 효모의 발효력에서 유래하여 초창기에는 "ferment"로, 나중에는 "효소(enzyme)"로 명명되었다. 모든 효소는 단백질로 구성되고 활성에 따라 요구되는 조효소는 효소마다의 기질 특이성에 따라 매우 다양하다.

따라서 미생물은 특정 효소를 세포 내 요구에 의하여 생성하기 때문에 미생물을 이용하여 특정 효소 단백질을 식품공학적으로 대량생산을 하기 위해서는 목적 효소 단백질을 경제적·효율적으로 생산이 가능한 미생물 균주의 스크리닝 조건과 유전체 확보가 선행되어야 한다. 효소 단백질의 활성과 특성은 동종의 효소라 하더라도 미생물의 종류에 따라 다르고, 특히 배양조건에 따라서도 차이가 크다. 미생물 배양을 통한 효소 단백질을 확보하기 위해서는 고려해야 할 배양조건을 신중하게 확인하여야 한다. 온도, pH, 산소공급의 유무, 배양의 전체적인 양 등이 중요하며, 특히 효소 단백질의 생산성이 최고치인 배양 조건을 반복적으로 확인하여 표준화해야 한다.

효소 확보를 위한 미생물 배양법으로는 고체배양법과 액체배양법이 있다. 고체배양법은 외부 환경에서의 균 오염과 노동력이 많이 드는 단점이 있지만 고농도 효소액을 수득할 수 있다. 액체배양법은 배양조 등을 이용하는데, 잡균의 오염이 상대적으로 적고 배양조건의 조절이 자동화 시스템에 의하여 가능하다. 또한 장소와 노동력이 절약될 수 있고 원료에 대한 생산성도 높다. 식품공업적 효소 단백질의 생산에는 이러한 배양조를 이용한 탱크배양법을 이용한다.

2) 효소의 추출과 정제

(1) 효소 추출

효소의 추출은 균체 외 효소와 균체 내 효소로 구분하여 실시할 수 있다. 균체 외 효소는 배양액과 균체를 분리하여 균체를 제거해, 주로 균체 외 배지를 주재료로 획득하는 과정과 효소 추출과정을 추가로 수행하여 얻을 수 있다. 균체 내 효소의 경우 균체를 파쇄하고 목적 효소 단백질을 추출할 수 있는 과정을 수행해야 한다. 균체 외 효소와 균체 내 효소 모두 공통적으로 효소마다의 특성에 따라 추출과정이 다양하다. 예를 들면, 미생물 균체마다 균체 내 효소를 추출하기 위한 방법으로 모르타르(mortar)나 볼밀(ball mill) 등을 이용한 기계적 마쇄법, 초음파 파쇄장치(ultrasonic oscillator)로 10~60Hz의 초음파를 발생시켜 파쇄하는 초음파 마쇄법, 미생물 균체가 보유하고 있는 자기 효소를 활성화시켜 균체를 파쇄하는 자기소화법, 세포벽을 파괴하기 위하여 난백을 수지 정제하여 얻어진 효소제인 리소자임(lysozyme) 처리법, 드라이아이스나 동결기를 이용한 동결융해법 등을 이용한다.

(2) 효소의 정제

효소 단백질의 모든 정제과정은 일반적인 다른 단백질의 정제과정과 동일하다. 효소의 정제에는 효소 용액에 황산암모늄 등의 염류를 첨가하는 염석(salting out), 효소 중의 염류를 제거하는 투석(dialysis), 효소 용액에 알코올이나 아세톤을 첨가하여 효소를 분별침전시키는 유기 용매 침전법, 인산 칼슘겔인 수산화인회석(hydroapatite) 혹은 알루미나(aluminium oxide) 등에 흡착시켜 중성 혹은 알칼리액으로 추출하는 흡착법, 칼럼을 사용해 분리분석하는 칼럼크로마토그래피(column chromatography)에 의해서 이온교환체의 특성으로 분리하는 이온교환법, 겔(gel)을 채운 칼럼 지지체를 사용하여 단백질의 분자량 차이를 이용하는 겔 여과법, 수득한 효소 단백질의 순도를 높이기 위하여 효소액에 황산암모늄이나 아세톤 등을 가하여 재결정하는 결정화법 등이 이용된다.

3) 산업적으로 이용되는 미생물 효소

미생물 균체는 동물과 식물 세포의 배양과 비교하여 경제적으로 저렴한 영양배지에서 대량생산이 가능하고 단기간에 배양을 완성할 수 있는 장점이 있다. 미생물 균체의 종류에 따라 획득하고자 하는 배양법과 효소의 종류는 산업적으로 가치가 인정되어 현재까지 많은 산업 분야에서 활용되고 있다. 특히, 오늘날 효소 단백질의 제조와 생산의 대부분이 미생물 균체 활용에 의존하고 있다. 현재 공업적으로 제조되는 미생물 효소의 종류에 대해 살펴보고자 한다 표 12-1.

(1) 아밀라아제

아밀라아제(amylase)는 전분의 α-1,4 글루코시드(glucoside) 결합과 α-1,6 글루코시드 결합을 가수분해하는 효소(hydrolase)이다. 일반적으로 아밀라아제는 세 가지 종류가 있는데, α-아밀라아제(α-amylase), β-아밀라아제(β-amylase), 글루코아밀라아제(gluco-amylase) 등으로 세분한다. 각 효소의 기작은 α-아밀라아제가 α-1,4 글루코시드 결합을, β-아밀라아제는 전분을 비환원성 말단에서부터 맥아당(maltose) 단위로 분해하여 α-1,6 글루코시드 결합의 분기점에서 활성이 멈춘다. 글루코아밀라아제는 전분의 비환원성 말단부터 포도당(glucose)

표 12-1 산업적으로 이용되는 미생물 효소 단백질의 종류와 응용 분야

효소	균주	용도
α-amylase	*B. Subtilis* *B. amyloliquefaciens* *B. stearothermophilus* *Asp. oryzae* 등	• 섬유의 호발제 • 술덧의 액화 • 엿과 글루코오스(glucose) 제조 • 식품 가공 • 소화제
Glucoamylase	*Rhizopus delemar*	• 포도당 제조
Cellulase	*Trichoderma viride* *Irpes lacteus*	• 곡류, 야채, 과일 가공 • 식물성분 추출 조제 • 소화제, 사료 첨가제
Invertase	*Sacharomyces cerevisiae*	• 전화당의 제조 • 식품의 자당(sucrose) 결정 석출 방지
Lactase	*Sacharomyces fragilis*	• 아이스크림의 락토스(lactose) 결정 석출 방지
Glucose oxidase	*Asp. niger* *Penicillium notatum*	• 산소, 포도당 제거에 의한 식품의 변징 방지 • 포도당의 정량
Glucose isomcrase	*Streptomyces albus*	• 과당 시럽의 제조
Protease	*Asp. oryzae* *Asp. saitoi* *B. subtilis* *Str. griseus*	• 소화제 • 피혁공업 • 제빵, 맥주 · 청주의 혼탁 제거 • 된장 · 간장의 속양제조 • 식육의 연화제 • 조미액의 제조
Microbial rennet	*Mucor pusillus*	• 치즈 제조
Pectinase	*Asp. niger* *Pen. sclerotinia* *Conithyrium dipolidiella*	• 과즙, 과일주의 청징
Lipase	*C. cylindracea* *C. paralipolytica* *Rhizopus oryzae*	• 소화제 • 우유 향미(milk flavor) • 양가죽 세정 클리닝 • 지방산의 제조
Naringinase	*Asp. niger*	• 감귤류의 고미 제거
Hesperidinase	*Asp. niger*	• 감귤류의 과즙 및 통조림의 백탁 방지
Asparaginase	*Escherichia coli*	• 백혈병, 인파암의 치료
Tannase	*Pen. glaucum*	• 맥주의 청징
Penicillinase	*B. cereus* *B. subtilis*	• 치즈 제조(우유 내 페니실린 제거)

을 절단하는 당화형 아밀라아제이다. β-아밀라아제가 절단할 수 없는 α-1, 6 글루코시드 결합도 가수분해할 수 있으므로 전분을 100% 포도당으로 분해하기 때문에 포도당 제조에 산업적으로 이용한다. 미생물 균체에 따라 곰팡이 아밀라아제의 경우, 누룩곰팡이(*Aspergillus oryzae*)는 α-아밀라아제를 *Rhizopus deldmar*와 *Aspergillus usami* 등은 글루코아밀라아제를 생산한다. 세균 아밀라아제는 효소 생산에 고초균(*Bacillus subtilis*), *Bacillus mesentericus*, *Bacillus stearothermophilus* 등을 이용한다.

(2) 셀룰라아제

셀룰로오스(cellulose)의 가수분해 반응을 촉매하는 효소인 셀룰라아제(cellulase)는 셀룰로오스의 β-1, 4 글루코시드 결합을 가수분해하여 셀로비오스(cellobiose)와 포도당을 생산하는 효소이다. 균류·세균·고등식물·연체동물 등에 존재한다. 산업적으로 생산하는 대표적인 균주는 *Trichoderma viride*와 기계충버섯(*Irper lacteus*) 등이다. 식물 세포벽을 가수분해하여 전분 제조, 대두단백질 추출, 한천 제조, 두류와 곡류의 탈피, 소화제, 사료 첨가제 등에 이용한다.

(3) 전화효소

전화효소(invertase)는 자당(sucrose)을 포도당과 과당으로 가수분해하는 효소로 β-프룩토시다아제(β-fructosidase)와 α-글루코시다아제(α-glucosidase)로 구분한다. 산업적 용도로 생산하는 경우, 효모(*Saccharomyces cerevisiae*)를 배양하여 균체를 톨루엔, 클로로포름, 초산에틸(ethyl acetate) 등을 이용하여 자기 소화시켜 알루미나 등에 흡착하여 정제하고 50% 알코올로 침전시킨 것을 글리세롤(glycerol)에 용해하여 제품화한다. 전화효소에 의한 가수분해물인 전화당은 용해도가 높아 당의 결정 석출을 방지하고 흡습성에 의해 식품 수분이 유지된다. 인공벌꿀, 초콜릿, 양갱, 아이스크림 등 감미료로 이용한다.

(4) 락타아제

락타아제(lactase)는 락토오스(lactose)를 포도당과 갈락토오스로 가수분해하는 효소인데, 젖당발효성 효모인 *Saccharomyces fragilis* 등으로 생산한다. 아이스크림, 농축유 등 용해도가 낮은 젖당의 결정 석출 방지와 감미 증강 목적에 산업적으로 이용되고 있다.

(5) 포도당이성질화효소

포도당이성질화효소(glucose isomerase)는 포도당을 이성질화하여 과당으로 전환을 유도하는 효소이다. 포도당이성질화효소는 감미도가 낮은 포도당 시럽부터 감미도가 상대적으로 높은 전화당 시럽을 제조하는 방법이 공업화되어 이용되고 있다. *Streptomyces albus*를 밀기울이나 옥수수 침지액(corn steep liquor, CSL) 등의 배지에 배양하여 수득한 후 의약용, 빵제조용, 소스 첨가용, 통조림용, 시럽 등으로 이용한다.

(6) 단백질분해효소

단백질분해효소(protease)는 단백질을 가수분해하는 효소로 단백질 분자 내부에서 활성이 일어나는 펩티드내부가수분해효소(endopeptidase)와 유리의 α-아미노(α-amino) 혹은 α-카르복실기(α-carboxyl)의 펩티드 결합에 작동하여 말단의 펩티드를 가수분해하는 펩티드말단가수분해효소(exopeptidase)로 구분한다. 펩티드말단가수분해효소는 유리 카르복실기에 근접한 펩티드쇄를 절단하는 카복시펩티데이스(carboxy peptidase)와 유리 아미노기에 근접한 펩티드쇄를 절단하는 아미노펩티데이스(amino peptidase)로 세분한다. 최적 pH에 의해 각각 산성, 중성, 알칼리성 단백질분해효소로 구분하고 미생물 균주에 따라 곰팡이, 세균, 방선균 단백질분해효소 등으로 분류한다.

곰팡이 단백질분해효소를 생산하는 균주에는 누룩곰팡이(*Aspergillus oryzae*), 검정곰팡이(*Aspergillus niger*), *Aspergillus saitoi*, *Aspergillus awamori* 등이 있다. 누룩곰팡이의 경우, 배지의 조성에 따라 산성, 중성, 알칼리성의 단백질분해효소를 생성하는데, 탄소 대 질소의 비율인 C/N비가 크면 산성 단백질분해효소를, 낮으면 중성과 알칼리성 단백질분해효소를 생산하는 특징이 있다. 세균 단백질분해효소 생산 균주는 고초균(*Bacillus subtilis*), *Bacillus amyloliquefaciens*, *Clostridium acetobutilycum* 59A 균주가 사용된다. 고초균이 생산하는 단백질분해효소를 특히 서브틸리신(subtilisin)이라고 한다. 고초균은 주로 중성 및 알칼리성 단백질분해효소를 생산한다. 이 밖에도 방선균 단백질 분해효소가 많은 종류의 방선균에서 생산이 가능하다. 예를 들면, *Streptomyces griceus*의 단백질분해효소가 있다. 미생물에 의해 얻어진 단백질분해효소는 소화제, 소염제, 피혁공업, 제빵, 맥주나 청주의 혼탁 제거, 식육 연화, 합성주 향미액, 세제, 화장품 등 다양한 용도로 활용된다.

(7) 미생물 응유효소

치즈 제조에 사용되는 젖을 소화시키는 효소 복합체인 응유효소(rennet)는 송아지의 제4위에서 얻어지는데 효소원이 제한되어 있어 값이 비싸고 양도 충분치 못하여 최근 값싼 미생물성 응유효소를 개발하여 사용하고 있다. *Mucor pusillus* Lindt가 생산하는 효소가 단백질 분해력에 비해 응유력이 훨씬 강한 것이 발견되었다. *Pseudomonas fluoresens*, *Serratia marcescens*, 고초균(*Bacillus subtilis*) 등도 응유효소를 생성한다.

(8) 나린진 가수분해효소(naringinase)

귤 종류는 과즙음료의 제조와 마멀레이드(marmalade)에 이용하는데 쓴맛이 있는 것이 결점이다. 쓴맛의 주성분은 나린진(naringine)인데 이것을 쓴맛이 없는 람노스(rhamnose)와 나린제닌 글루코시드(naringenin glucoside)로 가수분해하는 것이 있다.

(9) 헤스페리디나아제

헤스페리디나아제(hesperidinase)는 귤 종류나 덜 익은 과실의 과피에 있으며 모세혈관의 저항을 높여 비타민 P로서 의약품 제조에 이용한다. 하지만 과즙이나 통조림으로 만들 때 백탁의 원인이 되어 상품의 가치를 떨어뜨리기도 한다. 검정곰팡이(*Asp. niger*)가 생산하는 헤스페리디나아제에 의해서 람노스와 용해도가 높은 헤스페리닌-7-글루코시드(hesperidin-7-glucoside)가 생성되므로 백탁을 방지하는 데 이용한다.

(10) 펙티나아제

펙틴(pectin)은 고등 식물의 과실에 널리 분포하고 천연 펙틴은 불용성의 프로토펙틴(protopectin)으로서 존재하는데 묽은 산 또는 열수(熱水)로 추출한 것이다.

과즙음료 및 포도주 등에 불용성 침전을 형성하여 제품의 질을 떨어뜨리므로 보통 펙티나아제(pectinase)는 이들 펙틴을 가용성으로 만들어 과즙과 포도주 등의 청징에 이용한다.

(11) 아스파라기나아제

백혈병이나 임파암 등의 세포 증식에는 L-아스파라기나아제(L-asparaginase)가 필수적이기 때문에 L-아스파라진(L-asparagine)을 분해하여 아스파트산(aspartic acid)으로 분해하는 L-아스파라기나아제의 개발이 활발히 진행되고 있다. 현재 대장균 등에 의해 일부 생산되고 있다.

(12) 페니실리나아제

페니실리나아제(penicillinase)는 식품산업에서 페니실린(penicillin) 처리 후 우유에 잔류하는 페니실린에 의하여 치즈 제조공정에서 젖산균 등의 생육이 저해되어 치즈를 만들지 못하는 경우에 활용된다. *Bacillus cereus* 혹은 고초균(*B. subtilis*) 등을 페니실린 첨가 조건에서 배양 시 페니실리나아제 생산이 유도되기 때문에 이때 균체를 분리하고 유기용매로 침전시켜 정제할 수 있다.

2. 미생물 대사산물

미생물은 외부로부터 영양물질을 받아들여 세포 내에서 이용하기 위하여 에너지를 생산한다. 미생물은 세포성분을 합성하거나 분해함으로써 증식이 발생하는데 특정 조건에서 영양분을 이용하여 여러 가지 다양한 분해산물과 합성산물 등의 대사물질을 생산하게 된다. 1차 대사물질은 아미노산 등과 같이 미생물의 증식에 필요한 에너지를 합성하거나 사용하기 위해 만들어지는 유기화합물이다. 2차 대사산물이란 유산균의 박테리오신과 같이 항생 역할을 하는 물질 등 1차 대사산물 외 생산되는 물질들이다. 이러한 2차 대사산물은 많은 생리활성의 다양성을 가지고 있고 미생물마다 생육 방식이 다르기 때문에 생산되는 대사물질도 큰 차이가 있다.

1) 아미노산

(1) 아미노산 발효의 형식

동물, 식물, 미생물 등에서 얻을 수 있는 단백질로부터 여러 종류의 아미노산은 단백질 분해액의 형태로 정제해 왔다. 각각의 아미노산은 1850년에 alanine을 합성한 이후 유기합성에 의한 아미노산 제조가 활발해졌다. 현재까지 glycine, DL-alanine, DL-methionine 등은 유기합성을 통한 제조방법으로 얻어졌으나 DL형 아미노산뿐 아니라 생체 내 형태인 L형 아미노산을 획득하기 위한 방법이 시도되어 왔다. 1956년 키노시타(Kinoshita) 등이 코리네박테리움 글루타미쿰(*Corynebacterium glutamicum*)으로부터 L-glutamate을 분리하여 정제하였고 발효공법을 이용하여 아미노산을 생산하게 되었다. 미생물 균체를 이용한 아미노산 제조공법에는 야생형 균주와 특정 변이주에 의한 직접 발효, 전구체 첨가에 의한 발효, 효소를 이용하는 발효법이 적용된다. 주요 아미노산 발효에서 활용되는 생합성 경로 기작은 5개의 형식으로 구분한다.

- 세균을 이용한 aspartate 계열인 aspartate, threonine, methionine, isoleucine, lysine
- 곰팡이를 이용한 glutamate 또는 α-ketoglutarate 계열인 glutamate, arginine proline, hydroxyproline, lysine
- Pyruvate 계열인 alanine, valine, leucine
- Serine-Glycine 계열인 glycine, cysteine, cystine
- 방향족 계열인 hidtine 그리고 pentose 계열인 phenylalanine, tyrosine, tryptophan

(2) 직접발효법

직접발효법을 적용하기 위해 야생형 균주 혹은 변이주를 이용하게 된다. 미생물 배양 시 당질, 초산, 알코올류, 탄화수소 등의 탄소원 및 질소원을 주재료로 하고 무기염과 생육인자가 추가로 첨가된 배양 배지에 아미노산 생산균을 접종한다. 배양방법으로는 통기교반배양 등을 하여 아미노산을 축적시키고 이때 축적되는 아미노산의 종류와 회수 정도는 사용하는 미생물 균주의 특성과 배양 조건에 따라 다양해진다. 아미노산의 공업적 생산은 탄소원으로 당밀과 포도당을 흔하게 사용한다.

① 야생형 균주

운동성이 없는 그람양성 *Corynebacterium glutamicum*과 *Brevibacterium lactofermentum*은 glutamate 발효에 사용한다. 이들 균주는 배양과정에서 비오틴(biotin) 농도가 균체 증식에 가장 적합한 10~25μg/L에는 glutamate 생산이 더디고 젖산을 생산하는 데 1~2.5g/L의 농도에서는 glutamate가 대량 축적되므로 생육인자로서 비오틴 요구성이 있다. 따라서 glutamate 발효는 비오틴 요구성의 세균을 이용하여 바이오틴 공급을 조절하여 발효하는 것이 특징이다. 이는 세포막의 불포화지방산의 생성이 저해되면 세포막이 불완전해져서 생성된 glutamate가 세포 밖으로 분비되는 기작을 이용한 것이다. 이 외에 *C. glutamicum* 혹은 *B. lactofermentum*의 생성 아미노산에는 L-valine, DL-alanine, D-alanine, L-alanine, L-glutamate 등이 있다.

② 영양요구 변이주

산업적으로 이용하여 생산이 가능한 영양요구 변이주(auxotrophic mutants)들 중에서 L-lysine의 경우는 아미노산 생산에 처음으로 영양요구 변이주를 응용한 첫 사례로 미생물 생육을 위해 요구되는 최저 농도의 영양(L-homoserine 혹은 L-methionine+L-threonine)을 이용하여 L-lysine 축적을 유도한다 표 12-2. L-lysine 생산에 과잉 L-threonine 투여의 억제 효과는 아스파르트산인산화효소(aspartate kinase)의 되먹임억제(feedback inhibition)활성에 기인한다. 아스파르트산인산화효소는 L-lysine, L-threonine 및 L-methionine의 생합성에 필요한 주요 효소이다. 즉, 각 1mM의 L-lysine과 L-threonine이 아스파르트산인산화효소의 활성을 94%까지 저해하며 L-lysine만으로도 20% 선까지 저해

표 12-2 영양요구 돌연변이주를 활용한 아미노산 생산

축적되는 아미노산	요구되는 아미노산	생산균주
L-citrulline	arginine	*Bacillus subtilis* *Corynebacterium glutamicum*
L-glultamic acid	oleic acid glycerol	*Brevibacterium thiogenitalis* *Corynebacterium alkanolyticum*
L-homoserine	threonine	*Corynebacterium glutamicum*
L-leucine	phenylalanine histidine	*Corynebacterium glutamicum*
L-lysine	homoscrine threonine	*Corynebacterium glutamicum* *Brevibacterium flavum*
L-omithine	citrulline	*Arthrobacter citreus*
L-phenylalanine	tyrosine	*Corynebacterium glutamicum*
L-proline	isoleucine histidine scrine	*Brevibacterium flavum* *Brevibacterium sp.* *Kurthia catenoforma*
L-threonine	diaminopimelic acid methionine, valine	*Escherichia coli* *Escherichia coli*
L-tyrosine	pheylalanine, purine	*Corynebacterium glutamicum*
L-valine	isoleucine 또는 leucine	*Corynebacterium glutamicum*

가 가능하다. 이것은 homoserine 영양요구주를 이용하여 L-threonine(혹은 L-homoserine)의 제한된 조건에서 L-lysine을 과량생산할 수 있는 주된 기작이다. 일부 아미노산은 생합성 경로가 불분명한 영양요구성을 가진 돌연변이주에 의해 생산된다.

③ 대사조절변이주

공업적으로 *Brevibacterium flavum* 배양을 이용한 L-lysine 생산 균주는 대사조절변이주(regulatory mutants)이다. 이 균주는 L-lysine 생합성 경로 중 L-lysine과 L-threonine 농도에 의존하는 강한 되먹임억제를 받는 아스파르트산인산화효소 수준에서 조절된다. 만약 아스파르트산인산화효소의 조절부위(regulatory site)가 비활성화되면 aspartate B phosphate의 과잉생산을 예측할 수 있다. L-lysine 생합성과는 달리, 이 균의 L-threonine의 생합성은

homoserine dehydrogenase와 L-threonine kinase와 같은 두 개의 조절반응단계가 있는 것으로 알려져 있다. *B. flavum*의 변이주 가운데 최소배지에서 원균주와 같이 왕성하게 생육하지만 threonine 혹은 methionine을 소량 첨가하게 되면 생육이 저해되는 감수성 변이주가 있다. 이들 균주 중 최소배지에서 포도당에 대해서 23%에 이르는 L-lysine HCl을 생산하는 것이 있다. 이와 같이 lysine의 생산축적이 가능한 것은 이들 균의 변이점이 호모세린탈수소효소(homoserine dehydrogenase)의 활성에 의해 조절되는데 변이에 의해 원균주의 3% 수준으로 활성이 저하되어 threonine 생성이 감소된 결과 균체 형성에는 지장이 없으나 아스파르트산인산화효소 활성을 제어할 수 없게 되기 때문이다. 이 밖에도 *Candida periculosa*, *Saccharomyces lypolytica*, *S. cerevisiae*와 같은 효모들도 L-lysine 생산균으로 주목받고 있다. 현재 L-lysine 이외에 조절변이주를 활용하여 직접발효법으로 생산되는 아미노산은 L-threonine, L-isoleucine, L-leucine, L-valine, L-arginine, L-histidine, L-phenylalanine, L-tryptophan L-tyrosine 등이다.

(3) 전구체 첨가법

대량생산하고자 하는 목적 아미노산의 생합성 과정의 중간 대사물질을 발효를 통해 생산과 수득이 가능하다면 배양배지에 중간 대사산물을 첨가하여 아미노산 생산 효율을 높일 수 있다. 아미노산 생합성 경로의 조절과정이 주로 첫 번째 효소에 유래하므로 그 반응계의 조절효소가 아니라 첫 번째 효소를 우선적으로 합성한 후 배지에 전구체로 첨가하면 결과적으로 조절된 효소는 억제 해제(derepressed)되면서 저해 해제(desensitized)되어 전구체로부터 목적하는 아미노산으로 변환하여 축적할 수 있다. L-glycine에서 L-serine을 생산하여 획득하는 것을 예로 들면, *Corynebacterium glycinophilum*에 의해 20g/L의 glycine에서 10g/L의 L-serine을 생산할 수 있다. 전구체 첨가로 아미노산을 생산할 때의 첨가물과 생산 균주는 표 12-3 과 같다.

표 12-3 전구체를 첨가하여 수득할 수 있는 축적 아미노산과 생산 미생물

축적 아미노산	첨가물	생산 미생물
L-DOPA	L-tyrosine	*Pseudomonas melanogenum*
L-isoleucine	α-aminobutyric acid α-aminobutyric acid 2-hydroxy-butyric acid α-bromobutyric acid	*Serratia marcescens* *Bifidobacterium ruminale* - *Bifidobacterium ruminale*
L-methionine	2-hydroxy-4-metyl-thiobutyric acid	*Pseudomonas denitrificans*
Norleucine	norvaline	*Serratia marcescens*
Norvaline	D-threonine, L-threonine	*Serratia marcescens*
L-phenylalanine	2-hydroxy-3-phenyl-propionic acid	*Pseudomonas denitrificans*
L-serine	glycine glycine	*Corynebacterium ghycinophilum* *Pseudomonas sp.*
L-tryptophan	anthranilic acid indile	*Hansenula anomlal* *Claviceps purpureus*

(4) 효소 이용법

최근 효소와 미생물 균체 고정화 기술의 진보에 따라 효소, 혹은 자체로는 효소로서의 기능은 없거나 비활성화된 상태이지만 여러 가지 작용에 의해 활성화된 효소로 만들어질 수 있는 효소원(zymogen)을 미생물 균체에 도입하여 원료물질에서 목적 아미노산으로 변환하고 축적하는 기법을 사용하고 있다. 이는 목적 아미노산으로의 분해와 합성을 효소 시스템으로 유도하는 방법이다. 예를 들면, L-alanine과 L-aspartate의 생산에 적용하고 있고 L-alanine의 경우 L-aspartate-4-carboxy-lyase에 의해 L-아스파트산(L-aspartate)의 탈탄산반응(decarboxylation)으로 생산이 가능하다. 강력한 alanine 생산균이 있음에도 불구하고 직접발효법을 이용하지 못하고 있는데, 이는 L-alanine의 축적을 방해 하는 알라닌라세마아제(alanine racemase)의 활성에 기인한다. 아스파트산(aspartate)에 의한 푸마르산염(fumarate)과 암모니아의 축합반응을 통해 L-아스파트산 생산이 이루어진다. 이러한 효소를 이용하는 방법으로 생산이 가능한 아미노산은 표 12-4 와 같다.

표 12-4 효소를 이용한 생산 아미노산과 효소원(미생물)

생산 아미노산	반응	효소	효소원(미생물)
L-alanine	L-aspartic acid → L-alanine + CO_2	aspartate Decarboxylase	*Pseudomonas dacvnhae*
L-aspartic acid	Fumaric acid + NH_4^+ → L-aspartic acid	aspartase	*Escherichia coli*
L-cysteine	DL-2-amino-Δ^2-thiazoline -4-carboxylic acid + $2H_2O$ → L-cysteine + NH_2 + CO_2	ATC racemase, L-ATC hydorlase, S-carbsamyl-L -cysteine hydrolase	*Pseudomonas thiazolinophilum*
	β-chloro-L-alanine + $Na_2S(H_2S)$ → L-cysteine NaCl + NaOH	cysteine desulflyrase	*Acrobacter aerogenes*
L-DOPA	pyrocatechol + pyruvale + NH_4^+ → L-DOPA	β-tyrosinase	*Erwinia herbicola*
L-glutamic acid	DL-hydantion-5-propionate + $2H_2O$ → L-glutamic acid + CO_2 + NH_3	L-glutamic acid-hydrolase	*Bacillus brevis*
L-lysine	DL-α-amino-ε -caprolactam(ACL) + H_2O	ACL racemase, L-ACL hydrolase	*Cryptococcus laurentii*
L-tyrosine	Phenol + pyruvate + NH_4^+ → L-tyrosine + H_2O	β-tyrosinase	*Erwinia herbicola*

(5) 유전공학을 이용하는 방법

현재 대부분 공업용 아미노산들은 DL-methionine과 glycine을 제외하고 발효법에 의해 생산되고 있다. 아미노산 생산의 눈부신 발전은 지속적인 미생물 균주의 육종(育種)에 있다. 영양요구주나 대사조절변이주들이 주로 물리화학적인 돌연변이 유발원을 사용하여 만들어졌으며, 이들은 여러 발효공정에 이용되고 있다. 최근, 세포 융합과 유전자 재조합으로 아미노산 발효균의 육종에 박차를 가하고 있다.

예를 들면, 1983년 미와(Miwa) 등은 DNA donor로서 threonine을 생산하는 AHVa(amino-3 hydroxy-valeic acid) 내성변이주 BIM-4의 Thr operon을 plasmid BR 322에 재조합기술로 클로딩하여 전 Thr operon을 갖는 재조(再組) plasmid pAJ294를 제작하였다. pAJ 294를 갖고 있는 형질전환균주(transformant) No.29-4는 부모형질의 균주 BIM-4와 비교하면 threonine 생산

량(13.4g/L)은 3배, homoserine dehydrogenase 활성은 5배 그리고 유전자의 복제 수가 11배나 향상되었다.

1986년 가라사와(Karasawa) 등은 *B. flavum* AJ11784(AHV, Ile)와 *B. lactofermentum*(AEC, AHV, Leu, Ile)을 PEG가 유발하는 원형질체(protoplast) 융합법으로 threonine 생산량이 증가된 변이주를 획득하였다.

2) 초산

(1) 유기산 발효의 형식

유기산 생산은 미생물 발효과정에서 당질 대사가 주 경로를 이룬다. 생성되는 유기산 종류로는 초산, 젖산, 구연산, 호박산, 능금산, 이타콘산(itaconic acid), 글루콘산(gluconic acid) 등이 대표적이다. 발효 생성물인 유기산은 조미료, 양조제품, 낙농제품, 의약품 등으로 이용되고 있다. 또한 경제적으로 유리한 탄화수소계 원료로 발효과정이 다변화하고 있어 유기산 발효공업의 전망은 매우 밝다. 유기산 발효 형식의 원료 기질은 당, 전분, 당알코올, 알코올, 유기산 등을 제공하며 당대사의 산화 경로, EMP 경로, TCA 회로 등이 이용된다. 최종 유기산 생성은 축합, 환원, 가수분해, 탈수소, 탈탄산, 이성화 등의 반응에 의해 완성된다. 미생물 발효에 의한 유기산 종류는 60여 종 정도 되지만 계속 증가 추세에 있다.

(2) 초산 발효와 산업적 이용

Pseudomonadaceae과와 Acetobacter 속 세균을 초산균이라 한다. *Acetobacter*는 주로 간상(狀)을 가지지만, 환경 변화에 의해 때로 장연쇄(長連鎖)가 되기도 하는데 40℃의 고온에서는 퇴행형(involution form)이 관찰된다. 비운동성인 것이 많고 편성 호기성세균(obligate aerobe)이며, 대부분 액체배양에서 피막을 형성한다.

종류에는 *Acetobacter xylinum*, *A. industrianum*, *A. orydans*, *A. acetosum*, *A. aceti* 등이 있다. Acetobacter의 최적 생육온도는 균종에 따라 차이가 있지만 일반적으로 30℃이고, 최적 pH는 3.5~6.5이다. *Acetobacter*는 맥주, 포도주, 청주, 5% 희석주정이 첨가된 맥아즙이나 국즙에서 생장한다. 따라서 초산 발효는 상기한 바와 같이 보통 *Acetobacter* 속의 세균이 이용되며 호기적으로 배양된다. *Acetobacter*의 알코올탈수소효소(alcohol dehydrogenase)의 활성에 의해 에탄올에서 아세트알데히드(acetaldehyde)를 생성하고 산성에서는 알데하이드탈수소효소(aldehyde dehydrogenase)에 의한 초산이 생성된다.

$$C_2H_5OH \xrightarrow{+O} CH_3CHO \xrightarrow{+O} CH_3COOH$$

포도당을 원료로 주정 발효 시 초산 생성량은 포도당 1kg에서 667g, 주정 1kg에서 1,304g이다.

$$\underset{(180)}{C_6H_{12}O_6} = \underset{(2\times46)}{2C_2H_5OH} + 2CO_2$$

$$\underset{(46)}{C_2H_5OH} + O_2 = \underset{(60)}{CH_3COOH} + H_2O + 114.6\text{kcal}$$

주정 산화 방식의 초산 제조 공정에서 혐기적인 경우는 일반 식초 양조에서는 일어나지 않는 불균등화 반응(dismutation reaction)으로 2분자의 아세트알데히드(acetaldehyde)에서 1분자의 에탄올과 1분자의 초산이 각각 생산된다.

포도당에서 다량의 글루콘산(gluconic acid)을 생성하여 공업적 제조과정에서 이용하는 gluconobacter라고 하며 *Acetobacter*과 *gluconobacter* 모두 에탄올을 초산으로 산화시키는데, 이 과정에서 전자 운반체가 환원되어 전자 전달계로 넘어가 ATP를 생성한다. *Acetobacter* 중에서 D-솔비톨(D-sorbitol)로부터 L-소르보오스(L-sorbose)를 생성하는 Sorbose-producing bacteria은 *A. aceti*, *Gluconobacter melanogenus*, *A. gluconicum*, *Bacterium xylinoides* 등이다.

Acetobacter 중에서 포도주초 양조에 적합한 균주로 *A. orleanensis*, *A. vini acetati* 등이 이용된다. 맥주초용 제조용으로는 *A. acetosum*, *A. rancens*가, 일본초 제조용으로 *A. aceti*, *A. orydans*, *A. rancens*, *A. vini aceti*가 사용된다. 속초용으로는 *A. schuetzenbachii*, *A. curvum* 등이 이용된다. 초산 발효를 위한 배양법으로는 정치법(Orleans 법), 속양법, 심부배양법(액침배양법) 등이 있다.

3) 젖산

(1) 젖산 발효의 형식

젖산 생성은 젖산균(lactic acid bacteria)과 접합균강(Zygomycetes)의 곰팡이 속인 Rhizopus에 의하여 생성된다. 곰팡이와 근육에서 생성된 젖산은 모두 L-형이 관찰되고 젖산균이 생산하는 젖산은 D, L, DL-형이 모두 존재한다. DL-젖산이 생성되는 것은 젖산균의 생성 젖산에 대한 라세미화 효소(racemase)의 작용으로 나타나게 된다. 젖산균은 단백질의 중요한 구성요소인 포르피린(phorphyrin)과 산화-환원 활성 단백질(redox active protein)인 시토크롬(cytochrome)이 없으므로 산화적 인산화는 발생하지 않으며 기질수준의 인산화에 의한 에너지 획득 기작을 가진다. 젖산균이 당으로부터의 젖산을 생성하는 경로에는 젖산만을 생성하는 호모형(homofermentative)과 젖산 외에도 이산화탄소, 에탄올, 아세트산 등을 생성하는 헤테로형(heterofermentative)이 있다. 호모 젖산 발효는 해당경로인 EMP 경로(Enbden-Meyerhof-Parnas pathway)에서 생성된 삼탄당-3-인산(triose-3-phosphate)이 탈수소 반응을 거쳐 피루브산(pyruvate)이 젖산탈수소효소(lactate dehydrogenase)에 의하여 환원되어 생성된다. 환원 활성에 필요한 환원형 보효소인 니코틴아마이드 아데닌 다이뉴클레오타이드(NADH)는 삼탄당-3-인산의 탈수소 반응에서 공급되며, 1분자의 포도당에서 각각 2분자의 젖산과 ATP가 생성된다. 헤테로 젖산 발효는 EMP 회로에서 중요한 효소인 알돌라아제(aldolase)가 없으므로 포스포케톨라아제(phosphoketolase) 경로를 거쳐 젖산을 생성한다. 따라서 자일루로오스-5-인산(D-xylulose-5-phosphate)을 만드는 과정은 오탄당 인산 경로(Pentose phosphate pathway)를 통해 이루어진다. 특히 헤테로형 세균은 포스포케톨라아제 경로로 자일루로오스-5-인산을 아세틸린산(acetyl-phosphate)과 글리세르알데히드-3-인산(glyceraldehyde-3-phosphate)으로 전환시켜 전자는 아세트산염(acetate)과 에탄올을 생성하고 후자는 젖산을 생성한다. 포스포케톨라아제 경로로 1몰의 포도당에서 젖산, 에탄올, ATP, CO_2가 1몰씩 생성되는 것이다.

(2) 젖산균 발효와 산업적 이용

젖산균은 젖산균과(Lactobacillaceae)에 속하는 미호기성의 비운동성 그람양성 간균 혹은 구균이며 대부분 카탈라아제(catalase) 음성이다. 젖산균은 형태를 기준으로 호모형 간균과 헤테로형 젖산균으로 나뉜다. 호모형 간균에는 *Lactobacillus bulgaricus*, *L. delbrueckii*, *L. lactis*, *L. casei*, *L. acidophilus*, *L. plantarum* 등이 있다. 헤테로형 젖산균에는 *L. brevis*, *L. fermentum*, *L. buchneri* 등이 있다.

구균의 경우, *Streptococcus* 속, *Pediococcus* 속은 호모형, *Leuconostoc* 속은 헤테로형 젖산균이다. *Streptococcus lactis*와 *Streptococcus cremoris*는 우유에 있는 젖산연쇄구균인데 버터와 치즈 제조 시 스타터(starter)로 사용된다. *Streptococcus faecalis*는 사람과 동물 장관 내 상재하는 장구균의 하나로 젖산균 제제와 미생물 정량에 활용된다. *Pediococcus cerevisiae*는 맥주 균류(beer sarcina)로 유해한 세균이지만 *Pediococcus halophilus*는 내염성이 강하여 김치, 장류, 양조 공정에서 중요하다. *Leuconostoc mesenteroides*는 자당 처리 시 대량의 점질물인 덱스트란(dextran)을 생성하는데 대용혈장으로 사용된다.

4) 구연산

(1) 구연산 발효의 형식

구연산은 식품과 의약품 산업에서 가장 널리 이용되고 있는 산미료이다. 가소제(plasticizer), 격리제(隔離劑), 액체 세정제, 렌즈 연마제 등의 용도로 그 범위가 매우 넓다. 주로 감귤류에서 구연산을 추출하는 방법으로 생산하였으나 1893년 웨머(Wehmer)에 의해서 블루 치즈를 만드는 데 사용되는 곰팡이인 *Penicillium glaucum*이 옥살산 칼슘(calcium oxalate) 배양액 부산물로 당에서 구연산을 생성함을 확인하였다. 1917년 톰과 커리(Thom & Currie) 등이 검정곰팡이인 *Aspergillus niger*의 배양 조건을 확립하여 구연산의 공업적 생산이 가능하게 되었다.

구연산은 호기적 대사경로인 TCA 회로의 초기 생성물인데, 일반적으로 축적되지 않기 때문에 구연산의 대량축적은 미생물의 생육이 비정상적임을 나타낸다. 구연산이 축적되려면 구연산합성효소(citrate synthetase)의 활성 증폭이 필요하다. 구연산 생산이 극대화되면 초기 구연산합성효소 활성의 10배 수준에 도달하게 된다. 한편, 구연산을 분해하는 아이소시트르산탈수소효소(isocitrate dehydrogenase)와 아코니트산수화효소(aconitase)의 효소 활성은 감소하게 되고 구연산 생산이 극대화되는 배양 시점에는 실활되어 구연산 축적이 일어난다.

(2) 구연산 발효와 산업적 이용

구연산 발효에 산업적으로 이용되는 생산 균주는 아스페르길루스(*Aspergillus*) 속과 푸른곰팡이(*Penicillum*) 속의 곰팡이가 주류를 이룬다. *A. niger*, *A. awamori*, *A. saitoi*, *A. wentii*, *A. usamii*, *A. fonsecaeus*, *P. lutenum*, *P. citrinum*, *Mucor piriformis*, *Trichoderma viride* 등이 있다.

이들 곰팡이 균주는 구연산 이외에 수산 혹은 글루콘산(gluconic acid)도 생성한다. 일반적으로 산생성량과 부산물 등을 고려하여 검정곰팡이를 산업적으로 이용한다. 1960대 말에 효모가 당질을 발효하여 구연산을 생산한다는 것이 알려졌으나 곰팡이와 달리 아코니트산수화효소 활성에 의해 아이소시트르산(isocitrate)을 부가적으로 생성한다. 또한 탄화수소발효의 발달에 따른 파라핀(n-paraffin)을 이용한 구연산 생산이 본격화되고 있어 미크로코쿠스(Micrococcaceae)과의 그람양성, 절대 산소성의 세포 형태가 불규칙한 토양 세균속인 Arthrobacter 속의 세균, Candida 속 효모, Penicillum 속 곰팡이 등이 생산 균주로 이용되고 있다.

예를 들면, *C. lipolytica*, *C. tropicalis*, *C. zeylanoides*, *A. parafineus*, *Penicillum janthinellum* 등이 산업적으로 이용되고 있다. *C. lipolytica*의 경우는 철이온(Fe^{2+}) 농도 조절로 아이소시트르산의 생성을 저해하여 원재료 공급에 대해 140~150% 수율로 구연산을 생성한다. 이 공정은 산업적으로 비경제적인 측면이 있으므로 아코니트산수화효소의 저해제인 플루오로아세트산(monofluoroacetic acid)의 감수성균(sensitive bacteria)에 의한 아이소시트르산 생성을 저해하는 방식을 사용한다. 탄화수소를 이용하면 당질 사용에 비해 수득률이 높아서 산업적으로 여러 측면에서 장점을 가진다.

구연산의 산업적 제조는 곰팡이를 액체 상태의 배지 표면에서 증식시키는 방법인 표면배양법(surface culture)과 탱크 내에서 통기와 교반을 수행하여 배양하는 액내배양법(submerged culture)을 사용한다. 이 외에 고체배양기 또는 단순한 고체의 표면 또는 내부를 이용하여 균을 번식시키는 고체배양법이 있으며, 현재는 액내배양법을 가장 많이 이용하고 있다. 발효주원료는 당질과 전분질을 이용하며 산업적으로 이용량 빈도가 가장 큰 것은 첨채당밀[岳糖蜜]이다.

5) 글루콘산

(1) 글루콘산 발효의 형식

1928년 뮬러(Müller)에 의해 검정곰팡이(*Aspergillus niger*) 배양액에서 포도당산

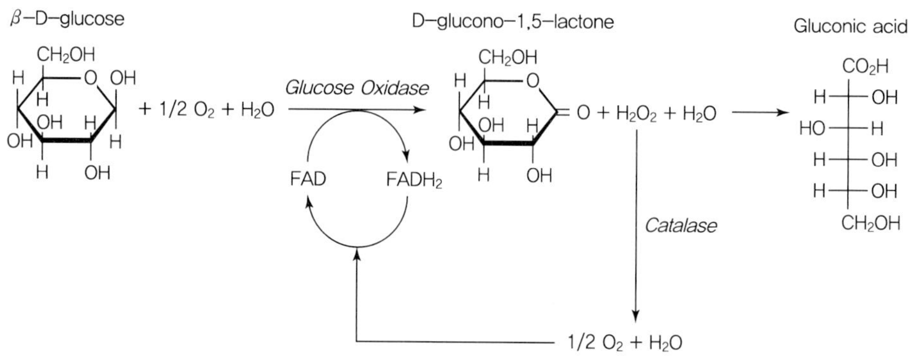

그림 12-1 글루콘산의 생성 기작

화효소(glucose oxidase)가 규명되었다. 이후 1948년에 케일린과 하트리(Keilin & Hartree)에 의해 포도당산화효소의 조효소(coenzyme)가 플라빈 아데닌 디뉴클레오타이드(flavin adenine dinucleotide, FAD)임을 확인하였는데 D형 포도당(D-glucose)의 당의 α형 또는 β형으로 산소환(酸素環) 형성에 의하여 환원 탄소원자에 생길 수 있는 입체이성체 중에서 β-아노머(β-anomer) 산화에 더 친화력을 가진 효소라는 것을 입증하였다. 산미를 부여하는 글루콘산(gluconic acid)은 산업적으로 청량음료 등의 식품공업에서 이용하고 Na, Ca, Fe과 결합한 글루콘산염(gluconate)은 의약품으로 활용된다. 글루콘산 발효는 한 분자의 포도당이 1몰의 산소에 의해 산화되는 기작을 활용한다. 포도당산화효소나 포도당탈수소효소(glucose dehydrogenase)의 효소 활성을 이용하여 D-글루코노-δ-락톤(D-glucono-δ-lactone)을 생산하고, 비효소적 자발적 분해로 D형의 글루콘산(D-gluconic acid)이 생산된다 그림 12-1.

(2) 글루콘산 발효와 산업적 이용

산업적으로 여러 종류의 세균과 곰팡이가 글루콘산 생산에 이용된다. 주로 *Aspergillus niger*, *Aspergillus fumigatus*, *Penicillum notatum*, *P. chrysogenum* 등의 곰팡이류와 *Acetobacter gluonicum*, *Gluconobacter oxydans* subsp. *suboxydans*, *A. onydans*, *Gluconobacter orydans*, *Pseudomonas fluorescens* 등의 세균이 이용된다. *Pseudomonas* 속 세균에 따라 진탕배양으로 글루콘산만 생산하는 균주와 2-케토글루콘산(2-ketogluconic acid)을 생산하는 균주로 나눈다. *Acetobacter* 중 일부는 포도당이나 글루콘산에서 5-케토글루콘산(5-ketogluconic acid)을 생산하기도 한다.

글루콘산의 산업적 제조와 이용으로는 *A. niger*가 주로 사용된다. 발효에 의한 글루콘산 생산에는 알루미늄 회전드럼 발효관이나 통기 교반 발효조가 이용된다.

6) 기타 유기산

(1) 기타 유기산 발효의 산업적 이용

매실초곰팡이(*Aspergillus itaconicus*)를 고농도의 설탕 함유 배지에서 배양하면 합성수지의 원료가 되는 이타콘산(itaconic acid)을 생성한다. 이를 개량하기 위한 생산균 탐색과정에서 우수한 이타콘산 생산균주로 *Aspergillus terreus*를 추가로 동정하게 되었고, 현재 산업적으로 두 균주의 돌연변이주가 이타콘산 생산에 이용되고 있다.

청량음료의 산미료, 마요네즈 등의 유화안정제, 무염(無鹽) 간장에 혼합되는 사과산(mailic acid)의 경우, 당밀을 이용하여 *A. flavus*, *A. parasiticus*, *A. oryzae* 등을 배양하여 L-말산(L-mailc acid)을 생산한다. 이때 *A. parasiticus*의 경우 유산균과 유산균 발효유 제조과정 시 유해곰팡이로 간주되기도 한다.

푸마르산(fumaric acid) 생산균은 산업적으로 탄화수소를 기질로 하여 *Candida hydrocarbofumarica*와 푸마라아제(fumarase) 활성을 가진 *Candida utilis*를 혼합 배양하여 파라핀(*n*-paraffin)에 대해 70% 수율로 L-말산을 생산한다. 키타하라(Kitahara) 등은 *Lactobacillus brevis*의 푸마라아제를 활용하여 푸마르산에서 말산을 생산하였다. 산업적으로 푸마르산 생산 균주는 접합균강

(Zygomycetes)의 곰팡이 속으로 토양, 과일과 채소에 서식하는 *Rhizopus*를 비롯하여 *Circinella, Mucor, Aspergillus* 등이 있다. 이 중 산업적으로 푸마르산 생산능이 우수한 균주는 *Rhizopus migricans*이다.

프로피온산(propionic acid)은 *Propionibacterium* 속의 다양한 생산 균종에서 생산이 가능하다. 프로피온산 생성 기작으로는 EMP에서 생성된 호박산염(succinate)이 탈탄산되면 프로피온산염(propionate)이 생산된다. *Propionibacterium freudenreichii*와 *P. jensenii*는 단당류를 이용하여, *P. technicum*은 전분을 이용하여 프로피온산을 형성한다. *Propionibacterium* 속 균주는 대부분 비운동성의 그람양성균인데 생육인자로 펜토텐산(pantothenic acid)과 비오틴(biotin)이 필요하다.

호박산(succinic acid)은 *Brevibacterium immariophilum, B. divaricatum* 등을 이용하며 파라핀을 기질로 사용하는 경우 *Candida brumptii*가 호박산을 생성한다.

7) 핵산

(1) 핵산 생산 미생물 발효 기작과 산업적 이용

핵산이란 DNA, RNA, 뉴클레오티드, 뉴클레오시드, 조효소, 당뉴클레오티드 등 핵산 관련 물질을 미생물로 분비시켜 축적하는 방법으로 생산되는 물질로 이 제조법을 핵산 발효라고 한다. 미생물의 생육 방식, 몇 종의 미생물 효소 혹은 화학합성기술 간 조합, 대량 발효기술 등이 혼합되어 핵산 생산이 이루어진다. 표고버섯 지미(旨味) 성분인 5′-구아닐산(5′-guanylic acid, GMP)과 5′-이노신산(5′-inosinic acid, IMP) 등이 대표적인 핵산 물질로 화학적으로는 뉴클레오티드(nucleotide)에 속하기 때문에 정미성(呈味性) 뉴클레오티드라고 한다. 정미성을 갖는 화합물은 5′-guanylic acid(GMP)와 같은 5′-inosinic acid, 5′-xanthic acid와 같은 5′-nucleotide이다.

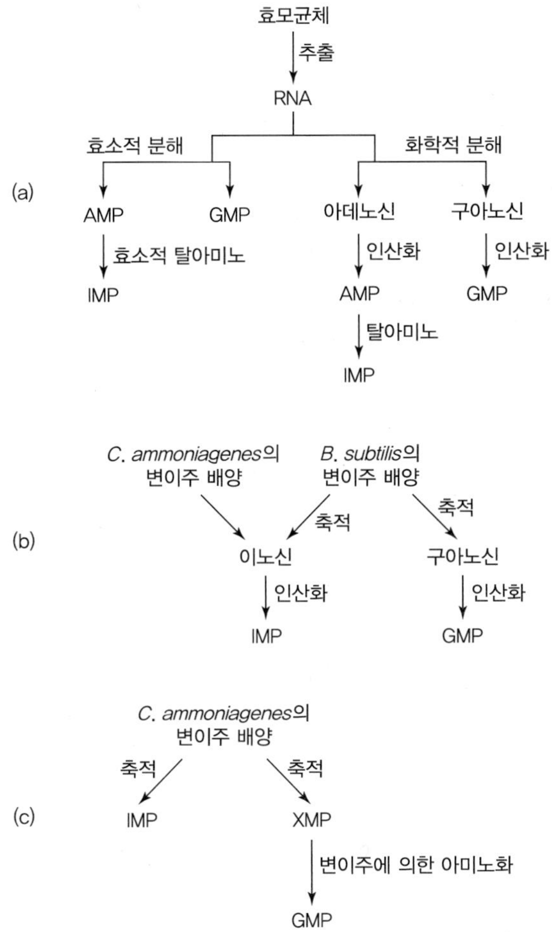

그림 12-2 핵산발효의 세 가지 기작

이들 중에서 IMP, XMP는 핵산에 존재하지 않지만 뉴클레오티드 생합성의 중요한 중간체 염기로 하이포잔틴(hypoxanthine)과 잔틴(xanthine) 등, 질소를 포함하는 방향성 헤테로고리화합물(aromatic heterocyclic compound)인 퓨린(purine)계 염기로서 정미성을 갖는 화학구조의 특징을 보면 6′ 위(位)가 OH기, pentose의 5′ 위(位)가 인산기, 2′ 위(位)가 H, OH 혹은 NH기로 구성되어 있다 **그림 12-2**. 이러한 특징을 가진 뉴클레오티드는 GMP, IMP, XMP이고 순서대로 정미성이 강하게 관찰된다. 이들 물질은 글루탐산모노나트륨(monosodium glutamate, MSG)과 혼합했을 때 시너지를 가져 더 큰 정미성을 보인다. 정미성 뉴클레오티드가 산업적으로 생산된 초기에는 어류, 통조림 폐액, 오징어, 멸치 등 천연물에서 추출, 분리하는 방법이 이용되었다. 현재의 산업 분야에서는 효모 핵산 분해법, 발효와 합성의 결합법, 생화학적 변이주를 이용한 직접발효법이 쓰인다.

(2) 핵산 발효형식과 산업적 이용

주요 생산 핵산 생성물은 좁은 의미에서는 조미료의 5′-이노신산과 5′-구아닐산 등이지만, 의약품과 시약으로서의 이노신산 ATP, CDP-콜린, FAD, NAD, 조효소 A 등도 핵산 발효를 통한 핵산 생성물이다. 산업적으로 5′-IMP와 5′-GMP는 세 가지 제조법으로 생산하여 이용한다 **그림 12-2**.

① RNA 분해법

RNA의 원료로는 아황산펄프 폐액이나 당밀로 배양해 얻을 수 있는 효모들이 사용되는데 RNA 함량이 많으며 생육 속도가 빠른 *Candida* 속 효모 또는 *Saccharomyces cerevisiae*를 이용한다. 이들 효모를 식염수로 RNA를 추출하고 *Penicillium citrinum*이나 *Streptomyces aureus*의 5′-포스포디에스테르가수분해효소(5′-phosphodiesterase)의 효소적 분해, 화학적 분해, 인산화 작용으로 IMP와 GMP를 수득하게 된다.

② 핵산 요구주 이용법

*Bacillus megaterium*의 퓨린 요구주를 이용하여 5-아미노-4-이미다졸카르복시아미드리보시드(5-aminoimidazole-4-carboxamide ribonucleotide, AICAR)를 축적시켜 이것을 화학 합성적으로 구아노신 혹은 GMP로 치환하거나 고초균(*Bacillus subtilis*) 변이주에 직접 이노신, 이노신산, 구아노신을 축적시킨 후에 이를 인산화하여 IMP, GMP로 생산한다.

③ 돌연변이주 이용법

*Corynebacterium ammoniagenes*의 일부 돌연변이주를 사용하여 IMP 및

GMP를 축적시키고 ATP는 효모의 건조 균체를 적당한 인산농도에서 AMP와 반응시켜 생산한다.

8) 항생제

(1) 항생제 생산 미생물

항생제의 정의는 미생물에 의해 생산되고 미생물 및 다른 생활세포의 기능을 현저히 저해하거나 파괴하는 물질이다. 이러한 항생물질은 역사적으로 1929년 영국의 알렉산더 플레밍(Alexander Flemming)에 의하여 배양평판배지에 오염된 푸른곰팡이인 *Penicillium notatum*이 *Staphylococcus*의 생장을 억제함을 발견한 후 이 곰팡이를 액체배양하여 항균 활성을 가지는 물질이 축적됨을 관찰하였다. 페니실린(penicillin) 발견 이후 많은 종류의 항생 역할을 하는 저분자의 항생물질이 속속 보고되었다. 1944년 미국의 왁스만(Waksman)이 결핵에 효과가 유의적으로 작용하는 스트렙토마이신(streptomycin)을 발견하여 이때부터 항생물질이라는 용어가 널리 사용되기 시작하였다. 현재까지 대략 6,000여 종의 항생 기능을 가진 물질이 발견·보고되었고, 이 중 100여 종 정도의 항생물질만 산업적으로 생산되어 이용되고 있다. 플레밍이 처음 발견한 항생제는 *P. notatum*이 생산하는 페니실린 F가 주요 성분인 혼합물의 특성을 가지고 있었다. 현재는 *P. chrysogenium* 배양을 통해 항생물질을 얻고 있는데 생산성을 높이기 위하여 산업적으로는 페닐아세트산(phenylacetic acid)을 전구물질로 공급함으로써 페니실린 G(benzyl-penicillin)의 형태로 수득하여 생산한다. 표 12-5에 현재까지 알려진 여러 종류의 항생물질을 생산하는 항생제 생산 미생물을 제시하였다.

항생제도 미생물 균주의 2차 대사산물로 미생물 생육이나 증식과는 상관성이 적은 비교적 저분자의 대사산물로 미생물의 생육 조건이나 배양에 요구되

표 12-5 항생제 생산 미생물

항생기능 유래 미생물과 명명된 항생물질	항생물질 생산 균주
1. 곰팡이 유래 생성 항생물질	
Cephalosporin Fumigallin Penicillin Variotin	*Penicillium notatum* *Aspergillus fumigatus*
2. 세균 유래 생성 항생물질	
Bacitracin	*Bacillus subtilis*
Colistin	*Bacillus polymyxa* var. *colistimus*
Gramicidin	*Bacillus breuis*
Polymyxin B	*Bacillus polymyxa*
3. 방선균 유래 생성 항생물질	
Actinomycin	*Streptomyces antibioticus*
Amphotericin B	*Streptomyces nodosus*
Carbomycin	*Streptomyces halstedii*
Chloramphenicol	*Streptomyces venezuelae*
Chlorotetracycline	*Streptomyces aureofaciens*
Cyclohexamide	*Streptomyces griseus*
Cycloserine	*Streptomyces orchidaceus*
Erythromycin	*Streptomyces erythraceus*
Griseofulvin	*Streptomyces griseus*
Kanamycin	*Streptomyces kanamyceticus*
Leucomycin	*Streptomyces kitasatoensis*
Micamycin	*Streptomyces mikaensis*
Mitomycin C	*Streptomyces caespitosus*
Neomycin B	*Streptomyces fradiae*
Novomycin	*Streptomyces niveus*
Oleandomycin	*Streptomyces antibioticus*
Oxytetracycline	*Streptomyces rimosus*
Paromomycin	*Streptomyces rimosus*
Sarkomycin	*Streptomyces erythrochromogenes*
Spiramycin	*Streptomyces ambofaciens*
Streptomycin	*Streptomyces griseus*
Vacomycin	*Streptomyces orientalis*
Viomycin	*Streptomyces fradiae*

는 영양성분의 변화에 의한 환경 변화 등 균체가 특정 조건에서 생육과는 별개로 항생 기능을 하는 물질을 생산할 때 관찰할 수 있다. 그러므로 미생물 유래 항생제는 미생물의 생장에 필수불가결한 요소가 아닌 대사물질이므로 생육 조건과 영양 환경을 조절하여 항생물질을 극대화하여 생산할 수 있는 장점이 있다. 항생 기능에 대한 무궁무진한 미생물 유전체를 확보하거나 이들에게서 외부 생장 환경에 대한 반응 기작을 조절함으로써 산업적으로 유용한 항생물질을 대량으로 생산하는 초석이 된다.

(2) 항생제 생산 미생물의 산업적 이용

1963년에 보고된 항생물질은 총 513여 종이었으나 1974년에는 4,076종으로 크게 증가하였다. 매년 최대 100여 개 이상의 새로운 항생물질이 보고되고 있어 현재는 대략 6,000종의 항생제가 알려져 있다. 그러나 이 중에서 실제 산업화가 진행되어 항생물질이 생산되는 종류는 91종에 불과하다. 미생물이 생산하는 항생물질을 시작물질로 기준 삼아 화학적 유도체를 합성하여 제작한 항생물질을 반합성 항생물질(semisynthetic antibiotics)이라고 하는데, 약 46종 정도의 반합성 항생물질이 약제로 이용되고 있다. 초기 항생제 생산 시 클로람페니콜(chloramphenicol)의 경우, 미생물 대사 생성물로 인식되었지만 현재 산업화 과정에서는 이를 합성으로 대신하여 생산되는 항생물질도 있다. 이러한 항생물질의 산업적 이용은 여러 가지 요소에 의해 결정되는데, 항균 활성의 스텍트럼, 항생물질의 작용기작, 항생물질의 생합성 경로, 생산 균주의 정의(균주 특성), 항생물질의 화학구조 등에 따라 분류한다. 대사과정에서 생산되는 발효 항생물질의 범주는 항균성 항생물질(antibacterial antibiotics), 항암성 항생물질(anticancer antibiotics), 항곰팡이성 항생물질(antifungal antibiotics), 항바이러스성 항생물질(antiviral antibiotics) 등으로 구분한다. 표 12-6과 표 12-7에 현재 제시되고 있는 항생제 계열과 이에 따른 항생물질을 표시하였다.

산업적으로 활발히 이용되고 있는 항생제 발효와 관련된 대표적인 항생물질 혹은 생산 균주는 다음과 같다.

- 플레밍의 발견으로 생산 균주인 *P. notatum*를 배양하여 얻은 항생 및 항염 물질인 페니실린
- 아미노글리코시드 항생물질 등을 생산하는 *Streptomyces griseus* 유래 항생제인 스트렙토마이신, 가나마이신, 네오마이신, 젠타마이신
- 테트라사이클린(tetracyclin)을 생산하는 *Streptomyces* 속의 방선균인 *Streptomyces aureofaciens*는 2차 대사산물로 클로르테트라사이클린(chlortetracycline)이라는 항생물질을 생산한다. 이 균을 배양하

여 염산염으로 제조한 것이 염산클로르테트라사이클린(chlortetracycline hydrochloride)이며, 염산클로르테트라사이클린은 테트라사이클린계 항생물질로 광범위 항생제(broad-spectrum agents)의 특성을 나타내어 그 활성 효능이 그람음성균과 그람양성균을 포괄하여 광범위한 항균작용을 갖는 항생물질이다. 클로르테트라사이클린은 백금촉매하의 환원 탈염소화 과정을 거쳐서 테트라사이클을 제조하게 된다.

- 방선균인 *streptomyces*이 생산하는 항진균성 물질로 여러 개의 공역 이중결합을 가지는 환상 락톤(lactone)인 배당체를 구성하는 비당 성분인 아글리콘(aglycon)으로 되어 있는 배당체 항생물질인 폴리엔 펩티드(polyene peptide)
- 항생물질 생성균의 일종으로 토양, 곡류, 기타 여러 곳에 존재하는 *Bacillus brevis*가 생산하는 티로시딘(tyrocidine), 그라미시딘(gramicidin), 그라미시딘 S(gramicidin S), *Bacillus licheniformis*가 생산하는 박테리오신(bacteriocins) 등

표 12-6 미생물 유래 항생제 생산에 따른 항생제 계열

계열		
베타락탐계 항생제 (β–lactam antibacterials)	페니실린계 (penicillins)	천연 유래 페니실린계 (natural penicillins)
		페니실린 분해효소 저항성 페니실린계 (penicillinase–resistant penicillins)
		광범위 페니실린계 (penicillins wiTD extended spectrum)
		베타락탐 분해효소 억제제를 포함한 페니실린계 (penicillins, including beta–lactamase inhibitors)
	세팔로스포린계 (cephalosporins)	1세대(1st generation)
		2세대(2nd generation)
		3세대(3rd generation)
		4세대(4TD generation)
		베타락탐 분해효소 억제제를 포함한 세팔로스포린계 (cephalosporins, incl. beta–lactamase inhibitors)
	모노박탐계(monobactams)	
	카바페넴계(carbapenems)	
아미노글리코시드계(aminoglycosides)		
마크로라이드계(macrolides)		
퀴놀론계(quinolones)		
테트라사이클린계(tetracyclines)		
암페니콜계(amphenicols)		
글리코펩티드계(glycopeptides)		
린코사미드계(lincosamides)		
니트로이미다졸계(nitroimidazoles)		
옥사졸리디논계(oxazolidinones)		
설폰아미드계(sulfonamides)		
기타		포스폰산계(phosphonic acids)
		폴리믹신계(polymyxins)
		스테로이드 항생제(steroid antibacterials)

표 12-7 미생물 유래 항생제 생산에 따른 항생제 계열과 항생물질

계열			성분명
베타락탐계 항생제 (β–lactam antibacterials)	페니실린계 (penicillins)	천연 유래 페니실린계 (natural penicillins)	페니실린지 벤자틴페니실린지
		페니실린 분해효소 저항성 페니실린계 (penicillinase–resistant penicillins)	클록사실린 디클록사실린 나프실린
		광범위 페니실린계 (penicillins wiTD extended spectrum)	아목시실린 암피실린 바캄피실린 시클라실린 피페라실린
		베타락탐 분해효소 억제제를 포함한 페니실린계 (penicillins, including beta –lactamase inhibitors)	아목시실린/클라불란산 아목시실린/설박탐 암피실린/클록사실린 암피실린/설박탐 메탐피실린/설박탐 피페라실린/설박탐 피페라실린/타조박탐 설타미실린 티카실린/클라불란산
	세팔로스포린계 (cephalosporins)	1세대 (1st generation)	세파드록실 세팔렉신 세팔로틴 세파피린 세파트리진 세파제돈 세파졸린 세프라딘 세프록사딘 세프테졸 메틸올세팔렉신
		2세대 (2nd generation)	세파클러 세파만돌 세프부페라존 세프메타졸 세프미녹스 세포니시드 세포테탄 세포티암 세폭시틴 세프프로질 세푸록심 플로목세프 로라카베프
		3세대 (3rd generation)	세프카펜 세프디니르 세프디토렌 세프타메트 세픽심 세프메녹심 세포디짐 세포페라존

(계속)

계열			성분명
베타락탐계 항생제 (β–lactam antibacterials)	세팔로스포린계 (cephalosporins)	3세대 (3rd generation)	세포탁심 세프피라미드 세프포독심 세프수로딘 세프타지딤 세프테람 세프티부텐 세프티족심 세프트리악손
		4세대 (4TD generation)	세페핌 세프피롬
		베타락탐 분해효소 억제제를 포함한 세팔로스포린계 (cephalosporins, incl. beta–lactamase inhibitors)	세포페라존/설박탐
	모노박탐계(monobactams)		아즈트레오남
	카바페넴계(carbapenems)		도리페넴 에르타페넴 이미페넴/실라스타틴 메로페넴
	아미노글리코시드계(aminoglycosides)		아미카신 아르베카신 아스트로마이신 겐타마이신 이세파마이신 카나마이신 미크로노마이신 네틸마이신 리보스타마이신 시소마이신 스펙티노마이신 스트렙토마이신 토브라마이신
마크로라이드계(macrolides)			아지트로마이선 클래리트로마이신 디리트로마이신 에리트로마이신 에리트로마이신/아세틸설피속사졸 미데카마이신 로키타마이신 록시트로마이신 스피라마이신/메트로니다졸
퀴놀론계(quinolones)			날리딕스산 피페미드산 시프로플록사신 에녹사신 로메플록사신 노르플록사신 오플록사신 페플록사신 발로플록사신 레보플록사신

(계속)

계열	성분명
퀴놀론계(quinolones)	토수플록사신 제미플록사신 목시플록사신 자보플록사신
테트라사이클린계(tetracyclines)	독시사이클린 메타사이클린 미노사이클린 옥시테트라사이클린 테트라사이클린 타이제사이클린
암페니콜계(amphenicols)	클로람페니콜 티암페니콜
글리코펩티드계(glycopeptides)	테이코플라닌 반코마이신
린코사미드계(lincosamides)	클린다마이신 린코마이신
니트로이미다졸계(nitroimidazoles)	메트로니다졸 오르니다졸 티니다졸 스피라마이신/메트로니다졸
옥사졸리디논계(oxazolidinones)	리네졸리드 테디졸리드
설폰아미드계(sulfonamides)	설파디아진/트리메토프림 설파메톡사졸/트리메토프림 에리트로마이신/아세틸설피속사졸
포스폰산계(phosphonic acids)	포스포마이신
폴리믹신계(polymyxins)	콜리스틴
스테로이드 항생제(steroid antibacterials)	푸시드산

참고문헌

국내 문헌

강동현(2012). 식품 적용 병원균 제어기술 연구동향. **식품과학과 산업, 45**(1): 48–59.

강옥주 · 김영목 · 김정목 · 엄성환(2018). **재미있는 식품미생물학 개정판**. 수학사.

김경희 · 방우석 · 윤요한 · 이연리 · 장세은 · 장재선 · 정현정(2019). **에센스 식품미생물학**. 지구문화사.

김광현 · 박대은 · 오세종(2007). 우유의 열처리가 우유품질과 영양가에 미치는 영향: II. 열처리에 의한 우유의 미생물 사멸효과. **J. Milk Sci Biotechno, 35**(1): 55–70.

김덕웅 · 정수현 · 염동민 · 신성균 · 여생규 · 조원대(2018). **21C 식품위생학**. 수학사.

김명희 · 박석규 · 김성옥 · 이영덕 · 박훈(2020). **식품미생물학**. 창지사.

김영민 · 김경민 · 서영훈 · 신주옥 · 이혜영 · 정인실 · 조은희 · 하영미(2004). **일반미생물학**. 라이프사이언스.

김재경 · 송범석 · 김재훈 · 박종흠 · 변의백 · 이주운(2013). 방사선의 살멸균 특성 및 멸균 산업의 이용. **대한골 · 연부조직이식학회지, 13**(2): 49–57.

노완섭 · 김영지 · 김왕준 · 남진식 · 박찬성 · 방우석 · 배지현 · 손흥수 · 유춘발 · 정승원 · 조갑연 · 조석금(2018). **New 식품미생물학**. 지구문화사.

박재림 · 이상준 · 손홍주(2009). **환경미생물학**. 형설출판사.

소명환 · 이훈 · 이효수 · 홍재훈 · 황한준(2006). **현대식품미생물학**. 효일.

식품의약품안전처(2019). **식품용 살균제 현장 가이드라인**.

신해헌 · 차윤환 · 한명륜 · 조은아 · 이정숙(2019). **알기 쉬운 식품 미생물학 & 실험**. 교문사.

심우만 · 심창환 · 서현창 · 박헌국(2009). **식품미생물학**. 문운당.

유상렬 · 김정환 · 박명수 · 양지영 · 이인형 · 지근억 · 최상호 · 정희곤(2016). **식품미생물학 개정판**. 수학사.

이승환(2013). 초고압을 이용한 식품 보존 기술의 발전. **식품과학과 산업, 46**(1): 42–48.

이종경 · 윤기선 · 오세욱 · 이선영(2017). **식품미생물학**. 파워북.

조미희 · 배은경 · 하상도 · 박지용(2005). 천연항균제의 식품산업에의 응용. **식품과학과 산업, 38**(2): 36–45.

최효수 · 오남수(2020). 우유와 유제품의 살균기술. **식품과학과 산업, 53**(3): 256–263.

한영숙 · 박신인 · 엄애선 · 김희경 · 남은숙 · 오지영 · 박신영(2015). **식품미생물학**. 파워북.

한태희(1996). 레트로트식품의 살균. **식품기술, 9**(4): 48–55.

Bibek Ray · Arun Bhunia 저. 이진성 외 역(2013). **식품미생물학**. ㈜바이오사이언스출판.

Edward Alcamo. I. 저, 권기석 역(2004). **미생물학 입문**. 월드사이언스.

국외 문헌

Akash Kaushal Balakrishna · Md Abdul Wazed · Mohammed Farid(2020). A review on the effect of high pressure processing (HPP) on gelatinization and infusion of nutrients. *molecules, 25*: 2369.

Avramia and Amariei(2021). *Int J Mol Sci, 22*: 825.

da Silva Araujo et al.(2014). *Innovative Food Science & Emerging Technologies, 23*: 164–170.

Gao et al.(2012). *Annals of microbology, 62*: 1165–1172.

Garey, Kevin W. · McCaskey, Laurie · Ng, Tat Ming · Shah, Dhara N · Alam, M. Jahangir · Chuang, Shen Hui · Beyda, Nicholas D.(2013). Treatment of Candida famata bloodstream infections: case series and review of the literature. *Journal of Antimicrobial Chemotherapy, 68*(2): 38–443.

Institute of Food Technologists(IFT)(2003). Chapter III Factors that influence microbial growth. *Compr Rev Food Sci Food Saf, 2*(s2): 21–32.

Kot et al.(2016). *Appl. Microbiol Biotechnol, 100*: 6103–6117.

Kurtzman et al.(2011). The yeasts: a taxonomic study (5thed). Elsevier. Magalhaes et al.(2018). *Biotechnology Research and Innovation, 2*: 19–21.

Martin et al.(2018), Oenological Impact of the Hanseniaspora/Kloeckera Yeast Genus on Wines–A Review. *Fermentation, 4*: 76.

Richardo Simpson · Helena Nuñez · Cristian Ramírez. *Principles of thermal processing of packaged foods*. In Holden, N. M., Wolfe, M. L., Ogejo, J. A., & Cummins, E. J. (Ed.), Introduction to Biosystems Engineering.

Sander Sieuwerts(2016). Microbial interactions in the yoghurt consortium: Current status and product implications. *SOJ Microbiol Infect Dis, 4*(2): 1–5.

Thomas Montville · Karl Matthews(2008). *Food Microbiology: An Introduction*. ASM Press.

Bibek Ray, Arun Bhunia(2013). *Fundamental Food Microbiology*. CRC Press.

Uta Breuer · Hauke Harms(2006). Debaryomyces hansenii–an extremophilic yeast with biotechnological potential. *Yeast, 23*(6): 415–437.

Vejarano(2018). *Fermentation*.

WHO Estimates of the Global Burden of Foodborne Diseases(2015). *Foodborne viral disease in the European region/World Health Organization*.

Zhang et al.(2019). *Biological Control*, 129: 83–91.

사이트

http://seafoodplus.org

http://www.foodsafetykorea.go.kr

https://alchetron.com

https://atomic.snu.ac.kr

https://commons.wikimedia.org

https://link.springer.com

https://netropolitan.co.nz

https://oconto.extension.wisc.edu

https://pubmed.ncbi.nlm.nih.gov

https://senthilprabhu.blogspot.com

https://tinyurl.com

https://www.flickr.com

https://www.google.com

https://www.istockphoto.co.kr

https://www.mdpi.com

https://www.ncbi.nlm.nih.gov

https://www.researchgate.net

https://www.sciencedirect.com

https://www.technologynetworks.com

https://www.wikimedia.org

http://www.wikipedia.org

찾아보기

ㅊ

ㅋ

ㅌ

ㅍ

ㅎ